JINAN DAXUE RENWEN XUEYUAN RENWEN SHEKE WENKU

暨南大学人文学院人文社科文库

农业技术进步与效率、影响因素及其作用机制：

来自广东的证据

张朝华 著

厦门大学出版社
XIAMEN UNIVERSITY PRESS
国家一级出版社
全国百佳图书出版单位

图书在版编目(CIP)数据

农业技术进步与效率、影响因素及其作用机制:来自广东的证据 / 张朝华著.—厦门:厦门大学出版社,2018.1

(暨南大学人文学院人文社科文库)

ISBN 978-7-5615-6561-2

Ⅰ.①农…　Ⅱ.①张…　Ⅲ.①农业技术-研究-广东　Ⅳ.①S—126.5

中国版本图书馆 CIP 数据核字(2017)第 140813 号

出 版 人　郑文礼
责任编辑　李　宁
封面设计　李嘉彬
技术编辑　许克华

出版发行　厦门大学出版社
社　　址　厦门市软件园二期望海路 39 号
邮政编码　361008
总 编 办　0592-2182177　0592-2181406(传真)
营销中心　0592-2184458　0592-2181365
网　　址　http://www.xmupress.com
邮　　箱　xmup@xmupress.com
印　　刷　厦门市万美兴印刷设计有限公司

开本　787mm×1092mm　1/16
印张　15.25
插页　2
字数　334 千字
版次　2018 年 1 月第 1 版
印次　2018 年 1 月第 1 印刷
定价　68.00 元

本书如有印装质量问题请直接寄承印厂调换

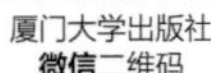
厦门大学出版社
微信二维码

厦门大学出版社
微博二维码

目 录

第一章 绪论 …… 1

第二章 农业技术进步:理论与实证回顾 …… 12
- 第一节 技术进步:基本理论分析 …… 12
- 第二节 农业技术进步与农业经济增长 …… 19
- 第三节 农业技术与农户技术采用实证研究回顾 …… 24

第三章 基于技术进步与技术效率测量的农业科技政策绩效分析 …… 31
- 第一节 广东农业可持续发展面临的焦点问题 …… 31
- 第二节 广东农业技术进步与技术贡献 …… 36
- 第三节 技术效率及其测量方法的选择 …… 45
- 第四节 广东的农业科技政策绩效测量与分析 …… 54
- 第五节 广东农业技术进步与技术效率的影响因素 …… 69
- 第六节 本章小结 …… 72

第四章 投入视角的农业技术进步、技术效率制约分析 …… 75
- 第一节 广东农业科研投入的总体变化 …… 75
- 第二节 广东农业科研投入的结构变化 …… 82
- 第三节 广东农业技术推广投入变化 …… 93
- 第四节 本章小结 …… 96

第五章 供给主体视角的农业技术进步、技术效率制约分析 …… 100
- 第一节 农业技术推广供给主体、推广过程及其变迁 …… 100
- 第二节 政府主导型农业技术推广供给的现状调查 …… 106
- 第三节 农业技术推广供给的博弈分析 …… 116
- 第四节 农业技术推广人员的推广意愿及其影响因素 …… 125
- 第五节 本章小结 …… 133

第六章　农户需求视角的农业技术进步、技术效率制约分析……………………… 135
第一节　数据来源与样本农户描述 ……………………………………………… 135
第二节　农户农业技术需求及其影响因素 ……………………………………… 141
第三节　农户农业技术需求对其收入及其分配的影响 ………………………… 154
第四节　农户农业教育培训需求的优先序及其影响因素 ……………………… 166
第五节　本章小结 ………………………………………………………………… 173

第七章　农业技术进步与技术效率提高的国际经验 ……………………………… 175
第一节　国外农业技术进步提高的主要经验 …………………………………… 175
第二节　主要发达国家农业技术效率提高的经验 ……………………………… 178
第三节　本章小结 ………………………………………………………………… 181

第八章　结论与政策建议 …………………………………………………………… 182

附录一　统计报表 …………………………………………………………………… 190
附录二　相关调查问卷 ……………………………………………………………… 221

参考文献 ……………………………………………………………………………… 228
后　　记 ……………………………………………………………………………… 239

第一章

绪 论

"科学技术是第一生产力"。诺贝尔经济学奖获得者、美国著名经济学家舒尔茨也指出:"一个像其祖辈那样耕作的人,无论土地多么肥沃或他如何辛勤劳动,也无法生产出大量食物。一个得到并精通运用有关土壤、植物、动物和机械的科学知识的农民,即使在贫瘠的土地上,也能生产出丰富的食物。"[①]舒尔茨的论断表明,实现传统农业向现代农业的转变,必须依靠科技力量。基于此,本书主要以广东为研究的对象,以农业技术进步、农业技术效率的现状为切入点,分析农业技术进步率与技术效率受到哪些方面的制约以及这些制约是如何形成的。

一、问题的提出

20世纪80年代末,我国明确提出了科教兴农战略。1989年12月27日,国务院发布《关于依靠科技进步振兴农业加强农业科技成果推广工作的决定》,开始把科技兴农作为振兴农业的重大战略措施,指出:"要从根本上解决关系到国家兴衰的农业问题,科技兴农尤为重要。……各级政府必须把依靠科技进步振兴农业作为一项重大战略措施,坚持不懈地抓下去。"该文件还提出"大力加强农村教育,广泛开展技术培训",这是我国科教兴农战略的最初萌芽。

1991年11月29日,十三届八中全会通过的《中共中央关于进一步加强农业和农村工作的决定》指出:"推进农业现代化,必须坚持科技、教育兴农的发展战略。"正式把科教兴农作为我国农业的发展战略。之后的1992年2月12日,国务院又发布《关于积极实行农科教结合推动农村经济发展的通知》,进一步提出了科教兴农的具体实现形式,指出"在科技、教育兴农工作中,积极实行农业、科技、教育相结合","农科教结合是实现农业现代化的一个重要途径"。1992年10月12日,江泽民在十四大报告中指出:"坚持依靠科技、教育兴农,多形式、多渠道增加农业投入,坚持不懈地开展农田水利建设,不断提高农业的集约水平和综合生产能力。"

1995年9月28日,党的十四届五中全会通过的《中共中央关于制定国民经济和社会发展"九五"计划和2010年远景目标的建议》指出:"加大科教兴农的力度,实施'种子工程',推广节水、节肥等适用技术。"

1997年9月12日,十五大报告指出:"大力推进科教兴农,发展高产、优质、高效

---

① 西奥多·W.舒尔茨:《经济增长与农业》,北京经济学院出版社1991年版。

农业和节水农业。”1998年10月14日，党的十五届三中全会通过的《中共中央关于农业和农村工作若干重大问题的决定》指出：“实施科教兴农，农业的根本出路在科技、在教育。实行农科教结合，加强农业科学技术的研究和推广，注重人才培养，把农业和农村经济增长转移到依靠科技进步和提高劳动者素质的轨道上来。”十六大报告又提出了“加快农业科技进步”“大力发展教育和科学事业”的要求。

进入21世纪以来，中共中央又连续下发了12个中央“一号文件”，对科教兴农的战略思想提出了具体的政策实施指导意见。

2004年，中央认识到我国农业科技创新能力不强的主因在于体制，因此在“一号文件”中提出了“要围绕增强我国农业的科技创新能力、储备能力和转化能力，改革农业科技体制，较大幅度地增加预算内的农业科研投入”。

在2004年的基础上，2005年的“一号文件”对农业科技体制改革提出了更具针对性的方向，即改革农业科技体制当中的农业技术推广体系，“要加强农业科技创新能力建设，加大良种、良法的推广力度，加快改革农业技术推广体系，强化公益性职能、放活经营性服务”。

农业科技成果的转化既有推广体系制约的原因，也有农民自身素质的限制，正是基于这一审时度势的认识，2006年的“一号文件”提出“要大力开发节约资源和保护环境的农业技术，重点推广废弃物综合利用技术、相关产业链接技术和可再生能源开发利用技术。大规模开展农村劳动力技能培训。提高农民整体素质，培养造就有文化、懂技术、会经营的新型农民”。

在体制的解除与农民自身素质提高有了政策指导后，农业经济增长的转变就有了坚实的基础，因此，2007年的“一号文件”强调：“科技进步是突破资源和市场对我国农业双重制约的根本出路。必须着眼增强农业科技自主创新能力，加快农业科技成果转化应用，提高科技对农业增长的贡献率，促进农业集约生产、清洁生产、安全生产和可持续发展。”

2008年，中央认识到发展现代农业是农业的根本出路之所在，而现代农业是建立在农业科技创新的基础上的，科技创新需要有科技服务体系作支撑，基于此，“一号文件”专门提出“着力强化农业科技和服务体系基本支撑加快发展现代农业的客观需要。要加快推进农业科技研发和推广应用，切实增加农业科研投入，重点支持公益性农业科研机构和高等学校开展基础性、前沿性研究，加强先进实用技术集成配套”。

尽管2009年以前，中央已经多次对农业科技的发展及应用做了周密的部署，但一个不容置疑的事实是改革与发展并没有达到预期的目标。因此，2009年的“一号文件”对改革与发展做了全面的重申，并特别强调：“加快农业科技创新步伐。加大农业科技投入，多渠道筹集资金，建立农业科技创新基金，重点支持关键领域、重要产品、核心技术的科学研究……开展农业科技培训，培养新型农民。采取委托、招标等形式，引导农民专业技术协会等社会力量承担公益性农技推广服务项目。”

2010年中央充分认识到了农业科技推广的效果取决于基层农业科技推广机构与农技人员，因此“一号文件”将科技兴农的重点转向了与农民直接发生联系与交往的基层农业推广机构与推广人员，提出：“提高农业科技创新和推广能力。切实把农业科技的重点放在良种培育上，加快农业生物育种创新和推广应用体系建设。抓紧建设乡镇或区域性农技推广等公共服务机构，扩大基层农技推广体系改革与建设示范县范围。积极发展多元化、社会化农技推广服务组织。启动基层农技推广机构特设岗位计划，鼓励高校涉农专业毕业生到基层农技推广机构工作。"

2012年，中共中央、国务院印发《关于加快推进农业科技创新持续增强农产品供给保障能力的若干意见》。文件认为，实现农业持续稳定发展、长期确保农产品有效供给，根本出路在科技。农业科技是确保国家粮食安全的基础支撑，是突破资源环境约束的必然选择，是加快现代农业建设的决定力量，具有显著的公共性、基础性、社会性。必须紧紧抓住世界科技革命方兴未艾的历史机遇，坚持科教兴农战略，把农业科技摆在更加突出的位置，下决心突破体制机制障碍，大幅度增加农业科技投入，推动农业科技跨越发展，为农业增产、农民增收、农村繁荣注入强劲动力。文件明确农业科技创新方向，突出农业科技创新重点，要求完善农业科技创新机制，改善农业科技创新条件，着力抓好种业科技创新，强化基层公益性农业科技推广服务，引导科研教育机构积极开展农技服务，加快培养农业科技人才。

2014年，中共中央、国务院发出《关于全面深化农村改革加快推进农业现代化的若干意见》，再次强调推进农业科技创新。要求深化农业科技体制改革，对具备条件的项目，实施法人责任制和专员制，推行农业领域国家科技报告制度。明晰和保护财政资助科研成果产权，创新成果转化机制，发展农业科技成果托管中心和交易市场。采取多种方式，引导和支持科研机构与企业联合研发。加大农业科技创新平台基地建设和技术集成推广力度，推动发展国家农业科技园区协同创新战略联盟，支持现代农业产业技术体系建设。加强以分子育种为重点的基础研究和生物技术开发，建设以农业物联网和精准装备为重点的农业全程信息化和机械化技术体系，推进以设施农业和农产品精深加工为重点的新兴产业技术研发，组织重大农业科技攻关。继续开展高产创建，加大农业先进适用技术推广应用和农民技术培训力度。发挥现代农业示范区的引领作用。加强农用航空建设。将农业作为财政科技投入优先领域，引导金融信贷、风险投资等进入农业科技创新领域。推行科技特派员制度，发挥高校在农业科研和农技推广中的作用。

2015年，中共中央、国务院印发《关于加大改革创新力度加快农业现代化建设的若干意见》，提出强化农业科技创新驱动作用。要求健全农业科技创新激励机制，完善科研院所、高校科研人员与企业人才流动和兼职制度，推进科研成果使用、处置、收益管理和科技人员股权激励改革试点，激发科技人员创新创业的积极性。建立优化整合农业科技规划、计划和科技资源协调机制，完善国家重大科研基础设施和大型科研仪器向社会开放机制。加强对企业开展农业科技研发的引导扶持，使企业成为技术创新和应用的主体。加快农业科技创新，在生物育种、智能农业、农机装备、生态环保等领域取得重大突破。建立农业科技协同创新联盟，依托国家农业科技园区搭建农业科技融资、信息、品牌服务平台。探索建立农业科技成果交易中心。充分发挥科研院所、高校以及新农村发展研究院、职业院校、科技特派员队伍在科研成果转化中的作用。积极推进种业科研成果权益分配改革试点，完善成果，完成分享制度。继续实施种子工程，推进海南、甘肃、四川三大国家级育种制种基地建设。加强农业转基因生物技术研究，安全管理，科学普及。支持农机、化肥、农药企业技术创新。

2016 年，中共中央、国务院印发《关于落实发展新理念加快农业现代化实现全面小康目标的若干意见》。提出强化现代农业科技创新推广体系建设。要求农业科技创新能力总体上达到发展中国家领先水平，力争在农业重大基础理论、前沿核心技术方面取得一批达到世界先进水平的成果。统筹协调各类农业科技资源，建设现代农业产业科技创新中心，实施农业科技创新重点专项和工程，重点突破生物育种、农机装备、智能农业、生态环保等领域关键技术。强化现代农业产业技术体系建设。加强农业转基因技术研发和监管，在确保安全的基础上慎重推广。加快研发高端农机装备及关键核心零部件，提升主要农作物生产全程机械化水平，推进林业装备现代化。大力推进“互联网＋”现代农业，应用物联网、云计算、大数据、移动互联等现代信息技术，推动农业全产业链改造升级。大力发展智慧气象和农业遥感技术应用。深化农业科技体制改革，完善成果转化激励机制，制定促进协同创新的人才流动政策。加强农业知识产权保护，严厉打击侵权行为。深入开展粮食绿色高产高效创建。健全适应现代农业发展要求的农业科技推广体系，对基层农技推广公益性与经营性服务机构提供精准支持，引导高等学校、科研院所开展农技服务。推行科技特派员制度，鼓励支持科技特派员深入一线创新创业。发挥农村专业技术协会的作用。鼓励发展农业高新技术企业。深化国家现代农业示范区、国家农业科技园区建设。

由此可见，实施科教兴农战略是兴农、强农的必由之路，是我国坚定不移的方针。在大政方针与宏观政策已定的环境下，这些方针政策实施的效果以及在实施过程中还存在哪些障碍与制约因素尤为值得关注，有事实为证：

> 陕西洛川：强行推广新技术“好心”为何惹民怨[①]
>
> 10 月份（指 2010 年 10 月，笔者注）已进入苹果采摘旺季，可是，陕西省洛川县老庙镇的果农却怎么也高兴不起来。因为当地政府强行推广“间伐”新技术，砍掉果农正处于盛果期的果树，使果农今年遭受不小的损失。
>
> 据了解，陕北洛川县是陕西苹果的最佳优生区之一，全县共 64 万亩耕地，其中 50 万亩种植了苹果。苹果成了当地农民的主产业，全县农民人均苹果纯收入达到 5000 多元。2009 年冬，全县为了完成苹果产业升级，提出了果园“减密度”、促进果业科学发展，全县准备实施果园减密度 5 万亩，并将“间伐”任务分解到 16 个乡镇，要求在 2009 年年底全面完成果园“间伐”任务。
>
> 2009 年 12 月 24 日下午，镇长刘忠全带队组织人员来到韩忠贵承包的苹果园，不顾韩忠贵妻子（退休高级林业工程师）的阻拦，为了完成行政任务，强搬所谓的技术标准，教条地将他们承包的果园中 130 余棵盛果期大树强行“间伐”。
>
> 苹果丰收时节，记者沿公路随机采访了 10 余名遭果园“间伐”的果农，他们大多对政府的做法表示不满。这些果农对新技术了解不够，认识不到政府做法的好

① http://www.sn.xinhuanet.com/2010－10/24/content_21213780.htm.

处，遭遇强行"间伐"后，果农都会面临收入减少的局面。

"我的果园应该由我做主"，好事没有办好却遭遇果农们的极大愤慨：不和果农商量，仍然用传统的、落后的行政强制手段，在部分果农不知情、不愿意的情况下，强行锯树"间伐"，剥夺了果农对自家果树的自主权和对政策的参与权，怎能不怨声载道？

10月22日，洛川县老庙镇卓子村果农韩忠贵指着果园里的一棵小树满腔气愤："这棵幼树品种是嘎啦，一年只能结几斤果子，全年收入不到10元。它周围的4棵大树都是正值盛果期的红富士，却被镇长你带的3个人强行锯掉，它们一棵大树都要结200斤果子，不是被你们强行锯掉，今年能收入2000多元。幼树留下、大树锯掉，淘汰的品种留下、优良品种锯掉，这样的'间伐'也是为我们果农好吗？"一旁的刘忠全镇长无言以对。

陕西洛川强行推广新技术事件反映了基层政府在农业技术推广过程中不顾当地的实际与农民的需求强制进行技术推广所导致的影响与后果，农业技术、农业科技成果的供给与需求相脱节只是众多阻碍与制约农业科技发展的因素之一。

从国际农业技术进步的经验看，由于工业化国家和发展中国家的知识鸿沟正在逐渐拉大，若将公共资源和私人资源均计算在内，发展中国家农业研发投资占农业生产总值的比重，只有工业化国家的1/9。特别是撒哈拉以南的非洲，在过去20年中，农业研发投资仅增长了1/5，而且约有一半国家的农业研发投资是下降的，这里面既有国际、国内的市场失灵和政府失灵的原因，也有非洲地区农业生态特征的特殊性使其从国际技术转移中获益的能力更薄弱的因素。此外，也有许多非洲国家面积很小，妨碍它们从农业研发投资中获得规模经济的原因。研发投资低、国际技术转移少共同导致撒哈拉以南非洲地区谷类产量徘徊不前，越来越落后于世界其他国家。

研发支出低并不是问题的全部。许多公共研究组织面临着严重的领导、管理和财务制约。条件较差的地区需要应用更好的土壤、水和牲畜管理技术，并建立更可持续、更具弹性的农业系统(包括更能抗虫、抗病、抗旱的品种等)。开发生物学和生态学方法，可最大限度地降低生产资料，尤其是农用化学品的投入。这样的方法包括保护性耕作、改良型休耕、绿肥作物轮作覆盖、土壤保持，以及更少依赖农药更多依赖生物多样性和生物防治的虫害防治等。由于大多数此类技术具有地区专有性，因此，这些技术的采纳和开发要求更加分权式、参与式方法，并伴以农户和社区的集体行动。

从国际经验可以看出，农业研发投资低、国际技术转移少是制约农业技术进步的主要因素，而领导与管理的低下则进一步导致了农业技术效率的缺失。可见，农业技术进步、技术效率及其制约不仅是我国实现农业可持续发展所面临的主要问题，也是一个世界性的问题。

那么，在推进农业科技创新、加快科技成果的推广与转化过程中，农业技术成果的转化效果如何？还存在哪些障碍与制约因素影响效果的提高？如何通过政策与制度的细化，克服这些障碍与制约因素？这一系列的问题正是本书的目的与意义之所在。

二、研究的目标与内容

1. 研究目标

本研究的目标在于，以广东为例，在对农业技术进步与技术效率测量及其影响因素分析的基础上，从农业科研与技术推广宏观投入与农户微观需求的矛盾、农业技术推广机构与农技人员对农业科技成果与技术供给与农户需求矛盾等问题的研究出发，分析政府的农业科研与技术推广在投入的哪些方面、农业技术推广机构与推广人员在哪些软硬件方面、农户哪些行为与因素对农业技术进步与技术效率的提高形成了制约，通过分析这些制约，为细化与完善农业科技政策提供参考与依据。具体的研究目标如下：

(1)农业科技政策的绩效：基于技术进步与技术效率测量的分析。

(2)政府宏观投入角度的农业技术进步制约分析。

(3)基层农业技术推广机构与人员对技术推广供给角度的农业技术效率制约分析。

(4)农户技术需求、教育与培训需求角度的农业技术效率制约分析。

(5)提高农业技术进步与技术效率的政策细化与完善。

2. 研究内容

从以上研究目标出发，以广东为例进行实证研究，研究内容可以细分为以下几点：

(1)基于技术进步与技术效率测量的农业科技政策绩效分析

运用$Q=F(K,L,t)$生产率指数的数据包络分析(DEA)方法，对1990—2015年期间广东全省、四个不同农业生态区以及所辖的21个地市的农业技术进步率、农业技术进步贡献率以及农业技术效率进行测量。以测算求得的技术效率为被解释变量，以农村人均耕地规模、农村每万人拥有的农业科技人员数量等9个因素作为解释变量建立Tobit模型，对影响农业技术效率的因素进行分析。

(2)政府宏观投入角度的农业技术进步的制约分析

农业技术创新、技术进步与政府对农业科研、农业技术推广的投入密不可分。运用统计分析与描述的方法，通过对广东农业科研投入的现状，农业科研投资强度的变化、农业科研投资在全省财政支出中的地位的变化、农业科研投入结构的变化(包括经费来源结构、不同部门经费使用结构、经费支出结构、人员构成结构等)、农业技术推广投入的变化等，从中找出影响农业技术进步的制约因素。

(3)基层农业技术推广机构与人员对技术推广供给角度的农业技术效率制约分析

农业技术推广供给主体可分为政府供给主体与非政府供给主体，其中政府供给主体是最为重要的。在政府供给主体当中，与农户联系最为紧密、最为关键的当属乡镇基层推广机构。通过对乡镇基层政府农业推广机构与推广人员的现状进行调查与访谈，以获得一手数据；通过对不同类型的供给主体与农户之间的博弈分析，探讨供给主体的供给行为；采用二元的$Q=A(t).F(K,L)$ $\dot{A}=dA/dt$模型，对基层农业技术推广人员的推广意愿及其影响因素进行计量。

(4)农户技术需求、教育与培训需求角度的农业技术效率制约分析农户的技术需求、教育与培训需求会制约农业技术效率的提高。农户需要什么样的科技成果与技术，为科学的掌握农业科技成果与技术，农户需要开展哪些类型的农业教育与培训，他们选择这些技术与教育培训项目会受到哪些因素的影响，这些问题的研究对于解读农户技术需求、教育与培训需求如何对农业技术效率形成制约无疑是有效的。

(5)提高农业技术进步与技术效率的政策细化与完善

"他山之石，可以攻玉"，有必要对发达国家与发展中国家在提高农业技术进步率方面的有益做法与经验、发达国家在提高农业技术效率方面的科学手段与措施进行提取，结合本书所得出的相关结论，完善与细化有关农业科技的相关政策与做法。

三、研究方法

1.问卷调查方法

问卷调查法作为社会科学研究的一种最基本的方法，能在较短的时间内获得较大规模的样本，但由于被调查者对问卷内容理解有异、填写问卷的态度可能较为敷衍，故一般说来所得数据较为粗糙。为避免这些问题，本研究在调查员的选择、培训与管理上做了较为严格的要求：在调查员的选择上，尽量选择那些语言表达和思维能力等整体素质较强的高年级学生，并在正式调查出发前往目的地之前对他们进行室内培训与户外培训，室内培训主要对调查的目的进行介绍，同时对调查问卷的每一项内容进行逐项的解释说明。为了让调查员尽快熟悉调查内容，在出发之前，还将组织调查员对住所周边的农户进行实地模拟调查。正式调查开始后，每个晚上抽一定时间将大家集中在一起交流当天调查的心得，就调查中所碰到的困难与问题进行协商，同时对每一份调查问卷进行检查，对于有问题的问卷，由调查员当事人以电话与对方取得联系加以核实或改进。

2.统计分析方法

统计分析分为描述统计以及在描述性统计的基础上所进行的推断统计。描述性统计分析方法主要通过比较直观的统计曲线图、统计表来进行反映，推断统计是在描述性统计的基础上推断事物变化的趋势以及形成这种现状的可能原因的推断。本研究对农业科研与农业技术推广的宏观投入分析、对农户技术需求与教育培训需求优先序的分析以及对农业技术推广机构的现状与农业技术人员的推广意愿的分析就主要通过统计表与统计曲线来进行描述性统计，之后对趋势与事务表象形成的原因进行可能性推断统计。

3.计量经济分析方法

计量模型分析方法也将是本研究广泛采用的一种分析方法。在农业技术进步率与农业技术效率的测量上，本研究抛弃传统的新古典经济增长理论中的索洛余值法对经济增长进行分解，将无法解释的余量作为技术进步对经济增长贡献的测算方法，将采用当前经济学对技术进步分析当中所广泛使用的边界生产函数法，而对边界生产函数的估计则采用基于 A/A 生产率指数的数据包络分析(DEA)方法，通过模型对农业技术进步率、技术效率、规模效率与全要素生产率进行估计，同时，对农业技术效率的影响因素分析则主要采用 Tobit 模型。对农户农业技术需求与教育培训需求的影响因素则采用多元 Logistic 回归模型对影响进行分析。对农业技术人员的推广意愿则采用二元的 $\dot{A}/A=\dot{Q}/Q-W_K.\dot{K}/K-W_L.\dot{L}/L$ 模型进行分析。

以上需进行的计量分析本研究拟利用 DEAP 2.1 软件和 Eviews 5.0 软件。而对资源享赋不同的多个由于农业技术采用程度不同所导致的收入差异则采用倾向得分匹配法。

4.比较研究方法

比较研究也是社会科学研究中的一种经常使用且受研究者欢迎的方法，这种方法通过对两个或两个以上的对象进行比较，以便直观地发现它们之间的相似性与差异。本书对广东省四个不同农业生态区、21 个地级市的农业全要素生产率、农业技术进步率、农业技术效率与农业技术进步贡献率都将进行比较，以发现各区域、各地市在这些方面所表现出来的特征。同时，对不同区域、不同性别、不同家庭人口、不同年龄组、不同文化程度、不同收入状况、不同生产规模、不同身体状况等农户在农业技术需求、农业教育与培训需求方面的差异进行比较。除此之外，在农业技术人员的推广意愿方面，对在性别、年龄、职称、受教育水平、工作年限、所在区域、工作类别、所在单位对推广的管理、推广成果在绩效考评中的体现、对推广技术的关注度的不同的农业技术人员的推广意愿也将进行比较。通过这些比较，就为深入地分析农户需求行为与农技人员的推广行为的差异性提供基础性证据。

5.博弈分析方法

博弈分析方法是目前社会科学研究中盛行的分析方法，现在经济学谈到的博弈论，一般指的是非合作博弈。本研究在对农业技术推广供给主体的行为研究中，就是采用非合作博弈。无论是政府型农业技术推广主体还是非正政府型农业技术推广主体，在与农户的博弈中，笔者认为他们总是先于农户一步采取行动，取得博弈中的主动，而农户只能被动地听从推广供给主体的指令作出接受与不接受的选择。因此，他们之间的博弈都属于动态博弈类型。依此，本书对农业技术推广供给主体与农户的博弈主要是完全信息动态博弈与不完全信息动态博弈。

总之，以上研究方法，概括起来就是宏观分析与微观分析相结合、定性分析与定量分析相结合，依照供给与需求这根主线来进行总体刻画。

四、研究样本及数据的来源

本书中所使用的农业科研与技术推广投入的宏观数据、基于生产率指数的数据包络分析（DEA）方法测算农业技术进步与技术效率所用的数据主要来自于《广东统计年鉴》（1991—2015）、《广东农村统计年鉴》（1991—2015）、《广东科技统计年鉴》（1991—2015），对于个别年份由于缺乏统计，本研究采取灰色预算的方法进行预测估计。

而农户农业技术需求及其影响因素、农户农业教育与培训及其影响因素、农业技术推广机构的现状与农业技术推广人员的推广意愿所需的数据则全部来自于实地问卷调查，详细情况如表 1-1 所示。

表 1-1　调查数据基本情况

数据	样本数量	调查内容	调查方法	调查时间
农户农业科技需求、教育培训需求数据	330 户	不同区域、不同性别、不同家庭人口、不同年龄组、不同文化程度、不同收入状况、不同生产规模、不同身体状况等农户在农业科技需求、农业教育与培训需求	实地问卷调查	2009 年 7 月 2010 年 1—3 月
农业科技推广机构的现状数据	四个不同农业生态区所属的 17 个地市级、45 个县级共计 100 个推广机构	三级机构人员数量与文化程度、基层机构人员培训、三级机构的工作条件和设备情况、县乡推广机构经费来源构成、工资与费用足额发放(报销)情况、县乡推广机构的服务项目时间耗费、县乡机构推广方式的采用率与技术来源渠道	问卷寄送调查	2010 年 3—4 月
农业科技推广人员的推广意愿数据	165 人	性别、年龄、职称、受教育水平、工作年限、所在区域、工作类别、所在单位对推广的管理、推广成果在绩效考评中的体现、对推广技术的关注度的不同的农业科技人员的推广意愿	实地问卷调查	2010 年 7 月

五、研究的创新点与局限性

(一)研究可能的创新之处

1. 在采用前沿的技术进步与技术效率测算方法测算出农业技术水平与农业技术效率后，首次采用实证研究的方法从宏观与微观相结合、供给与需求相协调的角度对制约农业技术水平与农业技术效率的提高进行了系统、全面与深入的分析，剖析了作为农业科研与技术推广投入主体的政府、基层农业技术推广机构与推广人员、农户的行为动机对技术进步与技术效率形成制约的真实成因，拓展了农业科研与科技推广研究的新领域，细化与完善当前的农业科研与科技政策、强调政策当前的重点与发展的方向。

2. 在研究方法上，突破了以往对农业技术推广供给主体供给行为的分析，采用博弈的分析方法，对农业技术推广基层政府型供给主体、非政府供给主体与农户之间的完全信息动态博弈、不完全信息动态博弈展开了较为详细的讨论，对农业技术推广机构的供给行为以及如何制约农业技术效率有了更为全面的认识。

3. 本研究通过分析所提出的强化政府的农业科技投资的主体地位与加强农业科技投资(特别是渔业的投入与基础研究的投入)、完善投融资机制、加强基层推广机构的管理与人员的激励、加强对农民的教育与培训的基本思路与行动方案，这对于正确认识广东农业发展形势、制定农业政策有重要的参考作用，对于中央相关部门以及其他省份，也可起到一定程度的借鉴作用。

(二)研究的局限性

(1)由于 2000 年以后耕地面积的统计口径与之前不一致，耕地面积数与之前相比反而增加了，这可能会影响到农业技术水平与农业技术效率测算的准确性和农业技术效率影响因素的计量结果。

(2)考虑到如果用农业科研投入总量指标、财政投入指标、投入强度指标、投入结构指标作为自变量来计量农业科技进步水平的影响因素，这些自变量之间可能存在共线性相关，因此，对制约农业技术水平提高的分析仅局限于统计描述与推断。

(3)对于从农户这个微观主体角度探讨农业技术效率制约，本书主要采用传统的优先序分析与 Logistic 模型进行意愿分析，在研究的方法、研究内容的深度上还有待提高。

(4)由于时间的关系以及研究区域的局限性，本书对于农业技术进步与技术效率的制约还缺乏专门的体制研究，这还有待于后续研究去深化。

六、本书的框架结构

本书共分为八章，具体结构如下：

第一章是绪论。首先，从 20 世纪 80 年代末科教兴农战略的提出到 21 世纪中央 7 个“一号文件”关于科教兴农战略的具体实施策略与新华网“陕西洛川：强行推广新技术‘好心’为何惹民怨”切入，提出本书的研究问题、研究目标和研究内容。其次，对本研究所运用的研究方法、研究的样本及数据的来源加以说明。最后，指出本书的创新点与局限性，并阐述本书的框架结构。

第二章阐述本书的理论基础(文献综述)，即技术进步理论与农业技术进步理论，并对农业技术进步、技术效率的测算、农户农业技术与农业教育培训需求等进行相关文献回顾。

第三章是基于技术进步与技术效率测量的农业科技政策绩效分析。运用 $W_K = \frac{\partial Q}{\partial K} \cdot \frac{K}{Q}, W_L = \frac{\partial Q}{\partial L} \cdot \frac{L}{Q}$ 生产率指数的数据包络分析(DEA)方法对农业技术进步、技术效率进行了测算与分析。首先，对测算农业技术进步、技术效率可运用的方法以及选择基于 W_K，W_L 生产率指数的数据包络分析(DEA)方法的原因进行介绍。其次，以广东省 1990—2014 年期间全省、四大农业生态区以及 21 个地市的相关数据对农业技术进步率、技术效率、农业科技进步贡献率以及规模效率进行了测算、分析与比较。最后，利用 Tobit 模型对影响农业技术效率的因素进行了回归分析。

第四章从总体投入、投入强度、投入结构入手对农业科研与农业技术推广投入进行统计描述与统计推断，从宏观层面分析作为农业科研与技术推广投资主体的各层级政府在投入方面是如何对农业技术进步与技术效率形成制约的。

第五章从农业技术推广供给主体的视角分析农业技术效率的制约。首先，对农业技术推广供给的变迁、技术推广供给主体的分类进行了概括；其次，在问卷调查所得数据的基础上，对政府型农业技术推广供给机构的现状进行了统计分析。最后，对农业技术推广人员的推广意愿进行了调查与描述性统计，并运用二元的 Logit 模型对影响农业技术人员推广意愿的因素进行了计量分析。

第六章从农户农业技术与农业教育培训需求以及影响因素的角度对农业技术效率制约进行解剖。首先，对调查的地区、调查的过程以及调查的样本、分析所采用的模型进行了介绍。其次，对农户农业技术需求的优先序及其影响因素、农户农业教育与培训需求的优先序及其影响因素运用统计分析法与 Logistic 模型进行了剖析。

第七章主要是对主要发达国家与个别发展中国家在提高农业技术进步率与技术效率方面的做法与经验进行了系统的总结。

第八章根据以上的分析得出本书的一些基本的结论，并根据这些结论提出笔者的设想以供参考。

以上研究的基本内容和组织框架可以用框架图描述如下：

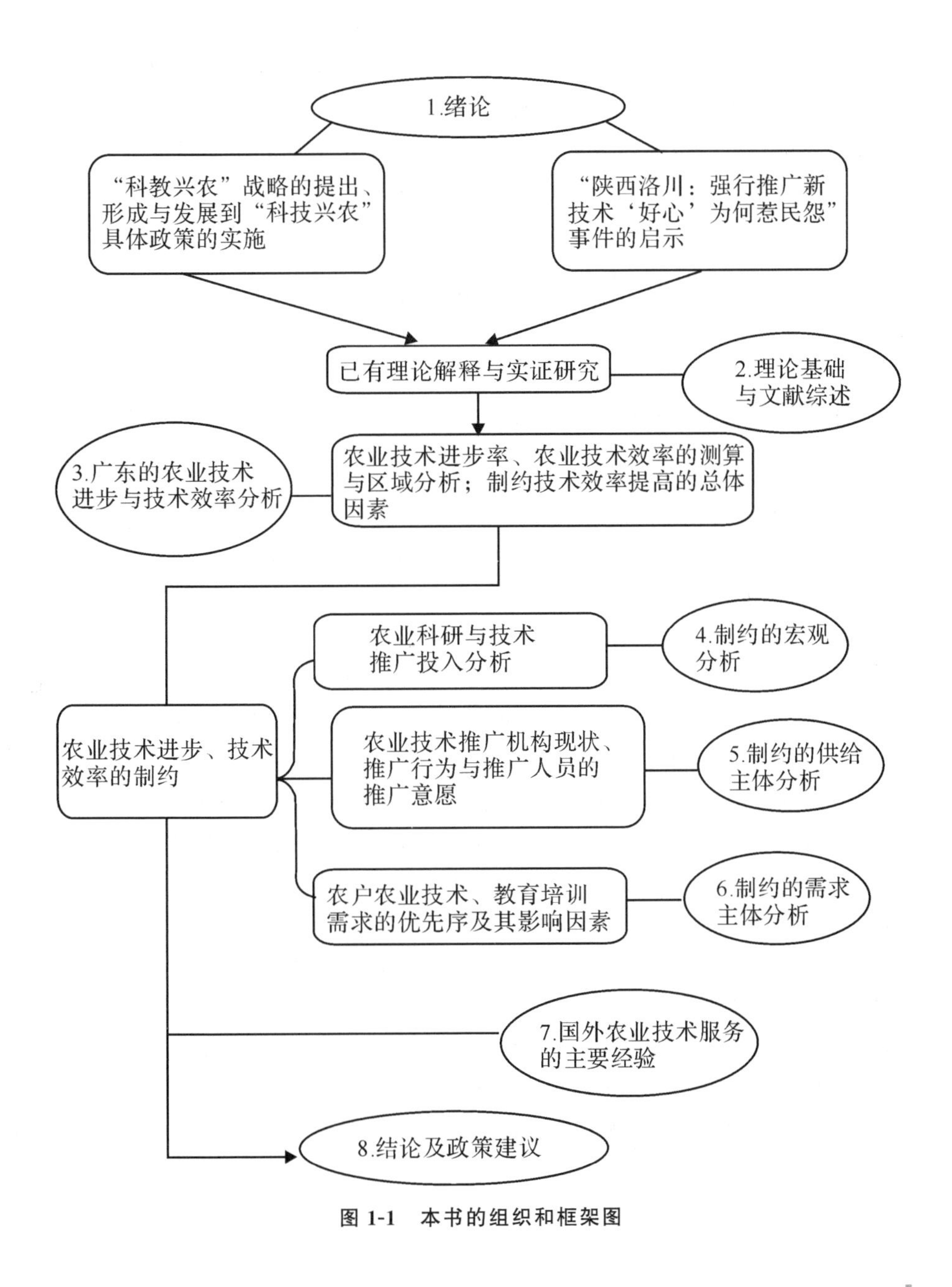

图 1-1 本书的组织和框架图

第二章

农业技术进步:理论与实证回顾

研究技术进步,就必然离不开对经济增长的研究,从经济学的诞生之日开始,技术进步与经济增长就有了天然的联系。无论是古典经济学、马克思主义经济学,还是新古典经济学、新增长理论,抑或是发展经济学、技术演化思想等众多经济学流派,都包含对技术进步问题的研究,然而技术进步在这些理论中的面目却有天壤之别。

第一节　技术进步:基本理论分析

一、对技术进步的界定

按照《现代汉语词典》的解释:"科学是反映自然、社会、思维等客观规律的学科和知识体系","技术是人类在利用自然和改造自然的过程中积累起来并在生产劳动中体现出来的经验和知识,也泛指其他方面的技巧。"林毅夫(2005)认为,科学和技术有一些不同的特性:技术知识直接用于产品的生产,而科学知识则用于导出一些有关物质世界特征的可检验性假说,它也许可以促进技术的生产。一项新技术,可能是富有经验的农夫或工匠在工作中偶然发现的,而科学进步,特别是现代科学进步,则主要是科学家通过遵循严谨的科学方法实现的。严谨的科学方法的显著特征就是把有关自然的假说"数学化",与严谨的科学实验结合起来(Needham,1969)。由于科学知识在能够对发明的结果产生影响之前,它必然首先要为技术的发明者所掌握,因此,在科学进步与技术进步之间存在一段时间滞后(林毅夫,2005)。在理论界,目前对科技进步内涵的理解并不完全一致,归纳起来主要有广义和狭义两种解释。广义的科技进步指技术所涵盖的各种形式知识的积累和增进,它主要包括以下五个方面内容[①]:①提高技术水平;②改革生产工艺;③提高劳动者素质;④提高管理和决策水平;⑤经济环境的改善。而狭义的科技进步指一定时期内社会经济主体所生产的产品或生产工艺的变化(张培刚,2001),它有三种具体表现形式:①给定同样的投入可以生产出更多的产出;②现有产品质量的改进;③生产出全新的产品。

从另一种意义上说,技术进步是一种存在于一切社会活动中的有目的的发展过

① 张培刚:《发展经济学教程》,经济科学出版社 2001 年版。

程。它不但包括自然科学技术的发展和进步,而且包括社会科学技术的发展和进步;不但包括生产技术的变革与进步,而且包括管理技术和决策技术的提高与进步;不但包括硬环境的进步,而且包括软环境的改善。总之,技术进步是一个系统的、综合的、动态的概念。

二、技术进步相关理论

刘易斯在《经济增长理论》一书的导言中指出,决定经济增长的因素繁多,而且每个因素又各有一套理论,也许应该用经济增长的“种种理论”更恰当①,而技术进步在这些理论中都是关键因素之一。

1.“广括的理论”的技术进步

(1)古典经济学家的技术进步理论

18世纪和19世纪,伟大的古典经济学家斯密、李嘉图、马尔萨斯、穆勒等都对技术进步有过论述。

在经济学的开山之作《国民财富的性质和原因的研究》的第一章,斯密就深刻地剖析了技术进步与生产率的增长问题,认为技术是由专业分工的细化来表述的,劳动分工深化带来生产率的提高和社会经济组织结构的演进,从而导致经济增长,因而技术进步是作为经济增长的内生变量的。分工提高了劳动者的技巧和熟练程度,又促进了专业化机械的发明和使用。所以这种“人力资本”和“物质资本”的增加共同提高了生产率,从而促进经济增长,而这两者无疑都是技术进步的体现。斯密认为,人类追逐利益的本能推动了分工,而分工带来的资本积累为继续深化分工、追逐更多的利益创造了条件,因此资本丰裕程度对推动分工是至关重要的。实际上,斯密认为资本积累是经济发展的主要力量。

斯密之后,李嘉图、马尔萨斯等古典经济学家均认为,资本积累是经济增长的基本源泉,认为由劳动分工和发明开辟的农业生产率增长的可能性与制造业存在显著的差别。在制造业,发明的进步可能抵消了报酬递减趋势还有余。但是在农业以及一般的自然部门,普遍持有的观点是,发明的进步是不可能抵消报酬递减的影响的,李嘉图模型就是这种观点的体现,认为现代工业的资本积累是经济增长的驱动力。与李嘉图的预测相反,经济发展的历史证明,虽然存在土地资源约束,但农业生产的实际成本减少了,农业技术变革已经消除了由资源供给缺乏弹性对经济增长的约束。

(2)马克思主义经济学中的技术进步理论

马克思通过劳动、工艺等生产和经济过程的分析揭示了:①技术的本质。认为技术是人们在劳动过程中所掌握的各种物质手段,包括机器。②科学属于生产力范畴,但科学只有通过技术这个“中介或桥梁”才能转化为生产力。③生产力的发展水平是由科学技术发展的程度决定的,是以一定的科学技术发展程度为基础的,社会生产对科学技术的产生和发展具有巨大的推动作用;同时,社会经济制度对科学技术具有很

---

① 刘易斯:《经济增长理论》,周师明译,商务印书馆1999年版。

强的制约作用。

可以把马克思关于科学技术、社会经济的相互关系的基本观点概括为：科学技术是社会经济发展的基本动力；反过来，社会经济又决定着科学技术的产生和发展，即科学技术与社会经济是相互依赖、相互促进的辩证发展过程。

然而，马克思不是技术决定论者，他同样重视经济增长中其他因素，尤其是资本以及因素之间的相互作用机制。他注意到了手工业分工和机器生产分工对生产力的巨大差别，认为机器生产分工使生产迅速增长和资本迅速增值，迎合了资本家对超额剩余价值的追求，从而机器大生产成为扩大相对剩余价值的重要手段。因此，分工既是技术进步的原因，又是技术进步的结果。

由上可知，斯密和马克思的理论都有这一层含义：分工的不断深化的过程就是技术不断进步、市场范围不断扩大和不断深化的过程，从而是社会经济不断增长的过程。斯密和马克思遵循着一个共同的分析主线：经济活动主体对附加利益的自动追求—分工细化—组织与技术发展—劳动生产力增进—资本积累上升—分工再度深化……在这条分析主线中，包含了对技术进步的激励机制、实现途径和经济结果的说明，十分清晰地揭示了技术进步的微观经济基础和社会经济增长的微观基础。但海韦尔·G.琼斯认为："这些理论很少是精确的，他们想要囊括有关经济增长和发展历史过程的全部范围——整个说来这个目的是不能和更加正规的理论的精确性和严格性共存的。"[①]因此，琼斯将这些理论定义为"广括的理论"。

与古典经济学家不同，马克思主义认为：由于技术变化所导致的生产的发展，其潜力最终会超过现有的经济组织和社会制度（生产关系）的容纳能力，因而不能在现有条件下实现，必须经过阶级斗争建立新的社会制度和意识形态来适应这种提高了的生产力。因此，诺斯认为，马克思的分析是描述长期变迁的现有理论中最有说服力的，因为它包含了制度、产权、国家和意识形态等新古典框架遗漏的因素；马克思的一个根本贡献是说明了制度和新技术的生产潜力之间的不适应性，而正是技术变化产生了这种不适应性。

（3）熊彼特的创新理论

在1912年出版的《经济发展理论》一书中，熊彼特（J. A. Schumpeter）首次提出了"创新"的概念及理论。而后在《经济周期》（1939年）中对此作了补充，并在《资本主义、社会主义与民主主义》（1943年）中进一步加以应用和发展。按照熊彼特的观点，静态均衡、完全竞争等正统经济学假设已经不适用于解释经济发展，经济的根本现象应该是发展而不是均衡。创新是经济发展的动力，企业家是实现创新的主体，信用是企业家以要素新组合的预期收益为担保的支付手段，这三者构成了熊彼特经济发展理论的基石。

熊彼特认为，经济发展是通过经济体系内部的创新来实现的。所谓"创新"，即生产技术的革新和生产方法的变革，就是实现生产要素和生产条件的一种从未有过的新

---

① 海韦尔·G.琼斯：《现代经济增长理论导引》，郭家麟等译，商务印书馆1999年版。

组合,并将这种组合引入生产体系,或者说是建立一种新的生产函数,只有引入生产实际中的发现和发明,并能对原有的生产体系和生产方式产生震荡效应的才是创新。熊彼特把“创新”(innovation)一词定义为“建立一种新的生产函数”,即“企业家对生产要素之新的组合”。创新的概念包含五个方面:①采用一种新产品,即制造一种消费者还不熟悉的产品,或一种与过去产品有质的区别的新产品。②采用一种新的生产方法,即采用一种该产业部门从未使用过的方法进行生产。这种方法不一定是建立在科学新发现的基础之上,但可能是商业经营中处理一种产品的新方法。③开辟一个新的市场,即开辟有关国家或某一特定产业部门的以前尚未进入的市场,不管这个市场以前是否存在。④获得新的供应来源,即获得原料或半成品的新的供应来源,无论这种来源是已经存在,还是首次被创造出来。⑤实现任何一种工业的新组织,即形成新的产业组织形态,创造了垄断地位或打破了一种垄断地位。

根据熊彼特的解释,围绕以上五个方面展开的创新作为一个整体,代表了一项新发明从最初的思维构想,经过研究与开发而获得最后的商业成功的全过程,体现了技术可能与市场机会的有机结合。在结合过程中,市场需要的拉动和技术发展的推动是不可或缺的两个方面,而以有见识有才能敢于冒险的企业家的创造性活动作为中介。这里,熊彼特强调的是技术与经济相结合,在其理论体系中,创新首先主要是一个经济概念,是指在经济上引入某种新东西,是一种不息运转的机制。它与技术上的新发明不能完全等同,发明是新技术的发现,而创新是将发明应用到经济活动中去,一种新的技术或工艺发明只有当它被应用于经济活动并带来利润和潜在的盈利前景时,才成为创新。

在创新机制的论述中,熊彼特强调企业家、风险和市场竞争等因素,认为创新的企业家应具有远见和进取精神、有组织才能、敢于冒风险,并具有不断倡导和实行创新活动的精神气质。企业家被利润引诱,但他又必须承担风险来进行技术创新,形成对新产品或新工艺的垄断地位,以便获得超额利润。但这种垄断是暂时的,市场竞争下的模仿使超额利润逐渐被侵蚀,从而使经济恢复到一个新均衡。因此,要促进创新,必须准备制度上的机制,竞争是这一机制的核心。

熊彼特的学说被追随者们发展成当代经济学的两个重要分支:技术创新经济学和制度创新经济学。追随者们在“企业家和企业家精神的形成和演变”“技术创新与企业规模和市场结构之间的关系”和“新技术成果扩散的形态”三个方面都取得了重要进展。

2. 解释型技术进步理论

内尔森(Nelson,1995)认为,通过密切观察经济生活的细微变化,从而对所发生的事情进行描述,提出解释,可称之为解释性理论[①]。这些理论包括索洛的技术进步新古典增长模型、诱致性技术进步理论等。

(1)索洛的技术进步新古典增长模型

---

① Nelson, R. R, and E. S. Phelps, Investment in humans, technological diffusion and economic growth, *American Economic Review*, Vol. 56, 1966(2).

从经济现象中抽象出规范的经济学概念是理论的起点。曼斯菲尔德对技术的经济现象作了如下描述："毫无疑问，工艺变革是经济状况和进展中最重要的决定因素之一。工艺变革改善了工作条件，降低了工作时间，扩大了产品流量，给我们的生活方式增添了许多新内容。""'把工艺变革的影响和工艺变革本身加以区别，看来是方便的。'尽管工艺变革有'令人难以琢磨'的一面，我们将总的假定它的影响是技术进步，这里技术进步意指：①以同量的投入可以生产更多的产出（或用较少一种或多种投入得到同量的产出）；②现有产品质量的改进；③生产出了全新的产品。"这是一个被广泛认同的技术进步的表述。曼斯菲尔德认为引起科技进步的主要动力来自于技术创新和新技术的不断扩散。影响技术在同一个部门内扩散的基本因素有三个：①新技术的模仿比例。②新技术的相对盈利率。③新技术所要求的投资额。此外，还有4个补充因素：①旧设备被置换前已使用的年数。②一定时间内该工业部门销售量的年增长率。③该工业部门某项技术初次被某个企业采用的年份。④该项新技术初次被采用的时间在经济周期中所处的阶段。

"二战"后初期，建立于凯恩斯理论之上的哈罗德—多马（R. F. Harrod & E. Domar）增长模型，将人口、资本、技术等因素视为在长期内变化的量，分析它们在连续的时间内与其他变量一起在经济增长中的作用和相互关系。这一模型假设生产技术和资本—产出率不变，经济增长率高低实际取决于储蓄率的大小，强调资本积累是经济增长的决定性因素。然而，运用该模型解释战后各发达国家在相同的资本积累水平下存在相当大的经济增长差异这一现实时，却难尽人意。与此同时，各发达国家迅速发展的科学技术对经济增长所起的重要作用日益凸显，哈罗德—多马模型的不足和新的经济现象被索洛等人强调技术进步的新古典增长模型所弥补和关注。

1956年，索洛（R. M. Solow）[①]用生产函数 $Q=F(K,L,t)$ 发展了技术进步的测算方法，提出了加速技术决定作用的增长模型，它将原先固定不变的资本—产出率及劳动—产出率以技术变动来表现。其中，K 和 L 分别代表资本和劳动的投入，Q 代表产出的水平，t 代表时间。假设技术变化项的边际替代率不变，得到 $Q=A(t).F(K,L)$，技术变化解释为 t 时间内的积累效应。$\dot{A}=dA/dt$ 为时间 t 的技术进步量，通过生产函数对时间的求导，得到技术进步率 $\dot{A}/A$ 的表达式：

$$\dot{A}/A=\dot{Q}/Q-W_K.\dot{K}/K-W_L.\dot{L}/L$$

其中，$W_K=\frac{\partial Q}{\partial K}\cdot\frac{K}{Q}, W_L=\frac{\partial Q}{\partial L}\cdot\frac{L}{Q}$

W_K，W_L 分别为单位资本和劳动投入变动带来的产出增长。该模型表明，经济增长不仅取决于资本增长率和劳动增长率，以及资本和劳动对收入增长的相对作用的权数，而且还取决于技术进步。如果产出的增长幅度大于投入对增长的贡献幅度，那么其超过部分就解释为技术进步。索洛模型的突出贡献就在于，区分了由要素数量增加而产生的"增长效应"（growth effect）和因要素技术水平提高而带来经济增长的"水平

① 索洛：《经济增长论文集》，北京经济学院出版社，1989年版。

效应”(level effect)。在这里，技术进步第一次被视为一个单独的因素，纳入经济增长理论中给予系统的研究，从而比较完整地描述和解释了经济增长的原因。此后，丹尼森(E. F. Benison)等经济学家在经济增长的实证分析中，进一步证实了索洛模型的结论，并进一步提出，在经济增长计量中，总的经济增长远远大于资本和劳动等要素投入的增长率，即出现了一个增长的“余值”。丹尼森明确地把这个无法用要素投入来解释的“余值”归结到技术进步上，并由此得出技术进步是经济增长的主要源泉。

(2)诱致性技术进步理论

最早提出诱致性技术进步理论的是希克斯。希克斯的思想可以概括为：在存在竞争的情形下，只有技术创新的最终效果能够增加国民经济产值时，一项技术创新才会被有效地采用。但是国民经济产值的增加，却并不一定是同比例地增加各种要素的边际产出，这样由于要素的使用产生了技术进步的偏向问题，可以将技术进步区分为节约劳动型、节约资本型和中性技术进步。至于技术偏向于哪一类型，取决于要素的相对价格，而要素的价格所反映的其实就是要素的稀缺程度，这就是要素稀缺诱导性技术进步。

20 世纪 60 年代，速水和拉坦在研究日本和美国的农业现代化进程中对希克斯的理论做了进一步的拓展。[①] 发现日本与美国分别在对应土地稀缺和劳动稀缺的基本国情下，日本主要采用化肥、良种和水利等技术走上农业现代化道路，而美国主要采用机械化道路走上农业现代化道路，由此可知，日本走的是节约土地型技术进步的道路，而美国走的是节约劳动型技术进步的道路，这一发现印证了诱致性技术变迁理论。更为重要的是，速水和拉坦还在内生性假设的基础上，对制度变革的供给与需求以及技术革新和制度变革之间的关系等问题进行了研究。发现建立在竞争假设基础上的诱致性创新机制，不仅以厂商追求最大利润为行为基础，而且以公共机构中的科学家和管理者对资源禀赋和经济变化的反应为行为基础，综合考察技术—制度变化，构建了包括增长问题、技术制度创新和公共部门行为等问题的有机理论整体。

诱致性技术进步理论的另一个分支，是强调市场需求增长对技术变革方向的诱致性影响的施莫克勒—格里克斯假说。通过研究 19 世纪上半期到 20 世纪 50 年代美国铁路、炼油、农业和造纸等行业的过程，施莫克勒指出，产品和服务需求形式的改变会引导投资作出相应的改变。从时间上分析，往往是投资序列领先于专利序列，由此得出结论：发明的高潮是需求上涨引起的。在对杂交玉米的推广和使用中，格里克斯指出，各地区杂交品种的接受率和水平的差别是这一技术转变的市场获利性函数，对于杂交技术的优点，农民有能力作出判断，农民追求最大利润是技术扩散的行为基础。施莫克勒—格里克斯假说还指出，技术进步不但是经济系统的内生变量，而且其自身也是经济活动的一种方式，是从各种实验结果和理论预期中选择能够带来最大收益的一种来运用，这是这一假说的另一重要理论贡献。

在现实经济中，由于产品需求变化和相对要素价格变化往往相互交织，基于此，宾

---

① 速水佑次郎、拉坦：《农业发展的国际分析》(修订补充版)，郭熙保等译，中国社会科学出版社 2000 年版。

斯旺格将希克斯的方法和施莫克勒—格里克斯的方法综合到一起，构造了一个诱致性技术变革的简单模型。模型中，假设应用研究和开发中用于研究的资源的边际生产率递减，当要素价格发生变化时，新技术会转向节约更为昂贵的要素，这时技术变革是沿着技术创新曲线移动的；当产品需求变化时，新技术的边际产品的价格变化，新技术会转向需求相对增加的产品，这时技术创新曲线自身向内移动(靠近原点)。

综上所述，诱致性技术进步理论深入探讨了技术进步的内在动力与经济系统的有机整合，它不但能够成为判断技术进步方向是否与资源禀赋和比较优势相适应的标准，也可以作为未来技术制度发展方向的方法论意义上的指导。

三、对以上理论的评析

无论是马克思主义关于科学是第一生产力的系统观点，还是熊彼特的创新、经济增长周期理论及现代经济增长理论的技术进步论，它们都分别从特有的研究角度对科技进步与经济发展进行了考察，直接或间接地反映和凝集了人类迈向工业化进程中，科技进步对经济发展源泉、动力结构发生重大变化的认识渐趋于深化的演进轨迹。特别是熊彼特的创新学说在经济学中独树一帜，能够比较好地解释经济发展过程中质的变化。这一理论中创新就是“要素新组合”的概念，可以被扩展来说明科学技术的内生性，更好地反映科技创新过程的实质，其企业家的概念能反映创新过程中行为主体的本质和特殊性。创新、企业家、信用创造等概念并非仅适用于资本主义，而且可以扩展为社会化大生产的共同需要，其理论框架具有实际的指导意义。该理论的局限性主要在于其方法本质上是非量化的，从而难以将它作为创新概念量化的载体。

新增长理论的发展顺应了科技进步在经济增长中作用逐渐显著的潮流，并将技术进步从物的因素扩展到人的因素，由经济增长的外生变量转向内生变量。新增长理论将知识技术进步和专业化人力资本作为经济增长的综合要素来考虑，认为它们不仅能产生递增效益，而且能突破“增长的极限”，从而牵动着整个经济的规模效益递增，保证长期的经济发展。新增长理论的一个重要贡献是：在技术进步的内生性上给出了与实践相一致的阐释，其要素收益递增的新观点，为经济持续、长期增长找到了可靠的源泉和动力。尽管该理论在阐述技术进步的作用方面取得了相当的成功，它采用的生产函数法在一定程度上解决了技术进步累积作用的间接度量问题，但其理论本身，仍存在片面性：第一，该理论多以技术进步而不是技术创新作为分析对象，这是因为，技术进步可以看作是一个宏观的连续的变量，而创新则不能，技术进步可以说是创新的累计效应。显然，在其理论框架中不能解释由创新所带来的质的、革命性的经济变革。第二，企图用资本的异质性来统一技术和资本，如何量化测度技术资本的问题还难以解决。第三，忽视了制度要素，经济制度变量仍是外生的，因而它无法反映制度变量对生产技术和经济发展的影响，难以说明科技作为第一生产力对生产关系的影响及生产关系对科技进步的反作用。

第二节　农业技术进步与农业经济增长

建设创新型国家的核心,就是把增强自主创新能力作为经济社会发展的战略基点,走中国特色自主创新道路;就是把增强自主创新能力作为调整产业结构、转变增长方式的中心环节,推动国民经济又快又好地发展。2006 年 1 月全国科技大会提出从 2006 年至 2020 年,我国科学和技术发展要实现的重要目标就包括“农业科技整体实力进入世界前列,促进农业综合生产能力的提高,有效保障国家食物安全”。要达到上述目标,必须加快农业技术的进步。其实,在理论界,从 20 世纪 80 年代起,就对农业技术进步的内涵提出了许多看法,比较有代表性的有两类。

一种观点认为,农业技术进步是一个不断创造新理论和发明新技术,推广应用新成果,把新的农业科学技术资源变为物质财富的增值,从而提高经济效益的前进过程。①

另一种观点则强调,农业技术进步是指人们应用农业科学技术去实现一定目标所取得的进展。目标是多元化的,既可以是提高农产品产量,改善农产品品质,也可以是降低生产成本,提高生产率,还可以是减轻劳动强度、节约能源、改善生态环境等。通过改造、革新或研究、开发出新的农业技术或技术体系代替旧技术,使其结果更接近于目标,这就是农业科技进步。农业技术进步有广义和狭义之分。狭义的技术进步包括技术进化与技术革命两类。当技术进步表现为对原有科技或技术体系的改革创新,或在原有科学技术原理或组织原则的范围内发明创造科技和新的技术体系时,这种进步称为技术进化;当技术进步表现为科技或技术体系发生质的变革时,就称其为技术革命。广义的农业技术进步除了包括狭义的农业技术进步内容外,还包括农业管理水平、决策水平与智力水平等软科技的进步②。

上述观点分别从农业技术进步的过程、农业技术进步的范畴对农业技术进步的内涵进行了界定,从其界定来看,两者并无实质上的不同。进入 21 世纪以来,理论界普遍认为:农业技术进步是在农业经济增长中剔除劳动、土地与资本等纯经济要素投入增长所带来的经济增长后的剩余部分,也就是说,广义的农业技术进步概念已为绝大多数学者所接受。

一、农业技术进步的特征

知识经济时代的中国,在面对人均农业生产资源显著低于世界平均水平的背景下,若不广泛采用先进的农业科学技术,就不可能有效地解决农业发展所面临的种种问题。而促进农业技术进步,使其产生较高的经济与社会效益,就必须对农业技术进步的特点有着正确的认识。

---

① 杨俊杰、胡仕银:《重视探讨农业科技进步的负效应》,载《云南科技管理》1995 年第 5 期。

② 朱希刚:《我国农业科技进步贡献率测算方法》,中国农业出版社 1997 年版。

许多学者对农业技术进步的特征进行了研究与探讨。有学者提出，农业技术进步具有典型的公共产品特征，市场机制不能保证农业科技的持续创新，农业科技无论在需求上还是供给上，均呈现不足(解宗方，1999)。也有学者认为，农业技术进步不仅涉及无机世界，而且涉及有机世界；不仅要利用经济规律，而且要利用自然规律(许经勇，2000)。

与其他产业部门相比，科学技术要进入农业生产领域，显得特别困难、特别缓慢，这是由农业再生产所固有的自然特性和与此相联系而存在着无可比拟的复杂关系所决定的。因此，农业技术进步表现为一个复杂的、多方面的过程，而且其速度是比较缓慢的。大多数农业技术具有程度不同的公共产品性质，保密性差，技术与资源、环境保护紧密相关，技术与技术推广密切相关等特征，受这些特征的影响，同工业技术相比，农业技术进步表现出前所未有的参与角色多、过程复杂和不确定性明显、技术进步子体系相互作用性强等特点(邵建成，2003)。

综合以上学者的观点，可以对农业技术进步的特征概括如下。

1.农业技术进步的公共产品性质决定了必须坚持以政府投入为主

农业技术进步是一项非排他性很强的公共事业，虽然农业科技成果或产品不是纯粹的公共产品(部分农机、农药、某些作物的种子和生物技术及农产品加工技术可以形成专利成果)，但大多数农业科技产品具有一般公共产品的两大特征：多数农业生产是生物产品的生产，生物产品生产的一个重要特征是可以自我繁殖(非排他性)；农业技术一旦产生，一些农户对某种技术的采用不会限制其他农户对该技术的采用(非竞争性)，很容易产生"搭便车"行为，如果对搭便车行为收取费用的话，成本非常高。这样，生产者一般不能占有由这些生产所得到的全部收入(收益)，仅仅依靠市场机制的自发作用会导致严重的供给不足，市场无法提供最优状态的科技投资量，即市场失灵，效益无法得到充分的发挥，这就决定了农业科技创新不可能完全市场化，必须依靠政府予以资助或补贴，才能达到资源的最优化配置。而且，科学技术研究的资本具有不可分性，也就是说，农业科学技术研究需要各类科学家和辅助人员以及各种用于实验工作的昂贵设备，以便接近于最优规模，这就要求有巨额的投资，而目前我国的农业企业发展还不够壮大，还无法独自承担农业科研经费的投入，因此还必须坚持以政府的投入为主。即使是市场经济高度发达的西方国家，财政支出仍然保持着农业科研投资的主体地位。

2.农业技术进步与生物因素有着内在的联系

非生物资源主要是作为工业技术的作用对象，而农业技术作用的对象，则以生物资源的利用、控制和改造为中心。马克思在《资本论》中多次强调指出，农业生产的对象是有生命的植物和动物，农业再生产是经济再生产与自然再生产的统一，这就决定了农业技术进步的特殊性是建立在利用生物因素的基础上。农业技术进步与生物因素有着密切内在联系：首先，先进的农业科学技术可以对种植业与饲养业的自然周期产生积极的影响，从而延伸决定了农业技术进步的季节性。例如，农业生产时间和劳动时间存在显著差别，随着科技进步，可以通过采用新的生物品种以达到缩短农业生产时间与劳动时间的差别。正如马克思所说："在一定限度内，通过照料方法的改变，使牲畜在较短时间成长起来供一定的用途,却是可能的。”[①]其次,由于农业生产分布的区域广泛,不同地区自然、生态条件是有区别的,也就是说,农业生产所涉及的生物因素会对农业技术的应用提出特殊的要求,并对农业科技成果的推广规定了一定的范围,从而延伸决定了农业科技进步的地域性。受地域性的制约,农业科技进步一定要从实际出发,进行项目选择,开发和推广适合当地条件的先进有效的适用技术。

3.农业技术进步周期长、不确定性明显

现代农业科学处于科学整体结构中的基础自然科学到农业生产之间的应用技术科学的广大地带,它也处在自然科学与社会科学的交叉领域。既受经济规律支配,也受自然规律和生物规律的支配,致使农业科技进步具有周期长、不确定性明显的特点。

首先,农业技术进步周期长。这主要表现在以下四个方面:①农业技术进步,既涉及无机世界,又涉及有机世界;既要利用经济规律,又要利用自然规律,所以农业技术进步往往滞后于工业技术,只有当基础科学与技术科学取得发展之后,其部分成果才能推广应用于农业领域,才会促进农业技术进步。根据中国农业科学院“六五”期间科技人员获奖情况研究表明,农业科研成果周期较长,成果研究周期平均为5～7年,其中最长的作物遗传育种成果平均需8.5年,蚕桑育种成果平均需7.1年,土壤肥料、植保、畜牧、作物品种资源成果研究周期平均为6.1～6.7年。如从技术应用理论产生开始计算,中间经过技术开发,再到技术成果转化应用,这一过程的周期则更长;农业技术推广扩散难度也较大。中国农业科学院农业经济研究所曾对上千项获国家级和省部级奖的成果进行推广状况的研究,结果表明农业软科技成果平均推广度为52.6%,硬技术成果平均推广度为44%。②政府农业部门是否接受新产品以及如何为新技术确定行业标准,引导新技术的广泛应用等都需要较长的时期。③受农民自身文化素质较低因素的影响,相比旧技术的改造,农户对农业新技术的认识、应用需要较长时期。④由于农业生产对自然资源的长期依赖,也使得应用农业新技术的配套环境建设需要一个较长的时期,加之由于农业科技进步周期长,私人和企业对农业科研的投资不可能贯穿整个过程,尤其产中技术投资者较少。据统计,发达国家主要集中在农用化学品(化肥和农药)、食品加工、农业机械和农作物杂交种子等领域。如在美国,私人在农业产中技术(On Farm)的科研投资中只占12%,而在农业机械和食品加工领域则高达90%。我国农业生产还具有规模小的特点,更加剧了农业技术进步的不确定性。

其次,农业技术进步过程不确定性明显,风险较大。根据上文对农业技术进步的内涵界定,农业技术进步是一个从农业科学技术及农业科技成果的供给到创新产品的生产、创新产品的推广、培训农民使用农业技术和农产品销售的完整过程。可以说农业技术进步既是一个农业知识的转移过程,又是一个大学和农业科研机构、农户、推广服务机构与中介咨询机构、农产品销售机构、农产品深加工机构、金融机构和政府机构等多主体之间相互作用的过程,这就决定了农业技术进步过程的不确定性。包括农业科技成果筛选、农业科技成果实用化、市场、技术创新收益分配、农业技术成果为农民

① 马克思:《资本论》,人民出版社1975年版。

所接受及制度环境等方面的不确定性，这么多的不确定性也决定了投资的风险性，阻碍了私人企业对农业技术进步过程的投资。

4. 农业技术进步是一项动态的系统工程

农业科学不同于工业科学，它包括了基础研究、应用研究和开发研究的完整体系，而且农业技术进步与其他相关学科的发展分不开，从产业演变的历史过程看，工业制造业是建立在应用物理学、数学基础上的产业，而现代农业，不仅需要物理学、数学，还涉及化学、生物学、生理学、生态学、气象学等等。农业技术的控制因素也是复杂多样的，既有机械力学的、物理的、化学的以及天文地质的因素，又有生物的、生态的因素。社会因素中，既有生产、分配、交换、流通等方面的经济因素，又有文化、教育等方面的精神因素。因此，科技进步的特征也同样适用于农业科技进步，具体而言：①农业科技进步是一个技术经济概念；②农业技术进步是动态经济学的概念；③农业技术进步是一个过程，包括了科学研究、农业技术开发、农业技术推广应用和农产品社会价值实现四个子过程；④农业技术进步是客观的社会技术经济现象（刘满强，1994）。农业技术进步整个过程涉及多个主体，经历多个环节，需完成多项活动。至少要实现三个方面的跨越，即技术的跨越、区域的跨越和主体的跨越。

5. 农业技术进步与资源、环境的保护密切相关

当一种技术与资源、环境的保护密切相关时，就存在外部效应（Externality）。在这种情况下，这种技术采用的私人成本或收益同社会成本或收益不一致，市场供需平衡处于非优化状态，市场调节失灵，如病虫害防治技术、农业污染、水土保护、渔业和林业资源保护和持续发展等。

基于上述分析，农业科学技术必须是技术的、经济的、社会的和生态等知识的系统综合动态运用，必须保持工作的系统性和连续性。即农业技术的控制，必须实行系统综合控制，不能只强调单一的控制；一项新的农业技术成果的推广应用，也往往要求相关学科的发展与之相适应。

二、农业技术进步与农业经济增长

200 多年来，农业技术进步对农业发展的影响越来越大，技术进步能不能成为发展中国家农业经济增长的源泉，一直是经济学家们争论和研究的中心问题。

“劳动生产力是随着科学和技术的不断进步而不断发展的。”农业科技进步，不管采取什么样的形式，最终都必然表现为以更少的农业资源生产同质同量的农产品，或者以同量的农业资源生产更多更好的农产品。这就说明，农业科技进步对农业经济增长的重要促进作用。

早在 18 世纪 50 年代，重农学派领袖弗朗斯瓦·魁奈（Francois Quesnay）在重视消费、税收、人口等因素的同时，就特别强调农业经济增长的重要性，强调农业技术对农业生产的重要作用。在魁奈看来，国民经济增长主要受制于农业年预付的变化，因为只有农业才生产纯产品。而农业年预付，又直接取决于三个主要变量：社会消费支出倾向、政府赋税政策和农业投资收益率。农业原预付、人口和农业役畜是影响经济增长的重要因素。魁奈区分了三种农业生产技术：仅仅使用劳动的土地耕作方式、使

用牛拉犁的耕作方式和使用马拉犁的耕作方式。他认为要获得剩余产品,只能选择后两种技术手段。而人、牛力(小农经营)和马力(大农经营)正好代表了当时农业生产动力技术基础的三个阶梯。

亚当·斯密(Adam Smith)、大卫·李嘉图(David Ricardo)也认识到技术进步对农业经济增长的促进。亚当·斯密认为经济发展表现为国民财富的增长。所谓国民财富,即"构成一国全部劳动年产物的一切商品"(《国富论》)。国民财富增长决定于两个条件,即劳动生产率的高低和从事生产性劳动人数的多寡。劳动生产率提高主要归因于劳动分工的发展,而劳动分工的发展,又会促进能"简化劳动和缩减劳动"的新机器的发明。一旦机器被用于生产,劳动生产率就会按与劳动分工程度相对应的水平提高。可见,亚当·斯密把劳动、资本、技术进步和社会经济制度看作是影响农业经济增长的主要因素。大卫·李嘉图和斯密一样,也认为经济发展表现为社会物质财富的增长,社会财富的增长取决于劳动数量的扩大和劳动生产率的提高。但和斯密理论一个明显不同之处在于他对报酬递减规律的强调,他认为,由于土地的数量有限、质量不同,故农业生产的报酬是递减的,而这将对国民经济增长起约束作用。虽然生产技术的创新和进步可能抵消或延缓报酬递减趋势,但在所在土地都被耕种之后,经济增长将逐渐放慢,而且越来越慢,最终进入停滞状态,不过他的这种悲观主义反证了科技进步对农业经济增长的作用。古典经济学家们虽然意识到技术进步对农业经济增长的促进作用,但并未引起重点关注,原因是当时的技术进步对农业经济增长的贡献程度还不大。

随着经济社会的不断发展,技术进步对农业经济增长的贡献度越来越大。19世纪30年代,细胞学说的提出突破了传统农业单纯依赖经验与直观描述的阶段。19世纪40年代,植物矿质营养学说的创立,促进了化肥工业的发展。19世纪50年代,生物进化论的问世,奠定了生物遗传学与育种学的理论基础。20世纪初,杂交优势理论的应用,带来玉米杂交种的产生与大面积推广,同时,杂种优势应用在其他作物和动物上,成为一项十分有效的农业增产手段。20世纪40年代,滴滴涕等杀虫剂的研制与生产,有力地促进了农药的应用与农药工业的发展。20世纪50年代,生物技术的进展,为人们定向育种开辟了广阔的前景。20世纪90年代,信息技术的发展和应用,加快了现代农业发展的节奏,尤其对科学技术的传播、市场供求的对接等起到了革命性的推动作用。

在我国,杂交水稻良种使全国水稻平均亩产由232千克提高到328千克,小麦优良品种推广使小麦亩产增长了100千克,在部分小麦产区创造了高产千斤的记录。许多研究试验表明,粮、棉、油等主要作物品种,每次更换良种一般可增产10%~30%。科学施用化肥可增产16%,改进耕作方法和栽培技术可增产4%~8%,施行病虫害防治技术可挽回产量损失10%~20%(卢良恕,2006)。而广义科技进步中制度创新对农业经济增长的贡献也是很大的,计量研究表明,自我国1978年开始实行以家庭联产承包责任制为核心的农村经济体制改革后,1978—1984年间农业总增长中,家庭联产承包责任制的贡献为46.8%(林毅夫,1995)。

总之,技术的进步,不仅有效地击败饥饿的威胁,使世界走向丰衣足食的未来,而且带来了农业生产力的大幅度提高，对农业经济增长起到了巨大的促进作用。农业科技的明显进步从指标上则表现为农业技术进步贡献率的日益增长趋势。据中国农科院测算，发达国家，技术进步对农业经济增长贡献的份额已从20世纪初的不足20%上升到20世纪80年代的60%～80%，其中美国1989—1992年农业产值增长的81%和农业劳动生产率提高的71%都归功于农业技术进步和高新技术的推广作用。技术进步对我国农业总产出增长的贡献率如表2-1所示，可见我国技术进步对农业的贡献率也是不断提高的，“十二五”期间的2015年已达到56%。

表2-1 “一五”到“十二五”期间我国农业科技进步贡献率①

计划时期	起止年份	贡献率(%)
“一五”	1953—1957	18.82
“三五”	1966—1970	2.29
“四五”	1971—1975	15.36
“五五”	1976—1980	26.68
“六五”	1981—1985	34.84
“七五”	1986—1990	27.66
“八五”	1991—1995	34.28
“九五”	1996—2000	45.16
“十五”	2001—2005	48.00
“十一五”	2006—2010	52.00
“十二五”	2011—2015	56.00

第三节　农业技术与农户技术采用实证研究回顾

无论是国际上还是国内，都有大批的农业经济学家对农业技术问题进行了大量的研究，主要围绕着农业科技投入及其经济收益、农业科技与农村贫困、农户农业技术采用与农户收入的相互关系等问题展开。

一、对农业科技投入总量和强度、农业技术推广投入的研究

在这方面，黄季焜、胡瑞法等对农业科技投入做了较系统和深入的研究。研究的范围涉及中国农业科研投资的总量分析、中国农业科研投资效益及其利益分配、中国农业科技投资体制与模式的现状及国际比较等诸多方面。研究表明，我国农业科技投资不足的问题相当严重，按不变价计算，政府对农业科技投入的财政拨款，在“七五”“八五”期间平均增长率为负数（黄季焜、胡瑞法，1998）。从1985年开始的10年间，

① 朱希刚：《我国农业科技进步贡献率测算方法》，中国农业出版社1997年版。“九五”“十五”两项来源于国家统计局公布的数据。“十一五”“十二五”的数据来自相关媒体的报道。

我国农业科研单位课题人均经费呈逐年下降的趋势，农业科研单位的科学事业费也严重不足，农业科研投入的减少已经影响到农业科研成果的数量和质量。他们的研究还表明，我国农业科技投资强度长期低于国际水平，以1996年投入强度计算，不到发达国家的1/10，差不多只有30个最低收入国家政府对农业科研投资强度的简单平均数的一半。从农业科技体制来看，我国农业科研体系存在条块分割、结构重叠，研究力量分散、科研项目低层次重复，科研、应用、推广和农民的技术需求相脱节，农业科技队伍不稳定等诸多方面的问题。

政府对农业科技的投资状况，还可从政府对农业科研机构的投入这一视角进行观察。国家级农业科研机构作为我国公益性农业科研的重要力量，承担国家层面的基础性、应用性研究，是国家科技创新体系的重要组成部分，具有显著的公共性、基础性和社会性，政府投入的强度直接关系到这些公益性科研机构运行经费的保障水平和科技创新能力，理应是我国农业科研政府投入的重点。范静（2008）、高启杰（2009）以2007年的数据为例，对国家级农业科研机构的财政资金投入规模、结构变动以及投入中存在的问题进行了分析，并给出了优化财政资金投入结构的政策建议。张晓泉等（2011）对国家级农业科研机构2006—2008年的政府投入总量、结构以及3类不同机构的差异化进行了研究。刘振虎等（2010）对国家级农业科研单位修购专项经费投入情况进行了分析。侯向娟等（2012）运用国家级农业科研机构2006—2008年的财政拨款数据，具体分析了国家级农业科研单位保障经费的投入现状和实际需求现状。农业科研机构科学事业费基本支出投入情况课题组（2006）对国家级农业科研机构科学事业费基本支出状况进行了研究。毛世平等（2013）选择1997—2009年的中国农业科研机构为研究样本，分析了其科技投入的现状、特点与规律，与国家整体的科研投入情况进行了横向比较。黄敬前、郑庆昌（2013）运用微观经济学中的效用理论研究了我国农业R&D投入和农业技术推广投入的合理比例以及农业基础研究、应用研究和试验发展投入的合理比例，发现我国农业R&D活动投入结构比较合理，农业R&D投入与农业技术推广投入日趋合理，但这种资金配置的合理性，是建立在低水平投入的基础上。李金祥（2014）等对国家级农业科研机构政府的投入缺口进行了分析，认为无论是在总投入、基本支出财政拨款，还是项目支出财政拨款与研究经费的投入上，都存在较大缺口。

黄季焜、胡瑞法等还对中国农业技术推广投资进行了研究。研究发现，农业技术推广经费总量增长较快，但人均经费严重不足（黄季焜、胡瑞法，2000）。农业技术推广的经费被推广人员数量的增加所抵消。由于农业技术推广投资的减少，农业技术推广人员的收入低于其他行业，导致农业技术推广人员工作时间减少，不安心本职工作，农业技术推广的速度下降。也有研究者在大量实际调查的基础上，通过计量经济模型的实证分析，发现我国基层农技推广体系难以发挥其公益性技术推广职能；政府投入虽然近年来有明显提高，但总量仍然严重不足；不同体制下政府投入的效果显著不同（智华勇、黄季焜、张德亮，2007）。在地方层面，有研究者对甘肃省的农业科技投入进行了分析，发现2006—2010年甘肃省农业科技投入额每年都有增加，呈逐年增长态势，但是各年的增长率呈现上下波动情况，没有形成良好的持续增长趋势。省级农业科技项目投入结构不尽科学合理，基础与应用研究类项目投入比重太小，不能给省农业科技发展和创新提供充足的储备（樊红梅、田愉、张晓娟，2012）。黄敬前、郑庆昌（2013）利用协整理论与方法，分析我国农业科技投入与农业科技进步之间长期的均衡关系，认为我国农业科技投入促进了农业科技进步，其中农业技术推广投入的作用较 R&D 投入的作用明显；同时，农业技术推广投入对农业 R&D 投入具有拉动作用，但是农业科技进步并未推动农业科技投入的增加。因此，促进基层农技推广体系的管理体制改革有助于提高投入的效果。石晶、肖海峰（2014）通过协整分析法、误差修正模型、脉冲响应函数研究了农业技术推广投资对农业经济增长的长期均衡关系与短期动态关系，结果显示农业技术推广投资对农业经济增长的长期影响弹性是 0.654，短期影响弹性是 0.169，表明长期的农业技术推广投资战略对促进农业经济增长更为有效。

二、对农业科研投资经济收益及其分配的研究

在发展中国家，技术改进的主要作用集中在经济增长，因为：①增加的产出可用于消费或将来生产，以满足经济扩张的需要；②节约了资源，尤其是劳动力，可以用于其他部门；③更高的农业产出可以增加农民收入，满足他们对工业品的需求。另外，农产品还是国家收入和外汇的重要来源。

从最初 Grillches（1958）研究美国杂交玉米开始，用科研投资回报率来反映农业科研对经济的影响的研究非常多，特别是在 20 世纪 70 年代后，这方面的研究发展迅速，研究范围不断扩大，研究方法不断改进，各种研究报告得出的结论差异较大，从非常高到甚至为负，但平均范围为 40%～60%（Alston et al.，2000；Evenson，2001）。樊胜根（2000）认为，20 世纪八九十年代中国农业产出的快速增长可以归结为 1979 年开始的农业科研投资制度和市场化改革，并测算中国农业科研的投资回报率，结果表明农业科研的总体经济收益大约相当于 1997 年农业产值的 1/3，但在 1975 年只占产值的 5%，中国农业科研投资回报率很高，从 36%到 90%不等，比当前的商业利息（名义 10%左右）高得多，而且还发现农业科研的回报率随着时间的推移而呈上升趋势。黄季焜等（2003）用中国政策模拟模型（CAPSiM 模型）模拟各种情况下的农业科研投资回报率，得出中国农业科研投资的内部收益率为 56%～60%。李锐（2004）应用了参数—非参数混合的方法，测算了 1976—2002 年中国农业科研投资效益，得出农业科研投资内部收益率约为 30%。赵芝俊等（2006）运用 CD 函数的扩展式测算 1994—2003 年我国农业科研投资边际内部利润率的值，10 年的平均边际收益率为 76.22%。另外，学者们还研究了科研项目的收益。樊胜根等（2005）分别研究了水稻和小麦的研究收益，研究结果表明，水稻品种改良研究极大地提高了中国与印度的水稻产量，他还利用水稻品种的使用面积和单产数据测算了过去 20 年中国和印度水稻品种改良研究的总收益，水稻科研的收益占水稻产值的比例，得出在中国为14%～19%，在印度为 15%～23%；小麦品种改良研究极大地提高了中国小麦的产量，1982—1998 年，小麦品种改良研究带来的收益占小麦生产总值的 10%～30%，收益是研究总支出的 6.6 倍。张社梅（2007）运用经济剩余法分析了中国黄河流域和长江流域棉区的转基因棉花的科研投资回报率，发现转基因棉花科研投资回报率为 60.57%，高出常规棉花近

25%。姚延婷等(2014)研究了环境友好农业技术创新与农业经济增长之间的长期动态关系,结果表明:在整体上,环境友好农业技术创新每增加1%,引起农业经济增长增加0.375%,而环境友好技术推广程度每增加1%,则引起农业经济增长增加0.542%;在短期内,环境友好农业技术创新在滞后2期与滞后3期才缓慢地显现出来对农业经济增长的促进作用,具有滞后性;在长期内,环境友好农业技术创新和技术创新推广程度对经济增长的推进作用是缓慢且长期有效的,而农业经济增长是环境友好农业技术创新持续的动力,对技术创新的推广起到先强后弱的促进作用。

许多学者还进一步研究了科研投资收益的分配问题。Akino 和 Havami (1975)、Mellor(1975)、Scobie 和 Posada (1978)、Pinstrp－Andersen (1979)、Evenson 和 Flores (1978)用标准模型估计表明,商品越缺乏需求弹性,消费者收益越多。然而,Moschini 和 Lapan (1997)认为,私人创新者可以用知识产权保护他们发明的产品,可以合法地拥有垄断力量,与传统竞争的经济剩余模型相比,它不仅影响科研收益的总量,而且更重要的是影响收益分配。Moschini 等(1999)研究采用农达(Roundup Ready)大豆的收益,估计美国孟山都公司(Monsanto)收益约占44%,农民收益约占16%,但没有采用新技术的农民受到负面影响,接近2/3的人住在农村没有采用这项技术,消费者收益约占40%。Falck-Zepeda 等(1999)运用相似的方法估计了 Bt 棉花的收益分配情况,孟山都公司(Monsanto)和相关种子公司的收益约占50%,农民收益约占40%,消费者收益占10%。de Janvry 等(1989)关注农业科研收益在贫穷农民和富裕农民之间的分配。de Gorter 和 Zilberman(1990)及 Sunding 和 Zilberman(2001)从政治经济考虑,分析了农业科研收益在农民和消费者之间的分配,并以此来说服政府投资农业科研和指导农业科研项目。黄季焜等(2000,2003)分析了我国农业科技体制的改革和投入模式、不同条件下政府、农业科技人员以及农民的科技投入与采用行为,定量评价了科研投资收益和福利分配情况,得出我国农业科研的投资回报率高达55%～60%和农业科研投资的受益者不仅是生产者,更重要的是消费者等结论。

三、对农业科研投资与贫困的研究

最近一些年,农业科研对贫困的影响引起了广泛的讨论,大量研究表明农业科研投资可以有效地促进农村扶贫(John Kerr 和 Shashi Kolavalli,1999;Fan, Hazell 和 Thorat,2000;Fan, Zhang 和 Zhang,2000;Hazell 和 Haddad, 2001)。John Kerr 和 Shashi Kolavalli(1999)回顾了发展中国家农业科技进步对贫困影响的相关文献,阐述了新技术与社会经济因素和制度因素在一起如何直接和间接地减少贫困,提供了农业科研与贫困的分析框架。Shantanu Mathur 和 Douglas Pachico(2003)集中了很多学者的研究成果,提供了大量案例研究和实证分析方法,重点分析了科研与贫困的联系,以及对农村、城市等各种贫困人口的影响及其影响程度,并提出了相应的建议。Peter Hazell 和 Lawrence Haddad (2001)提出在新时期,全球食物供给充足,贸易壁垒正在减少,公共部门有更多的机会集中资源到针对穷人利益的研究战略,总结了农业科研帮助穷人的途径:①增加贫穷农民的农产品产量;②给农民和无土地的劳动力提供更多的农业就业机会和更高的工资;③增加穷人移民到其他农业区域的机会;④通过发展农村和城镇非农经济使穷人在更大范围受益；⑤为农村或城市的所有消费者提供更低价格的食品；⑥发展营养价值高的作物，对穷人，尤其对妇女更为重要；⑦增强他们决策和集体行动的能力，减少他们的脆弱性。James Sumberg 等（2004）分析了撒哈拉以南非洲地区的收入差异、技术选择与农业科研政策之间的关系，研究表明，农业科研具有促进农业潜在增长的作用，但它并不明显，因为增长依赖于在成千上万的小规模、贫困和分散的农户中转移技术，决策者应认真考虑如何让大部分的农村人口受益，农村减贫急需农业科研。樊胜根（2005）研究了中国和印度的农业科研与农村扶贫之间的关系，发现科研投资除了具有最大的生产和生产力效果外，还具有显著的扶贫效果，提出了农业科研和贫困的一个分析框架，认为农业科研通过多种渠道影响农村贫困，它通过提高农业生产力而直接提高农民收入，而生产力的提高反过来又会降低农村贫困，而且它将在城市或其他农村地区创造更多的非农就业机会，有助于农民增收和农村就业；农业科研带来更多农业产出将使食物价格降低，从而直接帮助穷人，因为他们通常是粮食的购买者。樊胜根等（2003，2006）运用联立方程模型，建立了中国农业科研投资与城镇贫困的联系，分析了农业科研投资对食品价格、工资和城镇贫困发生率的影响，发现农业科研投资导致城市食品价格下降，农业科研在缓解城镇贫困方面也起了重要作用，每万元农业科研投资帮助脱贫的人数在城镇与在农村接近。Michelle Adato 和 Ruth Meinzen-Dick（2007）编著了一本《农业科研、生计与贫困》（*Agriculture Research，Livelihoods，and Poverty*），收集了 6 个国家的农业科研对经济和发展影响的研究，包括孟加拉国（Bangladesh）、肯尼亚（Kenya）、津巴布韦（Zimbabwe）、墨西哥（Mexico）、中国（China）和印度（India），总结了农业科研投资对贫困者的影响和分析评价方法，认为过去大部分的研究只分析新技术对贫困者的潜在影响途径，而忽视了某些重要间接影响，农业科研对贫困者的影响是多样而且复杂，他们提出了农业科研对贫困影响的分析框架，分析过程中应扩大范围，结合社会和经济两方面，并且需要考虑时间滞后等因素。

四、对农户农业技术采用与农户收入相互关系的研究

当前，国内外学者对于农户技术采用行为的研究基本上沿着理论探讨和实证研究两条路线进行。

理论探讨路线又形成两个基本的视角，一是从需求角度分析农户技术采用所呈现出的包括行为和心理在内的特征研究（杨大春，1990；查世煜，1994）；二是通过构建以效用和预期利润最大化为目标对农户农业技术采用动机和诱因的研究，认为农户采用新技术的决策取决于采用行为带来的效用大小和需承担的风险大小（林毅夫，1991；黄季焜，1994；汪三贵、刘晓展，1996），从而对技术采用行为作出定性的结论（Caswell 和 Zilberman，1996）。

实证研究路线则是利用现实数据，运用定量分析手段找出影响农户技术采用的因素（Baltenweck 和 Stall，2000；Joshi 和 Pandy，2006）。如 Barkley 和 Porter（1996）利用美国堪萨斯州的 9 个观测点从 1974 年至 1993 年的数据，找出了影响小麦品种选择的决定因素，即品种的生产特征和质量。国内研究大多采用实证研究路线进行农户技

术需求意愿和农户技术采用影响因素的研究,在做这方面的研究时,有的围绕不同作物进行,如杂交水稻(林毅夫,1991)、杂交玉米品种(朱希刚、赵绪福,1995)、小麦新品种和蔬菜水果(孔祥智等,2004)等。由于具体的技术属性能解释技术采用率的49%~87%(罗杰斯,2002),因而有些学者围绕具体的技术属性进行,如保护地生产技术(方松海、孔祥智 2005)、节水灌溉技术(刘红梅、王克强、黄智俊,2008;刘晓敏、王慧军,2010)、水稻 IPM 技术(喻永红、张巨勇,2009)、新品种和无公害生产技术(罗小锋、秦军,2010)等。

农户经济状况通常被认为与农户技术采用存在密切的相互决定性。

1.农户家庭收入、经济状况与农业技术采用的意愿

多数学者的研究中都涉及农户收入对农户农业技术采用的影响,却形成两种截然相反的结论:

(1)家庭收入、经济状况较好的农户对技术采用的意愿更强

家庭收入较高意味着有更多的可能将多余的资金投入技术的扩大再生产当中,以获取更多的技术收益回报(何子文、李鹏玉,2006)。贫困农户由于面临的风险较高,即使遇到激励机制很吸引人的机会,由于受到诸多因素的约束,贫困农户也难以好好把握和利用这些新的经济机会(Scherr,1995)。Fujisaka 和 Sajise(1986)总结菲律宾山区发展经验得出结论,由于受制于山区农户长期以来的种植习惯、所获得的经济效益和社会效益,加上引进技术采用还需要一定的成本投入,因此限制了山区农户对于引进技术的采用。收入较高的农户,更愿意接受风险和更复杂的技术(Batz et al,1999;Fliegel and Kivlin,1966)。黄季焜等(1993)也认为,经济状况越好的农户越容易采用水稻新技术。Ervin 和 Evrin(1982)发现,在他们的经验模型中收入与农户支付意愿及可持续农业技术采用之间有正相关关系,因为充裕的资金能保证生产者不受资金条件制约而采用可持续农业技术。而在贫困山区,经济条件较好的农户相对容易采用新技术,随着经济水平的提高,支付采用新技术成本的能力也越高,承担采用新技术风险的能力也越强,从而有利于新技术的采用(朱希刚、赵绪福,1995)。持相同或类似结论的还有方松海、孔祥智(2005)对西部三省区农户采纳保护地生产技术的研究,李艳华等(2009)对山东两个经济发展水平差异较大地区农户技术采用的研究,汪红梅、余振华(2009)基于社会资本视角对农户农业技术采用的分析,刘晓敏、王慧军(2010)对河北农户采用节水技术的研究;等等。

(2)家庭收入、经济状况较好的农户对技术采用的意愿更弱

与前述研究所得出的结论不同,汪三贵、刘晓展(1996)提出,由于信息传播的不完善,中国贫困地区的农户在技术采用决策中主要是面临主观风险,即对技术内容和效果的不了解,家庭财产状况并没有对地膜玉米这类相对简单且成本不高的新技术的采用产生影响。孔祥智等(2004)对西部地区农户农业技术采用受到的影响因素时却得出经济状况差的农户采纳小麦新品种的可能性最大,经济状况中等的农户对小麦品种技术不敏感,但成为保护地生产技术采纳的主体,经济状况较好的农户既不使用新品种,对保护地生产技术也不感兴趣。产生这种技术选择差异的原因在于,技术采纳成本不同造成采纳门槛差异以及不同经济水平下农户技术采纳的机会成本差异,而不是

朱希刚(1995)、黄季焜(1993)等人所认为的使用新技术的风险或不使用新技术带来的潜在损失的能力差异。陈玉萍、吴海涛(2010)对滇西南资源贫瘠地区农户的技术采用行为进行分析时也指出，以现金收入衡量的经济状况对农户技术采用决定和采用程度决定的影响非常少，不存在直接相关性，原因在于陆稻在当地主要作为口粮消费，与农户现金收入关系不密切。此外，罗小锋、秦军(2010)也得出农户年总收入对采用无公害生产技术的影响不显著的结论。

2. 农户农业技术采用对其家庭收入的影响

学界对农业技术的采用所导致家庭收入变化也持有两种观点，一种认为农业技术的采用能促进农户家庭的增收，另一种观点则与其相反，认为农业技术的采用会导致农户家庭收入的下降。

(1)农业技术采用促进了农户家庭收入的增加

从理论上看，良种、新的栽培与繁殖技术、新的病虫害防治技术，有利于提高农产品的产量或品质，从而达到为农户增收的目的；技术的使用增加了农产品的技术含量，降低了市场交易成本，提高了交易效率，扩大了市场范围，有利于农产品进入市场，享受技术带来的收益(曾凡慧，2005)。按照一般的推论，农药、花费、机械、电力等技术的采用可以提高农业生产率，实现在较小的耕地面积上使用较少的劳动力投入确保农户的粮食自给，从而节省出土地与劳动力投入其他作物的种植或者其他家庭经济活动中，增加农户家庭的收入，同时通过农户生存所需的土地占用面积的大大减少，可以缓解对于土地的过度开发，促进环境的改善(陈玉萍、吴海涛，2010)。国内外的一些研究也表明，新技术的采用增加了农户的收入，特别是在自然条件恶劣和少数民族聚集的山区，农业技术的采用对农户贫困缓解及收入增加发挥着重要作用(Pender and Hazell，2000)。

(2)农业技术采用降低了农户家庭收入

农业技术的采用也会导致农户家庭收入的下降，黄祖辉、钱锋燕(2003)的研究指出，对于中西部地区的农户来说，来自农业的收入比重在60%以上，在封闭的经济条件下(农业占国民经济份额很大，农产品消费以自给自足为主，贸易份额很低，国内市场价格主要由国内供求关系决定)，技术进步导致产量增加，国内农产品价格出现下降，短期内由于技术进步所带来的收益逐渐被农产品价格下降所抵消，从而导致农业劳动者收入下降，技术的采用对农户收入没有实质性影响。但周衍平、陈会英(1998)指出，随着采用新技术的农户增加，导致市场价格下跌，因而未采用新技术的农户将处于亏损境地，后继者也被迫采用新技术，最终导致新技术带来的超额利润的消除。因此，技术的变化并不意味着降低所有农民的收入，只是降低了那些没有采用新技术农户的收入。

第三章

基于技术进步与技术效率测量的农业科技政策绩效分析

第一节　广东农业可持续发展面临的焦点问题

农业可持续发展是可持续发展概念在农业和农村经济、社会与生态等领域的体现。经济持续性体现为经济的有效增长、资源的有效利用。社会持续性是指社会环境有利于农业可持续发展，表现在控制人口数量，提高人口质量，合理开发自然资源，实现社会财富的公平分配，减少城乡贫富差距，促使社会良性循环发展。生态持续性是指农业发展必须维系系统所依赖的环境资源和生态功能，按照生态经济规律进行合理利用，使生物资源不断地更新，维护农业可持续发展的资源基础。

当前，消除贫困和两极分化已经成为广东经济社会发展的主要任务。广东的贫困正由普遍现象向边缘化转变，山区是当前广东贫困的主要发生地，缓解山区贫困、改善山区农户生计成为广东扶贫开发战略的重要目标。农业是山区经济的主导产业，山区发展的核心问题是如何促进农业的可持续性发展。基于此，2011 年 8 月，本研究的调查组选取了粤北山区的英德市白沙镇与清新县的山塘镇，就农业的可持续性发展对农户与农技员进行了访谈。归纳起来，农户对于山区农业的可持续性发展，主要集中在以下八大焦点问题上。

一、水稻品种：高产、优质还是高产优质

对于水稻技术，研究者们从农业技术推广的角度、增产的角度、信息需求的角度、水稻技术需求的角度通过对农户的调研，得出品种选育技术特别是高产技术为农户当前最为需要的技术。

然而此次在英德的白沙镇与清新的山塘镇的调查却显示，农户们对单纯的水稻高产品种并不显得较为关心，而主要考虑优质品种，如果是高产又优质，则更为需要。之所以形成这样一种状况，原因在于当地村民耕地较少，平均不到 0.033hm^2，但由于留守人员大多为“3860”部队，所需口粮并不多，所耕种的耕地亩产大多在 450 千克左右，对于小户来说，粮食主要是保证他们的口粮，因此他们需要的是口感好的优质品种。也有一些农户有一定数量的粮食出售，个别种植面积在 3.34 hm^{2}左右的大户与一些有一定数量粮食出售的大户在市场上出售粮食的时候，则主要考虑价格，由于高产品

种普遍存在缺乏看相、口感不好，较之优质品种，其价格则要低许多。因此，农户对优质品种或既高产又优质品种的追求就在情理之中了。

可见，对于水稻品种来说，当前的焦点不是高产品种的培育与采用，而是优质品种或既高产又优质品种的培育与推广方面的问题。

二、农业机械：国产、进口还是价廉物美

广泛应用先进适用技术进行社会化农业大生产，提高农业生产率，减轻农民劳动强度，转移农村剩余劳动力，实现农业的可持续发展和由传统农业向现代农业转变，这是历史发展的必然。农业机械化是农业可持续发展的必要条件和重要推动力量，是生产力发展水平的重要标志之一。

调查中得知，种植面积在 3.33 hm^2 左右的农户，均拥有插秧机、收割机等小型农业机械，小农户则普遍采用租用农业机械的方式进行插秧与收割。但目前国内生产的插秧机所插的秧苗行间距很不理想，特别的稀疏，需人工进行补插，在造成农户费时费力的同时，由于当地人工费超过 100 元/天，对于大户来说，增加了不少人工成本。而日本所生产的一种名叫“久保田”的插秧机就能很好地解决这个问题，但由于这种插秧机价格高达 22 万元，即使是种植大户也表示无力承担。而对于国产收割机来说，最主要的问题就是收割过程中，大量的稻谷都散落在田地上，造成不少损失。虽然国家对农户购买农机具实行购机补贴，但补贴资金总量与实际需求存在差距，政府扶持力度尚不能满足广大农民的购机、更换农机的需求。

因此，对于农业科研部门来说，面对农业生产短缺，农民急需的、适用的国产农业机械，要加大开发力度，在试验、示范成功的前提下，加大对农户的推广力度。同时，要进一步扩大农业机械购置补贴资金规模，加大资金投入，特别对边远山区等经济不发达地区要适当提高补贴标准，以财政补贴资金为引导，加快国产大中型农业机械的更新速度。

三、农业机械化：农机普及还是机耕路的修建与管理

机耕路，是农村经济的大动脉，是农业机械化快速发展与农业可持续发展的有力支撑。调查中，农户（特别是老年农户与种植大户）普遍反映由于土地分散经营，村里对 20 世纪 60—70 年代修建的机耕路的维护越来越少，有的农户随意挖沟，人为破坏；有的农户为了扩大土地面积，逐渐蚕食机耕路，将机耕路占为自己的耕地，使机耕路越来越窄，甚至被废弃或消失；有的被雨水冲坏，路面坑坑洼洼，有的路断桥毁。这种状况致使农业机械如联合收割机、拖拉机及农用运输车等根本无法通行，连人畜行走都不方便。

由于在农村从事农业生产的多为 50 岁以上的老人，因年龄的关系，在体力上、能承受的重量上明显不如青壮年。因此，他们更希望采用一些能节省劳动力与体力的农业机械进行农业生产。但由于农田的细碎化，农户之间的田埂的宽度、硬度都无法保证农业机械的平稳进出，使农户对农业机械的依赖程度有不同程度的削弱。因此，修建或完善机耕路成为老年农户最为关心的问题，而不应是农业机械大力普及的问题。

先修路，再推广农业机械已成为农户的普遍共识。

对于机耕路的修建，调查中，一些乡村干部提出建设和维护机耕道是村集体的事，应该由村集体出钱；也有的认为应该由村摊派农机户和农民义务工来建设和维护机耕路。由于职责不明确，建设和维护机耕路的资金始终得不到落实。机耕路的修建，需要各级政府与农户形成相应的投入机制，合理划分成本，制定管理与维护的措施。本着“谁受益，谁负担”的原则，依靠和动员广大农民群众进行机耕路建设，同时采取“向上级争取项目经费、乡镇财政筹资、受益村农户投劳投资”相结合的方式筹措资金。各级政府应把乡村机耕路建设纳入农业综合开发、生态环境综合治理、土地整理、扶贫开发、以工代赈等项目中统筹规划、同步建设，使乡村机耕道建设在“村民自治，一事一议”的基础上，形成以财政资金为引导，以项目资金为推动，以农民投入为主体的多层次有效投入机制，调动广大农户的积极性。

可见，修建或完善机耕路是推行农业机械化的前提与条件，当前的焦点问题不应是农业机械大力普及的问题，而应是机耕路的修建与管理问题。

四、农资价格与质量：市场取向还是政府调节

调查中，农户普遍反映，农资价格上涨幅度过快过高，部分农户甚至用“像断了线的风筝”“狂飙”等词来形容农资价格的上涨。农业生产成本年年增加，虽然国家对种粮农民实行了各种补贴政策，但每亩的补贴与成本的上涨比较起来远远落后。农业生产资料价格作为农民预测市场风险的有效信息，指导着农民的生产决策，影响着农民的收入。一方面，随着农业生产资料价格的上涨，增加了农业的生产成本，冲销了国家惠农政策带给农民的实惠，在相当程度上挫伤了农民的种粮积极性，直接降低了农民的名义收入；另一方面，农业生产资料价格的上涨幅度过大，给农业生产带来了不稳定因素，导致某些年份农民收入的增长幅度出现较大的波动。

有观点认为，对于农业生产资料价格的上涨，应当理性地予以看待。由于生产成本、供求关系以及其他一般市场因素导致的农业生产资料价格上涨，只要不出现大幅的波动，应被视为市场的正常调节。只有当农业生产资料价格受外界因素的强大冲击表现出大幅上涨时，政府才应保障农资市场价格的稳定，消除其上涨对农民收入产生的负面影响，保护农民的利益和生产积极性。

除了农资价格上涨外，农资的质量也鱼龙混杂，假冒伪劣产品较为猖獗。调查中就有农户反映由于种子的质量问题，导致当季颗粒无收，虽然得到了赔偿，但与收入比起来，少之又少。此外，农药的质量也存在问题，总结调查农户的意见，主要表现在以下三个方面，一是目前市场上仍有20%～30%的农药不合格，其中劣质农药又占8%左右；二是销售过期、失效农药的现象时有发生；三是仍有少部分无农药登记证的产品在市场上出现，以肥代药等。在农资监管不力的环境下，部分农户表示了对未来农业生产的担忧。

笔者认为，坚持市场取向与政府调节相结合的政策，培育农产品和要素市场，使农业生产资料价格与质量在竞争均衡的市场中形成，方可促进农业的可持续性发展。

五、农技员：数量与质量的双层隐忧

2008年，广东省出台了《广东省人民政府关于推进基层农业技术推广体系改革与建设的指导意见》(粤府〔2008〕24号)。该《意见》规定，在一线工作的农业专业技术推广人员不得低于县(市、区)农业技术推广人员总编制的2/3，专业农业技术推广人员占县(市、区)农业技术推广机构人员总编制的比例不低于80%，并保持各种专业人员之间的合理比例。

在英德白沙镇与清新山塘镇，两镇农业技术推广站仅有1～2名农业技术推广员，人员数量根本没法确保当地乡镇农业技术推广工作的有效开展。如在清新的山塘镇，对于农药的喷洒技术与土壤的测土配方施肥技术，镇农技站对于技术的推广主要采取在村庄的主要道路旁以板报的方式对农户进行传播，这种方式虽然能在较长时间内将技术在农户头脑中进行反复的灌输，但由于农户所受教育程度偏低，对于测土配方中的一些主要指标值的理解能力有限，而且对于这些操作性很强的农业技术，仅仅依靠农户个人的理解或对近邻的模仿是远远不够的，农业技术人员对农户的亲自示范与实地指导才是关键。调查中农户反映，虽然镇农技站对于农户什么时候该打药、何时该施肥通过告示与通知能让农户知晓，但具体怎么样进行配方，仅仅根据文字很难把握。由于病虫害繁殖的时间并非在所有的农户间是一致的，有些农户根据镇农技站的告示时间进行打药往往太靠前或滞后，效果不明显的同时还对作物的生长形成阻碍、对地表水与地下水形成污染。

农业技术推广是农技员与农民进行交流和沟通以说服农户采用技术的过程，是农民认识技术、选择技术，并在技术采用过程中对技术进行应用、调试和改造的过程。这对基层农业技术推广人员的文化程度提出了较高的要求：既需要掌握农业生产专业知识与技术，又要懂得如何沟通、善于市场营销。从调查的两个乡镇来看，农技员的文化程度均在高中或以下。农业技术知识是基层农技员所必须具备的基本能力之一，在文化程度不高的情况下，培训就显得尤为必要了。据两乡镇农业技术推广人员反映，每年都会有几次到英德、清新的农业局开会，接受农业技术知识培训，但作为直接服务于农户并与农户频繁接触的农业技术推广人员来说，仅仅进行农业技术知识的培训很显然不能满足他们服务于农户的需要，作为知识体系，乡镇农技员还需要补充计算机运用知识、技术推广方法、市场营销、管理沟通、农业科技与“三农”政策等知识，而这些知识与技能恰恰是乡镇农技员培训的空白，这些充分表明对基层农业技术推广人员的培训工作相对滞后，知识老化、储备不足、技术获取与沟通能力下降的现实状况，阻碍了农业技术效率的提高。文化程度不高、培训缺乏针对性，这给山区的农业技术推广与农业的可持续发展带来的影响是不可估量的。当前，山区农户需要农技员解决的问题比较多，究其根源，主要是由于农技员的文化素质较低，对新技术的掌握与新品种指导种植的能力较差，致使大量的问题堆积。

在山区，受工作环境、经济待遇与社会环境等制度约束的影响，难以吸引高素质的农业技术推广人员，也难以开展有针对性的培训，使得农技员在数量与质量方面并没有实质性的改善，提高农技员的数量与质量，焦点问题还在于制度的激励。

六、地方政府:经济增长还是经济发展

当前,地方政府官员为在任期内使自己的政绩得到提高而片面地追求经济增长,忽视科学发展观与经济的可持续性发展、均衡发展已是不争的事实。

英德镇地质条件优越,矿产资源丰富,尤其是稀土资源。据了解,目前我国实际稀土冶炼分离能力已超过20万吨,而国土资源部公布的2010年稀土开采总量控制指标为8.92万吨。冶炼分离产能严重过剩,造成稀土原矿供不应求,也令盗采者铤而走险。目前,一吨稀土氧化物售价高达11万元,而开采成本只有2.1万元,每月近300万元的收益使英德"稀土变得如同白粉",令非法采矿者欲罢不能。在白沙镇,该镇有多处非法采矿点,与之形成对比的是,整个清远市都没有一张稀土矿开采许可证。非法采矿点设备简陋的采矿方法,被称为"原地刨矿",对环境的破坏非常严重。"废水所到之处鱼虾绝迹,农田绝收。"当地村民指着一大片黄色的淤泥地对调查人员说:"这块地有1.33hm^2,之前全部都是稻田,现在被淤泥覆盖,完全不能耕种。"此外,由于乡镇的工业化与矿产的开发,部分村落的环境受到一定程度的污染,对农业生产与农民生活用水造成了较大的危害。

没有一张稀土矿开采许可证而能够长期进行非法矿产开发,地方政府这种"睁一只眼闭一只眼"的做法,很显然,与其片面地追求经济增长与个人或群体利益脱离不了干系。

七、农业劳动力:老龄化、女性化还能支撑中国农业多久

调查中,由于农业劳动力老龄化与女性化,老年农户对未来的农业生产表示出极强的担忧:"现在种田的,基本上是45岁以上,甚至65岁以上的老人,年青人没有几个会种田、愿意种田的,等我们死了,谁来种田呀?"老人们的这种担忧并不是多余的,资料显示,2008年发生的全球金融危机,大量农民工因企业订单急剧减少、企业关停倒闭提前返乡后,开始还能通过走亲访友保持心态安定,但由于不能适应农村的生活与生产且随着企业复工的遥遥无期,返乡农民工开始表现出急躁不安,给农村社会稳定带来了许多隐患。

在清远山区,由于水田、旱地、灌溉等自然条件不足,加上基础设施匮乏,导致劳动力严重剩余,经济状况的改善缺乏收入来源。于是,中青年劳动力不得不大规模向清远市内与珠三角迁移,余下的也就成了留守妇女、留守老人和留守儿童。除此之外,农业女性化、老龄化趋势的背后有着深刻的时代和社会背景。改革开放以来国家倡导城乡一体化发展战略,逐渐放松了对农业人口向城市转移的管制,这为当前大量农民工进城提供了一个根本的政策前提。城市化进程本身也对劳动力提出了需求,成为农民工外出的强大吸力。我国传统文化中"男主外,女主内"的性别刻板意识和以男性为中心的社会认知,也助推了农业劳动力向城市转移过程中的性别不和谐,女性的转移严重滞后。

虽然Alan de Brain通过调查和分析抽样数据得出中国农业未出现"女性化"趋势,Scott Rozelle等学者也认为,即使农业女性化趋势已经出现,也是以积极影响为

主。至少，女性在农业中的表现丝毫不亚于男性。但一般而言，女性农业生产者和老龄人口在劳动体能、技能、农业知识管理水平等方面存在相对不足。在对农业的有形和无形资本投入不变的情况下，农业生产率主要取决于劳动质量的贡献。倘若不考虑其他因素，一旦妇女和老人无法完全达到角色要求，即无法满足提高农业生产力对生产者的要求，必将给农业的稳定和可持续发展带来风险。因此，女性和老年劳动者完全承担农业生产及管理的任务不利于粮食产量的稳定和质量的提高，加上农业技术推广不到位，管理水平欠缺，农产品科技含量降低，势必导致农业生产效率下降。

八、农田水利设施：抗旱还是排涝

2011 年 9 月，从“广东省农田水利万宗工程建设动员大会”传出的信息显示，今后 10 年，广东省将投入逾 600 亿元，实施农田水利万宗工程建设。通过该工程的建设，到 2020 年，广东省将基本完成全省山区灌溉面积 66.67 hm^2 以上、一般地区灌溉面积 666.67 hm^2 以上灌区续建配套与节水改造任务，完成全省农村中型及重点小型机电排灌工程达标建设，基本形成较为完善的灌排工程体系。

农田水利是农业基础设施的一部分，农业生产能否高产稳产，农户收入能否有效提高，旱灾、涝灾能否得到有效缓解，农业生产结构能否得到正确的调整，关键取决于农田水利建设的程度。由于责任主体缺位现象比较严重，缺乏有效的投入机制，农田水利工程质量衰减严重，水利设施难以发挥有效作用，使得农田得不到有效的灌溉和排涝，再加之农业科技发展较为薄弱，仍然采用传统的灌溉方法，由于体制、组织和资金不足的影响，农村地区综合运用滴灌、喷灌等技术还没有得以有效的推广，严重影响了农业的可持续发展。

调查所在地的英德白沙镇与清新的山塘镇，农户普遍反映，他们用的基本上是“大跃进”的水，种的是“学大寨”的田，很多设施年久失修，多数渠道淤塞严重，大部分涵闸损耗较大，“我们这里不怕干旱，越是干旱，我们的收成越好，我们怕就怕水灾”。由于地处山区低洼地带，两地降雨量较为丰富，很少出现干旱情况，灌溉用水充足。但一旦碰上洪涝灾害，就出现较为严重的排涝问题，对农业生产造成极大的影响。

因此，对于广东山区来说，农田水利建设的焦点则在防洪与排涝工程的建设，这是广东省政府将 600 余亿元的资金投入农田水利设施建设时须引起重视的。

总之，对于农业科研部门、科研推广机构以及相关政府职能部门来说，在进行科学研究、科研成果的推广与农业政策的制定时，遵循农户的需求与意愿实乃农业得以可持续发展的先决条件，必须予以高度重视。

第二节　广东农业技术进步与技术贡献

一、引言

一般认为，农业经济增长（一般用农业 GDP 体现）的来源有两个方面：一是生产要素投入的增加，二是农业科技带来的投入产出比的提高，即农业GDP增长率＝因农业科研产生的GDP增长率（科技进步率）＋因新增投入量产生的GDP增长率。当前，由于土地、水、能源等要素越来越稀缺，依靠在稀缺的土地上追加更多的要素投入最终会导致要素的边际报酬递减的现象，因此，农业经济增长的根本出路就只能依赖于农业科研所产生的技术进步。

因科技进步所导致的总产值增长率称为科技进步率。农业科技进步是指人们为了实现一定的农业目标，如提高农产品产量、改善农产品质量、降低农产品生产成本、提高生产率、改善生态环境等而采用科学技术所取得的进展。农业科技进步率是农业GDP增长率中减掉新增要素投入量产生的GDP增长率之后的差额。而农业科研贡献率即农业科技进步率与同期农业GDP增长率之比，用公式来表示就是：农业科技进步贡献率＝农业科技进步率/农业GDP增长率。如果农业产出增长8％，农业科技进步率为4％，则该时期农业科技进步贡献率即为4％/8％＝50％。由于科技进步是一个综合的量，因而通常测定的值仅仅是某段时期的科技进步贡献率。从以上农业科技进步贡献率的含义可知，农业科技进步贡献率反映的是农业科技进步对农业经济增长的贡献份额，是一个农业经济问题，而不是一个单纯的农业技术问题。农业科技进步贡献率的本质内容是，通过农业科研带来的技术进步提高了投入要素的生产效率（提高投入产出比）和降低了农产品的生产成本。在测算出农业科技进步贡献率后，农业要素（物质费用、农业劳动力、耕地面积）的贡献率的计算则简单得多（具体见下文要素贡献率的计算）。

从1982年开始，我国农业部即组织着手研究农业科技进步贡献率的测算方法，并用不同方法对国家“六五”“七五”“八五”期间的农业科技进步贡献率进行了测算和比较。1995年又委托中国农科院农经所等单位开展了“农业科技进步贡献率测算方法及其应用研究”，同时，还组织了各省农业厅对“八五”期间农业科技进步贡献率进行了实测和验证工作。由于实际工作与理论研究的需要，不少工作者与学者从事农业科技进步贡献测定的研究，国内较为权威的有中国农科院农经所的朱希刚（1997）研究员，他最早使用*Solow*余值法进行科技进步贡献率测算。南京大学的顾焕章、王培志（1994）利用确定性前沿生产函数对我国农业科技进步贡献率进行了测算，结果表明：1972—1980年，我国农业增长中农业技术进步贡献率为27％，在1978—1984年，这一份额上升至35％，“七五”期间下降至不足28％，相比较而言，“七五”期间较“六五”期间下降了7个百分点。1997年年初农业部下发了《关于规范农业科技进步贡献率测算方法的通知》，将朱希刚所用的测算方法确定为计算农业技术进步贡献率的国家试行标准。之后，苏基才、蒋和平（1996）利用增长速度方程测算了1990—1994年的广东农业技术进步贡献率，研究表明：1990—1994年的农业技术贡献率介于41.7％和47.1％之间，平均达44.41％；陈凯（2000）通过建立要素结构进化率函数和要素替代弹性函数对山西农业科技进步及其贡献率进行了测定；樊胜根、张林秀（2003）建立了联立方程系统模型用以测算中国的技术进步率；赵芝俊、袁开智（2009）利用*Translog*生产函数分解全要素增长率计算我国1985—2005年的狭义技术进步率。本文主要利用Solow余值法来进行测算。

与上述研究有所不同，本文的着眼点不在于测算农业科技进步贡献率，而在于通过这个纽带求得农业要素投入的贡献率，将农业要素投入贡献率与农业科技进步贡献率进行对比，找出当前与今后广东农业经济增长的增长点。因此，在论证过程中，不仅对全省，还对其所辖的四大区域均展开测算与分析，力图避免分析不全面而导致的政策制定失误。

二、广东省农业科技进步贡献率、要素贡献率的测算与分析

（一）测算模型的建立

假设农业总产值的增长主要来自两个部分：一部分来自生产投入的增加，即土地、劳动力和物质费用的投入增加；另一部分则来自科技进步引起的投入产出比的提高，即通过科技进步提高了生产要素的生产效率（提高投入产出比）和降低了产品成本。测算模型采用 *Cobb－Douglas* 生产函数，用公式表示如下：

$$Y = Ae^{\delta t}K^{\alpha}L^{\beta}M^{\gamma} \tag{1}$$

其中，Y 表示农业总产值，K，L，M 分别为相应的投入要素，即物质费用、劳动力及耕地面积，A 为常数项，t 为时间变量，α 为物质费用产出弹性系数，β 为劳动力产出弹性系数，γ 为耕地产出弹性系数，δ 为农业科技进步率。

对公式（1）两边取对数并对 t 求导可得：

$$\frac{1}{Y}\frac{\partial Y}{\partial t} = \delta + \alpha\frac{1}{K}\frac{\partial K}{\partial t} + \beta\frac{1}{L}\frac{\partial L}{\partial t} + \gamma\frac{1}{M}\frac{\partial M}{\partial t} \tag{2}$$

当计算具体年份时取$\partial t=1$，∂Y，∂K，∂L，∂M 分别可以写成ΔY，ΔK，ΔL，ΔM 即可得到：

$$\delta = \frac{\Delta Y}{Y} - \alpha\frac{\Delta K}{K} - \beta\frac{\Delta L}{L} - \gamma\frac{\Delta M}{M} \tag{3}$$

若用下标“0”表示基年，下标“t”表示计算年，则公式（3）可以改写为：

$$\delta = \frac{Y_t - Y_0}{Y_0} - \alpha\frac{K_t - K_0}{K_O} - \beta\frac{L_t - L_0}{L_0} - \gamma\frac{M_t - M_0}{M_0} \tag{4}$$

其中：

$\frac{Y_t - Y_0}{Y_0}$：农业总产值增长率　　$\frac{K_t - K_0}{K_0}$：物质费用增长率

$\frac{L_t - L_0}{L_0}$：劳动力增长率　　$\frac{M_t - M_0}{M_0}$：耕地增长率

假设 $\alpha+\beta+\gamma=1$，及规模报酬不变，农业科技进步模式是希克斯中性型。

（二）数据的界定和参数的选取

上述生产函数中所需的数据，选取 1990—2015 年广东省的相关数据，其中农业 GDP、耕地面积取自《广东统计年鉴（1991—2015）》、物质费用和劳动力都选用《广东农村统计年鉴（1991—2015）》上的数据。

1. 农业 GDP（Y）包括农林牧渔业总产值，以 1990 年不变价格计算，剔除物价因素

对测算结果的影响。

2. 物质费用(K)按以下公式进行调整：$\frac{\text{按 1994 年不变价格计算的农业 GDP}}{\text{按计算年价格计算的农业 GDP}}$×按计算年价格计算的物质费用。

3. 耕地面积(M)，考虑到部分年份耕地面积统计数据欠缺，而近年来耕地撂荒现象严重，故本文用农作物播种面积替代耕地面积进行测算。

4. 农业劳动力(L)，为从事农林牧副渔业劳动力数量，直接采用广东统计年鉴上的第一产业人数统计数据，用年末数进行计算。

5. 对物质费用、劳动力、耕地三个产出弹性值的测定，是通过建立全国总和生产函数的回归方程估算出各投入要素的弹性值(即回归系数)，在此基础上再确定三种主要投入的产出弹性值。据朱希刚(1997)的测算，农业物质费用弹性为 0.55，农业劳动力弹性为 0.20，耕地弹性为 0.25。在测算广东省农业科技进步率时，耕地弹性与全国一样为 0.25，物质费用弹性 α 按以下公式进行调整：

$$\alpha_i = \alpha \ln \left| e - 1 + \frac{\frac{1}{n}\sum_{t=1}^{n}\frac{K_t}{L_t}}{\frac{1}{n}\sum_{t=1}^{n}\frac{K_{it}}{L_{it}}} \right|$$

本式中，α 为全国物质费用弹性即 0.55，K_t、L_t分别为全国第 t 年的农业物质费用和劳动力数。α_i、K_{it}、L_{it}分别为广东省农业物质费用弹性和广东省第 t 年的物质费用和劳动力数，n 是测算的时间的年段数。求出广东省物质费用弹性值 α_i后，由于 $\alpha+\beta+\gamma=1$，且 $\gamma=0.25$，即劳动力弹性 $\beta_i=1-0.25-\alpha_i$。其中计算结果若 $\alpha_i>0.65$，仍按 0.65 取值；当 $\alpha_i<0.40$ 时，仍按 0.4 取值。求得 $\alpha_i=-0.36$，故仍然按 0.4 取值。最后确定的广东省农业物质费用、农业劳动力、耕地投入的拟用弹性值分别为 0.4、0.35、0.25。

6. 增长率的计算

本书将广东农业科技进步贡献率分为几个阶段来研究，分别是 1990—1995 年(“八五”时期)、1996—2000 年(“九五”时期)、2001—2005 年(“十五”时期)，2006—2010 年(“十一五”时期)，2011—2015 年(“十二五”时期)在计算农业生产各要素增长率时采用平均值，如对 1990—1995 年农业 GDP 增长率的计算，可用如下公式：

农业 GDP 增长率$=\frac{1}{5}\sum_{n=1991}^{1995}(\frac{Y_n}{Y_{1990}})^{\frac{1}{n-1990}}$，物质费用增长率、劳动力增长率和耕地面积增长率可仿照此公式计算得之。

7. 要素贡献率的计算

由科技进步贡献率＝农业科技进步率/农业 GDP 增长率可知，要素(物质费用、劳动力、耕地)贡献率＝(要素增长率×要素的弹性系数)/农业 GDP 增长率。

(三)计算结果及分析

运用所建立的模型通过计算，结果如表 3-1 及表 3-2 所示。

表 3-1　1990—2014 年广东省农业各指标增长率及科技进步率

阶段划分	GDP 增长率	物质费用 增长率	劳动力 增长率	耕地面积 增长率	科技 进步率
1991—1995	4.28	8.33	−2.02	−1.57	2.05
1996—2000	6.13	6.81	1.46	−0.46	3.01
2001—2005	3.98	5.72	−0.55	−0.71	2.062
2006—2010	4.26	3.74	0.03	2.07	2.24
2011—2014	5.29	6.33	−0.98	1.11	3.26
1990—2014	4.53	6.94	−0.63	−1.27	2.29

表 3-2　1990—2014 年广东省农业各指标贡献率

阶段划分	农业 GDP	物质费用 贡献率	劳动力 贡献率	耕地面积 贡献率	农业科技 贡献率
1991—1995	100	77.92	−16.51	−9.24	47.84
1996—2000	100	44.43	8.32	−1.91	49.10
2001—2005	100	57.54	−4.84	−4.53	51.81
2006—2010	100	35.11	0.23	12.11	52.49
2011—2014	100	65.81	−3.71	5.25	61.63
1990—2014	100	84.26	−2.78	−7.01	50.60

1. 广东农业经济的增长源于农业科技的不断进步

从表 3-1、表 3-2 可以看出，“八五”至“十五”时期，耕地面积对农业经济的增长的贡献均为负值，而到“十一五”与“十二五”时期，耕地面积对农业经济的增长的贡献却分别达到了 12.11%与 5.25%，但从整个 1990—2014 年时期来看，耕地面积对农业经济增长的贡献率是负的。而劳动力对农业经济增长的贡献除了“九五”时期较为显著外，其余时期要么贡献微弱，要么贡献为负。因此，广东省的农业经济增长主要来自物质投入和科技进步。

虽然在“八五”“十五”“十二五”与整个统计时期农业总产值的增长主要源自物质投入，所占份额分别达到了 77.92%、57.54%、65.81%与 84.26%，科技进步处于第二增长位次，科技进步贡献所占份额分别为 47.84%、51.81%、61.63%与 50.6%，但科技进步贡献率在不断提高，“九五”时期与“十一五”时期，科技进步贡献率已经超越物质投入的增长率而位居第一，成为农业总产值增长的主因素，说明广东省在转变农业增长方式建设现代农业方面取得了较为明显的进展，已进入内涵式扩大再生产的增长模式。特别是“九五”时期（1996—2000 年），在国企改革正处于最为困难，国家对农业的扶持力度并不大（这可以从这一时期物质费用增长率比“八五”呈现下降趋势也可看出)的总前提下,这一时期的农业总产值增长率竟然高于"八五"时期,其最主要的贡献源于农业科技进步,农业科技进步贡献率达到 49.1%。而"十一五"时期可以说是农村改革、农业发展具有里程碑意义的三年,宏观政策环境是历史是最好的,对农业发展的支持力度是历史上最高的,对农业科技进步的促进措施也是历来最有力的。2006年1月全国科技大会提出建设创新型国家,确定了"自主创新、重点跨越、支撑发展、引领未来"的指导方针。2006—2008年中共中央国务院连续下发三个"一号文件",科技对农业经济增长的贡献份额越来越大。除了农业科技进步的贡献之外,这个时期劳动力年均也有一定程度的增长,对农业增长的贡献比前期有些增加,主要原因是城市和乡镇企业对剩余劳动力的承载量有限,致使农村劳动力出现"回流"现象。劳动力的回流也导致了一些荒芜的土地被开发成为耕地,耕地面积增长率达到了 2.07%,从而对农业总产值的贡献份额达到了史无前例的 12.1%。

按照 2006 年农业部长杜青林在全国农业科技创新工作会议上的讲话,"十五"期间(2001—2005 年)我国广义农业科技进步对农业总产值的贡献份额是 48%,而《国家中长期(2006—2020 年)科学和技术发展规划纲要》提出"十一五"期间计划要达到60%,虽然广东省在"十五"期间的农业科技进步贡献率达到了 51.81%,但"十一五"的前三年农业科技进步的贡献份额还只有 52.49%,要达到 60%的要求还有待于最后两年的努力,当然,本书所计算出的 52.49%的科技贡献率存在一定程度的偏差,主要是由于从 2006 年开始,对耕地面积按新口径进行统计导致耕地面积增加幅度较高,对农业经济增长的贡献份额提升而影响了科技贡献率,若按原来的统计口径(无数据),农业科技进步的贡献率应该接近 60%。

2.物质费用的增长率明显高于农业总产值的增长率

"八五"至"十二五"时期,除"十一五"外,物质费用的增长率分别为 8.33%、6.81%、5.72%、6.33%,而同期农业总产值的增长率分别只有 4.21%、6.13%、3.98%和 5.29%,远低于物质费用的增长率。从整个 1990—2014 年这段时期来看,物质费用的增长率为 6.94%,而农业总产值的增长仅只有 4.53%,相差 2.41%。这些说明,在农业经济的增长中,资金投入对于农业总产值的增长仍然起着重要作用。

3. 劳动力效率虽有提高,但表现不稳定,还有待提升

1990—2014 年,整个广东省农业劳动力(第一产业的从业人数)数量从 1990 年的1600.8 万人下降到 2015 年的 1363.2 万人,下降的比率达到了 14.84%,但劳动力的贡献率下降幅度却不大,只有 2.78%,"八五"时期,劳动力的贡献率为-16.5%,而到"九五"时期,劳动力的贡献率却达到了 8.3%,但在"十五"时期又有所下降,为-4.8%,到"十一五"的前三年有上升为 0.2%,而"十二五"时期又下降了 3.71%。从整个 1990—2014 年这个统计期间来看,劳动力的贡献率仍为负值(-2.78%),这说明需要加强对农业劳动力的教育与培训,提升农业劳动力的素质,从而促进农业科技成果的转化。

4. 耕地面积减少所产生的负效应愈发显现

排除 2006 年以后对耕地面积按新口径进行统计导致耕地面积增加幅度较高这个因素,1990 年广东省的耕地面积为 2528.84 千公顷,而到了 2005 年却只有 2102.59

千公顷，下降了16.86%。耕地面积的下降，对农业经济的增长所造成的负效应是显而易见的，“八五”到“十五”时期，耕地面积的贡献率分别为－9.2%、－1.9%与－4.5%。因而，如何保护耕地是广东农业发展所面临的重要问题。

三、广东省各农业区域农业科技进步贡献率、要素贡献率的测算与分析

根据地理区位，整个广东省可划分为珠三角（包括广州、深圳、珠海、东莞、惠州、佛山、中山、江门）、粤东（包括汕头、潮州、揭阳、汕尾、梅州）、粤西（包括肇庆、茂名、湛江、阳江、云浮）与粤北（韶关、清远、河源三市）四大区域。有的学者（郑晶，2008）根据地貌，将云浮划分到粤北地区，本书认为，云浮虽然作为山区，但与其发生经济关系更为紧密的主要还是周边的粤西地区，而且就其地理位置而言也是属于粤西，归到粤西进行统计似乎更为合理。

广东省农业经济的增长，其实质是各个区域的农业经济的增长。因此，有效测算区域农业科技进步的程度，比较各区域农业科技进步贡献率、要素贡献率对农业经济增长的贡献份额，有利于制定具有较强针对性的农业经济发展政策。

由于农业生产受气候条件影响很大，为排除个别年份内产出的大起大落，采用前后三年的平均值作为当年的农业总产值，各要素的增长率仿照农业总产值增长公式$\frac{\Delta Y}{Y}=\sqrt[5]{Y_{t+5}/Y_t}-1$间隔五年计算得出，其他数据的界定和测算仍然按照之前的方法进行。通过计算，各要素的增长率与贡献率如表3-3及表3-4所示。

表3-3　1990—2014年广东省各区域农业各指标增长率及科技进步率

区域	时期	GDP增长率	物质费用增长率	劳动力增长率	耕地面积增长率	科技进步率
珠三角	“八五”	5.26	5.12	－0.55	－1.85	3.01
	“九五”	6.69	4.01	4.47	－1.79	4.04
	“十五”	4.09	3.85	1.54	－2.51	2.60
	“十一五”	3.74	3.56	－1.27	－1.54	2.42
	“十二五”	4.10	3.85	－1.11	－1.56	2.92
	1990—2014	4.78	4.08	0.62	－1.85	3.39
粤东	“八五”	7.87	8.10	－1.85	－1.47	3.16
	“九五”	7.94	5.17	1.68	0.60	4.61
	“十五”	2.86	3.16	0.71	－0.53	1.41
	“十一五”	3.92	3.11	－0.16	－1.18	2.54
	“十二五”	2.78	2.42	0.28	0.40	1.61
	1990—2014	5.07	4.39	0.66	－0.44	3.19

续表

区域	时期	GDP增长率	物质费用增长率	劳动力增长率	耕地面积增长率	科技进步率
粤西	“八五”	8.51	9.57	−3.03	−0.62	2.74
	“九五”	9.05	10.74	−0.85	1.77	2.87
	“十五”	5.72	5.35	1.18	−0.62	2.77
	“十一五”	4.91	4.05	0.80	−0.96	2.87
	“十二五”	5.49	2.41	1.08	−1.56	4.54
	1990—2014	6.74	6.42	−0.82	−0.40	2.78
粤北	“八五”	6.29	7.39	−1.76	−0.93	1.89
	“九五”	5.04	5.24	−1.24	−0.17	1.77
	“十五”	3.04	2.62	0.80	−0.09	1.28
	“十一五”	4.45	3.66	0.68	−0.32	2.38
	“十二五”	5.72	3.48	0.74	−0.15	4.11
	1990—2014	4.91	4.48	−0.16	−0.33	0.84

表 3-4　1990—2014 年广东省各区域农业各投入指标贡献率

区域	时期	物质费用贡献率	劳动力贡献率	耕地贡献率	科技贡献率
珠三角	“八五”	53.54	−2.10	−8.79	57.22
	“九五”	32.98	13.35	−6.69	60.39
	“十五”	37.65	13.18	−15.34	63.57
	“十一五”	52.35	−6.79	−10.29	64.71
	“十二五”	34.14	4.54	−9.68	70.92
	1990—2014	50.02	5.54	−15.31	61.11
粤东	“八五”	66.91	−2.35	−4.67	40.12
	“九五”	35.82	4.24	1.88	58.08
	“十五”	60.77	2.93	−13.05	49.30
	“十一五”	43.64	−0.80	−7.53	64.80
	“十二五”	34.82	3.53	3.60	58.06
	1990—2014	34.64	4.56	−2.17	62.98

续表

区域	时期	物质费用贡献率	劳动力贡献率	耕地贡献率	科技贡献率
粤西	“八五”	73.11	−3.56	−1.83	32.20
	“九五”	65.26	−1.88	4.88	31.71
	“十五”	51.42	4.12	−3.45	48.49
	“十一五”	45.53	3.26	−5.36	58.47
	“十二五”	17.56	6.89	−7.10	82.66
	1990—2014	38.10	−4.26	−1.48	67.64
粤北	“八五”	76.41	−2.79	−3.69	30.07
	“九五”	68.04	−1.85	−0.08	35.11
	“十五”	56.11	2.63	−0.71	42.11
	“十一五”	45.24	3.05	−1.78	53.49
	“十二五”	24.34	4.53	−0.07	71.79
	1990—2014	36.50	−1.14	−1.68	66.32

表3-4反映了广东各区域各农业投入要素对农业经济增长的贡献份额。从总体上看，1990—2014年，四大区域的农业科技进步贡献率均超过了60%，实现了广东省人民政府办公厅关于《2010年珠江三角洲基本实现农业现代化评价指标体系》(粤府办〔1999〕65号)所规定的农业科技进步贡献率指标。

由于工业化域城镇化进程的加快推进，珠三角、粤东与粤西、粤北的耕地面积大幅度减少，耕地的急剧减少对农业经济增长造成了很大的障碍且呈现加大趋势。因此，在四大区域，耕地面积均呈现负增长，耕地面积的急剧减少对农业经济增长造成了很大的制约。

工业化域城镇化迫使四大区域可耕面积大量减少的同时，也在影响着从事农业生产的农村劳动力，在珠江三角洲与粤东地区，一部分农业劳动力失去土地，只得从事非农产业或失业，但由于大量的外来农村劳动力的涌入以及珠三角农业现代化进程的加快，农业劳动力保持不变或略有增长，对农业经济的增长产生了一定的贡献，但不显著。在粤东地区由于大量农村剩余劳动力外出务工，回流的只是少部分劳动力，在耕地面积减少的情况下，农业劳动力的大量外流，使得农业劳动力的土地产出率有了一定程度的提高，因此，在整个统计期间，珠三角与粤东地区劳动力增长率对农业经济增长的贡献均达到了5%左右。

粤东、珠三角、粤北与粤西的物质费用对农业经济增长的贡献虽然从总体上观察处于下降趋势，但所占比重仍然较大，特别是在珠三角地区，物质费用的贡献率达到了50.02%，其他三大区域物质费用对农业经济增长的贡献虽然从总体上观察大致是保持稳定的，但所占比重也较高，从趋势上看，“八五”至“十二五”时期，物质费用对农业经济增长的贡献是逐渐递减的。

由此可见，在四大区域，虽然农业科技进步对农业经济增长的贡献越来越大，但农业经济的增长主要还是依靠物质费用的大量投入，农业科技进步贡献率的提高仍然存在很大的潜力。

四、结论与简短的建议

综上所述，改革开放30多年来，广东农业经济的增长虽然一直保持前进的步伐，但其中经历了较为曲折的过程。无论是从各个时期进行观察，还是从各大区域进行检验，可以看出，依靠加大物质费用投入的增长方式始终处于较为主导的地位，证明广东省的农业经济增长方式仍是粗放型的。当然，从表3-3与表3-4中也可以看出，除粤东外，物质费用增长率整体呈下降的趋势，尤其是进入2006年以后，这种下降的趋势十分明显，证明广东省转变农业增长方式的一系列政策措施已经取得初步成效。而科技进步贡献率的增长则显然与农业政策安排和政策变迁紧密相关，这也从另一个角度证明了制度或政策创新对农业科技进步的促进作用。

可以看到的是，自2004年以来，随着国家一系列惠农政策的出台，随着广东全省对资源环境的刚性约束的不断加大(农业劳动力数量持续下降素质还有待提升，耕地面积呈现出大幅度减少)，加之当前物质投入的增加有限，在这样的整体环境下，农业科技进步对农业经济的增长就显得更为突出，依靠科技进步发展现代农业的必要性和可能性越来越大。因此，加大农业科技投入力度与强度，转变农业科技投入结构，建立高效的农业科技服务体系，加强对农户农业科技的教育与培训，使更多的农业科技成果转化为现实的农业生产力，同时要严格保护耕地资源，集约节约用地，所有这些均是当前与今后广东农业经济增长的关键。

第三节　技术效率及其测量方法的选择

一、引言

从经济增长经验研究的理论来说，农业经济增长模式可大致划分为两大类型：粗放式经济增长与集约型经济增长。粗放式经济增长主要来自劳动力、耕地、资本等农业生产要素投入数量增加所产生的贡献。中国一度被西方学者视为“饥荒之地”，人口众多而人均耕地面积有限、可耕面积持续缩减、自然灾害频繁，农业综合生产能力薄弱，这一系列的问题长期困扰着中国农业的发展，但在这种环境下，改革开放30余年来，中国农业仍然取得了举世瞩目的成就，用以占世界不到10%的耕地，却成功地养活了占世界20%的人口。不仅如此，中国还为世界反贫困治理和其他正受到食物短缺问题困扰的发展中国家做了表率。中国农业之所以能在如此恶劣的资源禀赋条件下取得如此大的成绩，毋庸讳言，这其中有来自于农业生产要素特别是现代农用工业品使用数量的大幅增长的贡献。集约型经济增长则是依靠农业生产要素的生产效率的提高，即全要素生产率的增长(Total Factor Productivity，简称 TFP)。粗放式的增长模式虽然也可以获取高增长，然而，由于农业生产资源特别是耕地资源的有限性与稀缺性以及化肥、农药等农业生产要素投入的不断增加带来的生态环境压力问题，我国今后农业经济的增长不可能单纯依靠生产要素投入的不断增加来实现，这种粗放式的农业经济增长方式不符合中国农业发展所面临的资源约束条件，国际经验也证明了这种模式的不可持续性，对于像中国这样人多地少的发展中大国来说更是如此。在资源与市场等多重约束条件下，今后中国农业产出的持续增长，必须转变农业经济增长方式，依靠农业生产要素利用率的提升，坚持走集约型增长的发展道路，扩大 TFP 对经济增长的贡献份额。

全要素生产率是与单要素生产率(Single Factor Productivity，简称 SFP，如土地生产率、劳动力生产率等)相对应的一个概念，衡量的是生产单位在生产过程中单位总投入(加权后)的总产量的生产率指标，简单地说，就是总产量与单个要素投入总量之比，产出增长率超出加权要素投入增长率的剩余部分就是 TFP 增长率。Rolf Fare 等(1994)指出，全要素生产率的提高可以通过技术进步和技术效率改进两个途径来实现。技术进步是外延式的，即可能是更为先进的其他技术在农业技术中得到采用而导致农业技术进步，是整个生产前沿的外延(一定技术水平下能够实现的最大产出曲线)；而技术效率是内涵式的，是指向生产前沿的逼近，越逼近生产前沿，表明技术效率越高，通俗地说，就是原有的农业技术并没有发生根本性的提高，而只是技术利用效率得到了提高从而导致技术水平的提高。这两种经济现象与经济学中的两个过程相呼应，即技术前沿的提高和技术效率的改善。在一定的技术水平下，要提高全要素生产率，必须重视技术效率的改进。

二、技术、技术效率及其研究的进展

设生产过程用 m 个投入 $x=(x_1,K,x_m)\in R_+^m$ 生产 s 个产出 $y=(y_1,K,y_s)\in R_+^S$. 我们用生产可能集、投入可能集、产出可能集描述生产技术水平。生产可能集 T 代表所有技术上可行的投入产出向量的集合，$T=\{(x,y)x$ 可以产出 $y\}$。投入产出集 $L(y)$ 代表可以生产出产量 y 的所有投入向量的集合，$L(y)=\{x|(x,y)\in T\}$。产出可能集 $P(x)$ 代表可以由投入 x 生产出来的所有产出向量的集合，$P(x)=\{y|(x,y)\in T\}$。

生产可能集 T 满足下列性质：

(1)$(x,0)\in T,(0,y)\in T\Rightarrow y=0$：表明投入与产出相关联；

(2)T 是闭集：说明生产可能集 T 中存在技术有效的投入产出向量，即具有生产前沿面；

(3)T 在 $x\in R_+^m$ 上有界：说明有限的投入不能生产无限的产出；

(4)$(x,y)\in T\Rightarrow(x',y')\in T,\forall'_x\geq x,y'\leq y$：说明其单调性，也称作自由处置性质；

(5)T 是凸集：不是必需的，如果生产过程是规模收益非增的，那么生产可能集 T 是凸集。相应的，可以得到集合 $L(y)$ 和 $P(x)$ 的各项性质。

对于技术效率的研究，开始于 Koopmans(1951)、Debreu(1951)和 Shephard

(1953)。Koopmans将技术效率定义为“一个可行的投入产出向量称为是技术有效的,如果在不减少其他产出(或增加其他投入)的情况下,技术上不可能增加任何产出(会减少任何投入)”。技术有效的所有投入产出向量的集合构成生产前沿面。由Koopmans技术效率的定义,可知技术有效的生产单位一定在生产可能集的边界上,但是,生产可能集边界上的点不一定是技术有效的。因为单个生产单位(DMU)有可能处在规模报酬递增或者递减阶段,因此DMU的无效率除了自身的投入产出的无效率以外,还有可能是由于自身的规模因素引起的无效率。

Debreu和Shephard给出了描述多投入—多产出生产技术效率的模型化方法,即用距离函数测量生产单位与生产前沿面的距离,沿着产出增大方向(Debreu产出有效)或投入减少方向(Shephard投入有效)。Shephard的投入可能集的距离函数为$g(x,y)$。

$g(x,y)=\frac{1}{h(x,y)}$,其中$h(x,y)=\min\{\lambda \mid \lambda_x \in L(y),\lambda \geq 0\}$,距离函数为$g(x,y)$充分描述了生产技术,特别的有:

$L(y)=\{x \mid g(x,y) \geq 1\}$

$L_1(y)=\{x \mid g(x,y)=1\}$

$L_E(y)=\{x \mid g(x,y)=1,g(x',y<1,\forall'_x \leq x\}$

对于技术效率,Farrell(1957)脱离了平均生产函数而将技术进步的概念与边界生产函数联系起来,给出了第一个方便的技术效率测量方法,开创了技术效率分析的新框架。Farrell对投入有效性的测量定义为:测量给定产出下所有投入更够减少的最大比例,也就是说,对于投入向量$x \in L(y)$,Farrell的技术效率测量是:

$F(x,y)=\min\{\lambda \mid \lambda_x \in L(y),\lambda \geq 0\}$

上面这个式子说明,$F(x,y)$是技术效率的比例测量,它给出了保持产量y投入x可以缩小的最大比例。很显然,Farrell测量是距离函数的反函数,有$F(x,y) \in (0,1]$,$\forall_y > 0$,并且有$\{x \mid F(x,y)=1\}=L_1(y)$,所以,生产单位$(x,y)$为Farrell有效,当且仅当$x \in L_E(y)$,而$x \in L_E(y)$可以得到$F(x,y)=1$,但是反之不对。

可见,Farrell测量方法体现了最优与非最优的对比,达到最佳生产状态的经济主体的生产行为点分布在生产边界上,而其他只能分布在生产函数内部,因此,这种方法较之索洛的方法更加贴近现实。但是,Farrell测量也存在诸多不足,其中最大的不足在于它是基于等产量集合$L_1(y)$的效率测量,所以Farrell测量有效的生产单位不一定是真正的技术有效(Koopmans)。原因在于Farrell测量使得所有投入同比例缩小,这使得达到Farrell有效时,可能存在非零的松弛变量,从而没有达到真正的技术有效。之后,技术效率的分析又取得了新的进展,即采用包括确定性参数边界生产函数与确定性统计边界生产函数的确定性边界函数的分析方法,认为生产行为偏离生产边界的唯一原因是技术效率的损失。但确定性边界生产函数只是回答了效率能不能得到提高,却没有回答资源利用效率通过什么样的途径以及怎样提高的问题(毛世平,1998)。

Farrell测量方法后由Aigner和Chu(1968)、Forsund和Jansen(1977)、Forsund

和 Hjalmarsson(1979)通过构造的前沿面为参数进行了修正：

设有已知的生产函数 $f(x)$，相对于这个生产函数的投入可能集为：

$L(y)=\{x \mid y \leq f(x)\}$

生产函数 f 为给定形式的生产函数，如 *Cobb－Douglas* 形式的，即

$L(y)=\{x \mid y \leq A\prod_{i=1}^{m} x_i^{ai}, A>0, a_i>0, i=1,K,m\}$

对上式通过求解线性规划计算函数中的参数：

$$\begin{cases} \min\sum_{j=1}^{n}[\ln A+\sum_{i=1}^{n}a_i\ln x_{ij}-\ln y_i] \\ s.t.\ \ln A+\sum_{i=1}^{n}a_i\ln x_{ij}-\ln y_i\geq 0, j=1,K,n \end{cases}$$

令 $\varepsilon_j=\ln A+\sum_{i=1}^{m}a_i\ln x_{ij}-\ln y_i$，则效率指数为 $F(x_j, y_j)$。

这种方法也存在两个明显的不足，首先与 Farrell 测量方法一样，它是完全确定性的；其次，该方法不能处理多输出的生产过程。

真正促进技术效率应用研究，有着重要里程碑意义的，则是美国 D. J. Ainger 和比利时 W. Meeusen 等人在 1977 年分别提出的随机边界生产函数以及后来估计方法的发展。他们的最大贡献在于将索洛的新古典生产函数和确定边界生产函数结合起来，认为技术进步是随机因素与技术效率损失综合作用结果。

设有 N 个被观察的经济主体，均以 K 种投入生产产出 Y，则生产函数为：$Y=XB+\mu-V=XB+\omega$，其中，Y 是 $N\times 1$ 维向量；X 是 $N\times K$ 维投入向量；B 是 $K\times 1$ 维待估计的参数向量；V 和 μ 分别代表效率误差和随机因素，均为 $N\times 1$ 维。

这一方法起初用于估计截面数据，后来扩展到 Panel 数据，若加入时间趋势变量，就可考察生产边界的变化。Battese 和 Coelli(1995)在其论文中，用 $TE=E(Y^* \mid V,X)E(Y^* \mid V=0,X)$ 对这种估计方法进行了介绍。式中：TE 代表技术效率，E 表示数学期望。利用 $TE=\alpha+\sum\beta W+e$ 就可分析影像技术效率的因素，式中，α 和 β 是待估计的参数，e 为随机扰动项，W 为各种可能影响技术效率的社会经济因素和生产技术因素。Battese 和 Coelli 的论文作为技术效率研究的重要进展，其最大贡献在于提出技术效率本身由他因素系统决定的假设，并对同时估计边界生产函数本身和技术效率的决定因素时的统计性质做了论证。

随机边界生产函数以及后来估计方法最大的优越性在于通过估计生产函数对经济主体的生产过程的描述，从而对技术效率的影响因素进行控制。这种方法也存在诸多局限性，对此，学者孙巍(1999)进行了总结：①主观性较大。对于影响生产函数的随机因素和技术效率的决定因素需要事先人为地设定分布结构。②处理过程较为复杂。受市场价格的社会经济因素的影响，方法中所使用的数据需要进行较为复杂的处理。③对于多产出的情形，这种方法不能处理。④使用中性技术进步的假定作为变化前后生产函数形式上的纽带，在造成技术进步率测度偏差的同时，也无法体现生产前沿移动带来的生产资源配置效率变化和技术变化的一致性描述。

三、Malmquist 生产率指数与数据包络分析

在经济学中，对于边界生产函数的估计，除了前面已经提到的参数方法（包括计量经济学方法与随机边界法）之外，另一种就是非参数方法，包括 Malmquist 生产率指数法和数据包络分析方法（Data Envelopment Analysis，简称 DEA），该方法得到的 DEA 有效为真正的技术有效（Koopmans），是一种测算具有相同类型投入和产出的若干部门相对效率的有效方法。

1. Malmquist 生产率指数

Malmquist 生产率指数是定义在距离函数基础上的全要素生产率指数，该指数由瑞典经济学家和统计学家 Malmquist. S 1953 年最先提出，用来分析不同时期的消费变化，后由 Caves、Christenden 和 Diewert 在 1982 年提出了投入趋向和产出趋向的 Malmquist 生产率指数。1994 年，Fare 等对已有的成果进行了整理和扩展，形成了一整套度量生产率变化的完整方法。

设有技术效率函数 $F_h^t(x,y)$［其含义为经济主体 h 的投入产出 (x,y) 在 t 时刻技术前沿下的技术效率］，如图 3-1 所示。

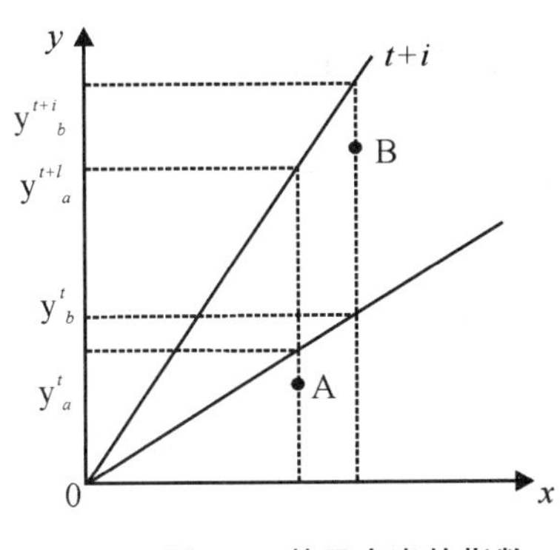

图 3-1　基于产出的指数

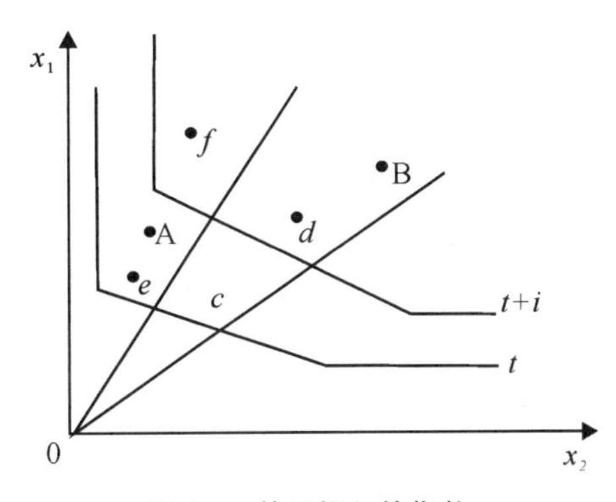

图 3-2　基于投入的指数

对于投入 x 和产出 y，在规模报酬不变（CRS）的假设下，可用射线来表示技术前沿，则时期 t 和 $t+i$ 对应的技术边界射线分别为 t 和 $t+i$。若某个经济主体的生产行为由 t 时期的 $A(x_a, y_a)$ 点变化到 $t+i$ 时期的 $B(x_b, y_b)$，则对应于生产边界的最大产出分别为 y_a^t、y_b^t、y_a^{t+i} 以及 y_b^{t+i}。

若以 t 时期的技术边界为参照系，投入 x_b 的生产率为 y_b/y_b^t，投入 x_a 的生产率为 y_a/y_a^t，则：

$$TFP=\frac{y_b/y_b^t}{y_a/y_a^t}$$

如果以 $t+i$ 时期的技术边界为参照系，则有：

$$TFP=\frac{y_b/y_b^{t+i}}{y_a/y_a^{t+i}}$$

为减少随意选择参照系，并与其他生产率指数保持一致，Malmquist 生产率指数采用上述两种指数的几何平均值来构造，即

$$M_t^{t+i}=\left(\frac{y_b/y_b^t}{y_a/y_a^t}\cdot\frac{y_b/y_b^{t+i}}{y_a/y_a^{t+i}}\right)^{\frac{1}{2}}$$

对 *Malmquist* 生产率指数进行整理，即可得到 *Malmquist* 生产率指数的分解式：

$$M_t^{t+i}=\left(\frac{y_b/y_b^t}{y_a/y_a^t}\cdot\frac{y_b/y_b^{t+i}}{y_a/y_a^{t+i}}\right)^{\frac{1}{2}}=\left(\frac{y_b/y_b^t}{y_a/y_a^t}\cdot\frac{y_b/y_b^{t+i}}{y_a/y_a^t}\cdot\frac{y_a/y_a^t}{y_b/y_b^{t+i}}\cdot\frac{y_b/y_b^{t+i}}{y_a/y_a^{t+i}}\right)^{\frac{1}{2}}$$

$$=\left(\frac{y_b/y_b^{t+i}}{y_a/y_a^{t+i}}\right)\cdot\left(\frac{y_b/y_b^t}{y_b/y_b^{t+i}}\cdot\frac{y_a/y_a^t}{y_a/y_a^{t+i}}\right)^{\frac{1}{2}}$$

从上式可看出，式中第一项即为 B 点在 $t+i$ 前沿下的技术效率和 A 点在 t 前沿下的技术效率的比值，也就是经济主体的技术效率效应 EC：

$$EC=\frac{F^{t+i}(x_b,y_b)}{F^t(x_a,y_a)}$$

式中第二项可继续进行简化成 $\left(\frac{y_b^{t+i}}{y_b^t}\cdot\frac{y_a^{t+i}}{y_a^t}\right)^{\frac{1}{2}}$，这一项的经济含义就是以 A 和 B 点为参照计算了技术前沿的变化，即技术进步效应（TC），则：

$$TC=\left(\frac{F^t(x_b,y_b)}{F^{t+i}(x_b,y_b)}\cdot\frac{F^t(x_a,y_a)}{F^{t+i}(x_a,y_a)}\right)^{\frac{1}{2}}$$

若用 i 代表该主体，即可得到 *Malmquist* 生产率指数的一般形式：

$$M_t^{t+i}=\frac{F_i^{t+i}(x^{t+i},y^{t+i})}{F_i^t(x^t,y^t)}\cdot\left(\frac{F_i^t(x^{t+i},y^{t+i})}{F_i^{t+i}(x^{t+i},y^{t+i})}\cdot\frac{F_i^t(x^t,y^t)}{F_i^{t+i}(x^t,y^t)}\right)^{\frac{1}{2}}$$

$$=EC\cdot TC$$

若从投入角度分析（见图 3-2），同样可以得到上述结果。

设射线 OB 在 t 和 $t+i$ 时刻与等产量线的交点为 c 和 d，而射线 OA 在 t 和 $t+i$ 时刻与等产量线的交点为 e 和 f。则在 $t+i$ 时刻，以其技术前沿为参照系的生产率变化为：

$$TFP=\frac{Od/Ob}{Of/Oa}$$

而在 t 时刻，以其技术前沿为参照系的生产率变化为：

$$TFP=\frac{Oc/Ob}{Oe/Oa}$$

与产出角度处理方法类似：

$$M_t^{t+i}=\left(\frac{Od/Ob}{Of/Oa}\cdot\frac{Oc/Ob}{Oe/Oa}\right)^{\frac{1}{2}}=\left(\frac{Od/Ob}{Of/Oa}\cdot\frac{Od/Ob}{Oe/Oa}\cdot\frac{Oe/Oa}{Od/Ob}\cdot\frac{Oc/Ob}{Oe/Oa}\right)^{\frac{1}{2}}$$

$$=\left(\frac{Od/Ob}{Oe/Oa}\right)\cdot\left(\frac{Oe/Oa}{Of/Oa}\cdot\frac{Oc/Ob}{Od/Ob}\right)^{\frac{1}{2}}$$

从投入技术效率的概念可知，上式同样可用一般形式表示：

$M_t^{t+i}=EC\cdot TC$，在此不再赘述。

2. 数据包络分析（DEA）

DEA 的中心思想是通过基于生产可能性集的投入和产出向量，应用线性规划技术构造表示生产可能性集边界的技术前沿面，构造结果可以是凸锥面或凸集面。这样处于技术前沿的观测样本和其他样本一起构成凸锥和凸集，如果把单个样本与技术前沿相比较即可得出该样本的技术效率。

DEA 方法的基本原理，可以用图 3-3 来进行形象的说明。

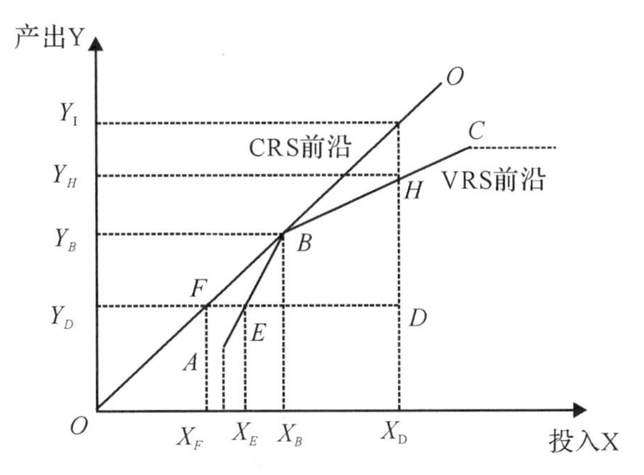

图 3-3　*DEA* 方法中决策单位的技术效率

假设有 4 个决策单位 A、B、C、D，各自使用一种投入 X 来生产一种产品 Y。在不变规模报酬下，效率前沿就是直线 OO，这时处在前沿上的单位 B 是有效率的，而单位 A、C、D 都是低效率的。譬如，相对于单位 B，单位 D 使用了更多的投入 X_D，但是却生产出更少的 Y_D。实际上，若生产是有效率的，使用 X_D 的投入应该生产出 Y_I 的产出。基于此，故可以用 Y_D/Y_I 来测量 D 决策单位基于产出方面的效率得分。在可变规模报酬下，效率前沿为穿过 A、B、C 三点的曲线 ABC，此时，单位 D 是低效率的，D 点基于产出方面的技术效率为 Y_D/Y_H，这个比值越接近 1，说明技术效率越高，越接近于 0，则表明技术效率越差。

由上分析可见，与参数方法相比，DEA 具有估计技术上的优越性：①最优性。DEA 边界估计的效率是相对于 pareto 效率前沿的，而后者估计了最优绩效（Murthi，1997）。②客观性。DEA 方法可直接利用生产的统计数据，排出了市场价格因素的干扰。③适应性。DEA 能够处理多投入多产出的复杂生产系统，又由于它可以直接利用不同量纲的实际观测数据，因而极具可操作性。当然，DEA 分析也有它的缺陷：它要求被考察的经济主体具有相同任务和目标以及相同的投入和产出；在估算过程中，估算的结果受到异常观察值的很大影响；对于不同经济主体的特征和技术效率的决定结构难以控制。

一般说来，用 DEA 方法同样既可以从投入的角度也可以从产出的角度来测量技术效率。从投入角度衡量是在既定的产出的情况下实际投入与最小投入的偏离程度为评估依据；而从产出角度则是以既定的投入下实际产出与最大产出的偏离程度为评估依据。无论是在规模报酬不变（CRS）假设，还是在可变规模报酬（VRS）假设，对有效的决策单位来说，两种方法测量的结果都是一样的，而对无效率的决策单位，则测量的结果在数值大小上可能会略有不同。下面以规模报酬不变（CRS）作假设，并基于产出角度来测量决策单位的技术效率。

设有 h 个生产单位的投入产出样本数据，(X_i, Y_i)，$i=1,K,n$，其中 $X_i=(x_{1i},K,x_{mi})^T>0$，代表具有 m 个投入要素的投入向量，$Y_i=(y_{1i},K,y_{si})^T>0$ 代表具有 s 个产出的产出向量，根据前文所述的生产可能性集的性质所构造的经验生产可能集 T 应满足以下公理性假设：

(1)凸性。若$(X_i,Y_i)\in T$，$i=1,k,n$，$\sum_{i=1}^{n}\lambda_i=1$，$\lambda_i\geq 0$，则有：

$(\sum_{i=1}^{n}\lambda_i X_i, \sum_{i=1}^{n}\lambda_i Y_i)\in T$。

(2)无效性，即自由处置性。若$(x,y)\in T$，$x^{'}\geq x$，$y^{'}\leq y$，则有$(x',y')\in T$。

(3)锥性，即规模效益不变。若$(x,y)\in T$，$k>0$，，则$(kx,yx)\in T$。

(4)最小型。经验生产可能集 T 是满足(1)-(3)的所有集合的交集。

满足上述 4 个条件的生产可能集 T 是唯一确定的：

$$T=\{(x,y)\mid \sum_{i=1}^{n}\lambda_i X_i\leq x, \sum_{i=1}^{n}\lambda_i Y_i\geq y, \lambda_i\geq 0, j=1,k,n\}$$

对于生产单位$(x_p,y_p)\in T$，投入方向的效率测量可通过以下线性规划模型计算：

$$\left|\begin{array}{l} \min r=r(x_p,y_{p)} \\ s.t. \sum_{i=1}^{n}\lambda_i X_i\leq rx_p \\ \quad \sum_{i=1}^{n}\lambda_i Y_i\geq y_p \\ \lambda_i\geq 0, i=1,k,n \end{array}\right. \tag{3-1}$$

其对偶问题为：

$$\left|\begin{array}{l} \qquad \min u^T y_p \\ s.t. \bar{\omega}^T X_i-u^T Y_i\geq 0, j=i,k,n \\ \qquad \bar{\omega}^T x_p=1 \\ \qquad \bar{\omega}\geq 0, u\geq 0 \end{array}\right. \tag{3-2}$$

这正好是 DEA 的一个基本模型是 C^2R 模型(规模报酬恒定 CRS 模型)，它采用固定规模假设，以线性规划法(DEA 测量效率有两种等价的方法，即分式方法和线性规划法)估计生产边界，然后衡量每一决策单元的相对效率。线性规划问题(2-1)的最优值 $r(x_p,y_p)$即是生产单位(x_p,y_p)的效率测量。

DEA 的另一个模型，即 BC^2 模型(VRS 模型)，则是从可变规模上进行分析。设对于 N 个决策单位，有 K 种投入和 M 种产出，则对于第 i 个决策单位，x_i 和 y_i 分别为投入和产出的列向量，X 和 Y 为 N 个决策单位的 $K\times N$ 阶的投入矩阵和 $M\times N$ 阶的产出矩阵，则第 i 个决策单元的技术效率能从下面的线性规划中求解得到：

$$\left|\begin{array}{l} \quad \max\theta\lambda \\ s.t. -\theta_i y+Y\lambda\geq 0 \\ \quad x_i-X\lambda\geq 0 \\ \quad N1^{'}\lambda=1, \lambda\geq 0 \end{array}\right.$$

上式的线性规划中，θ 为标量，λ 为 $N\times 1$ 阶常数向量，是计算低效率决策单位位置的权重，利用此权重将低决策单位映射到生产前沿之上。$N1$ 是 N 维的单位向量，

$N1'\lambda=1$ 是给生产前沿加了凸性限制，代表了可变的规模报酬假设，如果除去这个限制，将会导致可行域扩大，致使有效率的决策单位的数目降低，余下的有效率的决策单位将处在规模报酬不变的产出前沿上。$1\leq\theta<\infty$，$1/\theta$（处于 0 和 1 之间）即为要测量的第 i 个决策单位基于产出角度的技术效率。若 $1/\theta<1$，决策单位没有达到效率前沿边界，表明该决策单位是低效率的；若 $1/\theta=1$，表明该决策单位处于前沿之上，其生产是有效率的，但技术效率为 1，也不能说明全部要素得到了充分利用，有可能存在松弛变量，即虽然利用不充分，在既有技术和其他条件下产出也不能再提高。

3. 基于 Malmquist 生产率指数的数据包络分析

从上文对 Malmquist 生产率指数与数据包络分析的介绍中可知，Malmquist 全要素生产率指数是通过距离函数来定义的，在定义距离函数时，既可定义投入距离函数，也可定义产出距离函数。本书采用产出距离函数来定义。

假设共有 H 个主体，向量 x 表示投入量，则其中第 h 个主体 t 时期的投入为：$x_h^t=(x_{h1}^t,x_{h2}^t,\cdots x_{hn}^t)$；用 y 表示产出量，$y_h^t=(y_{h1}^t,y_{h2}^t,\cdots y_{hn}^t)$；$P(x_h^t)$ 代表使用投入向量 x_h^t 所能生产的所有产出向量的结合。用式子表示即：

产出距离函数可定义为：$D_0(y_h^t,x_h^t)=\min\{\varphi.(y/\varphi)\in P(x_h^t)\}$　　(3-3)

Malmquist 全要素生产率指数是通过计算不同时期数据点距离的比率进行几何平均来测算不同时期 TFP 的变化率。若用 (x_h^{t+i},y_h^{t+i}) 表示时期 $t+i$ 的投入产出量，则从 t 时期到 $t+i$ 时期生产率变化的 $MalmquistTFP$ 指数为：

$$M^{t,t+i}(y_h^t,x_h^t,y_h^{t+i},x_h^{t+i})=\left[\frac{D_h^t(y_h^{t+i},x_h^{t+i})}{D_h^t(y_h^t,x_h^t)}\cdot\frac{D_h^{t+i}(y_h^{t+i},x_h^{t+i})}{D_h^{t+i}(y_h^t,x_h^t)}\right]^{\frac{1}{2}} \tag{3-4}$$

其中，$D_h^t(y_h^{t+i},x_h^{t+i})$、$D_h^{t+i}(y_h^{t+i},x_h^{t+i})$ 分别代表时期 $t+i$ 的观测值到时期 t 和时期 $t+i$ 技术前沿的距离，$D_h^t(y_h^t,x_h^t)$、$D_h^{t+i}(y_h^t,x_h^t)$ 分别代表时期 t 的观测值到时期和 t 时期 $t+i$ 技术前沿的距离。

运用数据包络分析的非参数方法求解这四个距离函数，根据 $Fareetal$(1994)对规模报酬不变模型技术效率的测量方法，对四个线性规划求解，即可分别得出 $MalmquistTFP$ 指数：

$[D_h^{t+i}(y_h^{t+i},x_h^{t+i})]^{-1}=\max\varphi,\lambda^{\varphi}$，　　$[D_h^t(y_h^t,x_h^t)]^{-1}=\max\varphi,\lambda^{\varphi}$，

$-^{\varphi}y_h^{t+i}+y_h^{t+i}\lambda\geq 0$，　　$-^{\varphi}y_h^t+y_h^t\lambda\geq 0$

$s.t.\quad x_h^{t+i}-x_h^{t+i}\lambda\geq 0,\ \lambda\geq 0$　　(3-5)

$s.t.\quad x_h^t-x_h^t\lambda\geq 0,\ \lambda\geq 0$　　(3-6)

$[D_h^{t+i}(y_h^t,x_h^t)]^{-1}=\max\varphi,\lambda^{\varphi}$，　　$[D_h^t(y_h^{t+i},x_h^{t+i})]^{-1}=\max\varphi,\lambda^{\varphi}$，

$-^{\varphi}y_h^t+y_h^{t+i}\varphi\geq 0$，　　$-^{\varphi}y_h^{t+i}+y_h^t\lambda\geq 0$

$s.t.\quad x_h^t-x_h^{t+i}\lambda\geq 0,\ \lambda\geq 0$　　(3-7)

$s.t.\quad x_h^{t+i}-x_h^t\lambda\geq 0,\ \lambda\geq 0$　　(3-8)

以上公式(3-5)至(3-8)中，各符号的含义是 y_h^t 是第 h 个地区在 t 时期的产出向量 $M\times 1$；x_h^t 是第 h 个地区在 t 时期的投入向量 $K\times 1$；y^t 是所有 H 个地区在 t 时期的产量($H\times M$)矩阵；x^t 是所有 H 个地区在 t 时期的产量($H\times K$)矩阵；$N\times 1$ 为表示权重的向量；φ 是纯量。

Malmquist 全要素生产率指数是利用距离函数(Distance Function)的比率来计算的,距离函数是技术效率的倒数。根据 Fareetal(1994)等,可将规模报酬可变下、面向产出的,以时期 t 和时期 $t+i$ 为技术的 Malmquist 全要素生产率指数定义如下:

$$M^{t,t+i}(y_h^t,x_h^t,y_h^{t+i},x_h^{t+i})=\frac{D_{hv}^{t+i}(y_h^{t+i},x_h^{t+i})}{D_{hv}^t(y_h^t,x_h^t)}\times\left|\frac{D_{hv}^t(y_h^t,x_h^t)}{D_{hc}^t(y_h^t,x_h^t)}\Big/\frac{D_{hv}^{t+i}(y_h^{t+i},x_h^{t+i})}{D_{kc}^{t+i}(y_h^{t+i},x_h^{t+i})}\right|\times\left|\frac{D_{hc}^t(y_h^t,x_h^t)}{D_{hc}^{t+i}(y_h^t,x_h^t)}\cdot\frac{D_{hc}^t(y_h^{t+i},x_h^{t+i})}{D_{kc}^{t+i}(y_h^{t+i},x_h^{t+i})}\right|^{\frac{1}{2}} \tag{3-9}$$

(3-9)式中,$D_{hc}(y,x)$为规模报酬不变下的距离函数,$D_{hv}(y,x)$为规模报酬可变下的距离函数。(3-9)式的第一项为纯技术效率变化(Pure Technical Efficiency Change),第二项为规模效益变化(Scale Efficiency Change),第三项为技术水平变化(Technical Change)。第一项与第二项的积则为技术效率变化(Technical Efficiency Change)。当 $M^{t,t+i}>1$ 时,TFP 进步;当 $M^{t,t+i}<1$ 时,TFP 退步;$M^{t,t+i}=1$ 时,TFP 不变。当技术效率变化、纯技术效率变化、规模效率变化或技术水平变化大于 1 时,则表明它是 TFP 增长的源泉,相反,则是 TFP 降低的源泉。

第四节　广东的农业科技政策绩效测量与分析

一、国内外学者的研究综述

运用 DEA 方法对技术效率进行研究引起了国内外学者的广泛关注。在学界有代表性的研究主要有:①吴方卫等(2000)利用基于 DEA 的 Malmquist 全要素生产率指数法进行生产率分析,结果发现:在中国,农业技术效率总体上呈现出下降的趋势,技术效率从 1980 年的 0.909 下降到 1995 年的 0.868,下降了 4%以上。此外,技术效率也呈现出东中西部的梯级差异,1980—1995 年,东中西部的平均技术效率分别为 0.99、0.84 和 0.71。②Mao. W. W 和 koo. W(1997)利用基于 DEA 的 Malmquist 全生产率指数法估计了 1984—1993 年中国各省技术进步、技术效率和生产率增长。他们的研究结果表明,中国大部分省的全要素生产率都有所上升,技术进步从 1984 年开始成为生产力提高的最重要因素,即使在技术落后的省份也表现为这样。尽管技术效率低下,却预示了生产力增长的潜力,通过继续扩大农村市场和提高农民教育程度是提高技术效率的有力途径。③与 Mao. W. W 等相似,David K. Lambert 和 Elliott Parker(1998)应用多产出的数据,对中国 27 个省 1979—1995 年的生产率进行了分析,结果发现:在整个样本中,全要素生产率年平均变化率为 1.8%,各省的年变化率在 7.3%(福建)和−3.6%(内蒙古)之间。而影响技术效率的最主要因素是生产责任制,它使得技术前沿得以提高,而乡村工业的发展则降低了农业生产率。

21 世纪以后,特别是 2005 年以后,采用基于 Malmquist 生产率指数的数据包络分析对农业生产效率展开研究的学者逐渐增多。主要有:①李周、于法稳(2005)利用 DEA 方法分析了西部地区县域层面上农业生产的效率,认为西部地区农业生产技术的应用,对增强西部地区农业可持续性是有效的。②陈卫平(2006)运用了非参数的Malmquist生产率指数法,对1990—2003年期间中国农业全要素生产率及其构成的时序成长和空间分布特征作了论证。结果表明:1990—2003年中国农业全要素生产率年均增长2.59%,其中,农业技术进步指数年均增长5.48%,而农业效率变化指数反而年均下降2.78%。③郑晶、温思美等(2008)则利用改进的农业经济增长DEA分解核算框架,对1993—2004年广东各地农业增长及效率进行分解测算,得出广东农业GDP增长主要源于要素投入的产出效应,全省农业全要素增长率累积增长54.7%,珠三角地区为105.28%,粤东地区为20.85%,粤西地区为66.35%,粤北地区为8.35%,全省及各地区农业全要素增长总体上主要依靠技术进步。④李谷成(2009)、周端明(2009)均运用基于Malmquist生产率指数的DEA分析测算了1978—2005年间的中国农业TFP的时序演进和空间分布的基本特征。周端明(2009)的研究结果为,1978—2005,中国农业TFP年均增长率3.3%,其中,农业技术进步年均增长率1.7%,农业技术效率年均增长率1.6%。而李谷成(2009)将TFP进一步分解为技术进步、纯技术效率变化和规模效率变化三部分,得出TFP的增长主要由农业技术前沿技术进步贡献,技术效率状况改善的贡献有限的结论。⑤韩晓燕、翟印礼(2009)基于DEA的Malmquist生产率指数法,评价了1981—2005年间全国和各省农业生产率对农业增长的贡献,研究结果表明,我国农业生产率在总体上升的趋势中表现出阶段性特征,进一步上升面临着一定的困难。一个重要的障碍就是除1992—1996年这一时期外,农业技术效率基本表现为下降的趋势。研究的另一个重要发现就是我国农业技术进步和生产效率存在明显的地区差异,尤其是区域差异,出现了以北京、上海为代表的发达城市农业和东、中、西部四个典型地区,而且其差异具有不断扩大的特征。⑥方鸿(2010)利用DEA的非参数方法测度了1988—2005年中国各省份的农业生产技术效率。结果表明,东部地区的农业生产技术效率相对较高,中西部地区与东部地区之间有着显著的差距;从20世纪90年代中期开始,中部与西部地区的农业产出技术效率都呈下降趋势,与东部地区的差距逐渐拉大。⑦常家芸、汪洋(2010)采用DEA的C^2R模型与BC^2模型对改革开放后的30年间中国农业科研投入的有效性进行了分析,结果表明,我国农业科研投入的技术效率总体上呈现出上升的趋势,但在不同的历史时期,农业科研投入的技术效率却是不同的。1976—1985年,农业技术效率在0.8以下徘徊,而1988—1997年间则基本在0.8以上,1997年以后又在0.8附近上下波动。

上述研究为本书提供了很好分析框架,本书也主要采用Malmquist生产率指数的DEA分析方法对广东全省以及各区域1990—2008年的农业技术效率进行分析并对现有文献进行扩展。与前述学者不同的是,除了将时间拓展到2008年以关注农业技术效率的最新情况外,本书着重研究了不同时期广东省不同区域(珠三角、粤东、粤西与粤北)的农业技术效率水平及其变化趋势,并在后一节中就广东各区域间农业技术效率水平差异的决定因素进行计量分析,这样的分析结果对广东省乃至中国政府制定有效的农业科技政策有着重要的借鉴意义。

二、数据来源及处理

本书对所进行分析的农业产出和投入变量作以下规定和处理。

1. 农业产出变量

农业产出是以1990年不变价格计算的农林牧副渔总产值(传统的第一产业或大农业的GDP)进行汇总所得出的四大农业生态区域的农业总产值，即广义的农业总产值，这样就可以与现有的农业劳动力、农业机械、役畜等广义的农业投入口径保持一致，Wu(2001)、Coelli等(2003)、陈卫平(2006)、郑晶(2008)、李谷成(2009)、方鸿(2010)等有关的研究也是采取这种处理方式，而不是用狭义的农业总产值(种植业的总产值)占广义农业总产值的比重，以此作为权重来进行分离，上述学者的研究证明这样的处理在DEA分析中是非常适合的。

2. 农业投入变量

农业投入包括土地、劳动力、农业机械、役畜、物质费用、有效灌溉面积等六个方面的投入。①土地投入，虽然很多研究(陈卫平，2006；郑晶等，2008；周端明，2009；李谷成，2009等)认为由于耕地存在着复种指数的差别，在一年内种两次或三次，同时还存在着抛荒和半抛荒等现象，从而以农作物总播种面积来替代耕地面积作为土地投入的变量更为合理。但本书认为，以农作物播种面积来替代也存在着不足，主要是不能够反映农业中如林牧渔业的土地投入所产生的产出，方鸿(2010)也认为农作物播种面积有时不能真正反映一个省的耕地数量情况，因而仍然以耕地面积数作为土地投入的变量。②劳动力投入，以第一产业从业人员数或农林牧渔劳动力总数计算，在乡镇当中从事制造业、加工业、服务业的人员不包括在内。③农业机械投入，以各市年末农业机械总动力计算，包括用于耕种作业的机械、用于排水与灌溉的机械、作物收割用的机械、用于农业生产的运输机械，此外，还包括植保、林业、牧业与渔业用的机械以及其他农业机械。④役畜投入，以各市年末从事农事劳役的牲畜头数总数作为计量单位，在广东，从事农事劳役的主要是黄牛与水牛。⑤物质费用投入，本书认为，用农业生产中间消耗的物质费用作为生产资料的投入而不是大多数研究者单纯地采用有机肥投入、化肥投入(李周、于法稳，2005；陈卫平，2006；郑晶等，2008；周端明，2009；李谷成，2009；方鸿，2010等)更为全面，也更为符合农业生产的投入实际。⑥有效灌溉面积，以每年各市实际有效灌溉面积计算，主要是那些灌溉工程与设备已配备、在需要时就能正常进行灌溉的水田和水浇地面积之和。

本书所使用的以上变量数据均来自广东省21个地市1991—2009年的《广东农村统计年鉴》与《广东统计年鉴》上的农业投入和产出数据，在此基础上根据区域进行加总。在区域的划分上，以地域划分为主，具体的划分是：珠三角地区(包括广州、深圳、珠海、东莞、惠州、佛山、中山、江门七市)、粤东地区(包括汕头、潮州、揭阳、汕尾、梅州五市)、粤西地区(包括肇庆、茂名、湛江、阳江、云浮五市)、粤北地区(韶关、清远、河源三市）。有的学者根据地貌，将云浮划分到粤北地区[①]，本书认为，云浮虽然作为山区，但与其发生经济关系更为紧密的主要还是周边的粤西地区，而且就其地理位置而言也是属于粤西，归到粤西进行统计似乎更为合理。

个别年份的各市的投入数据由于缺乏统计资料，本书主要运用灰色预测法来进行预测得出所缺年份各市的投入数据。

三、计算结果与结果分析

本书采用 Coelli(1996)给出的数据包络分析专用程序 DEAP2.1，对全省以及 21 个市四个农业生态区的“八五”到“十一五”前三年以及整个研究时期的全要素生产率、技术进步率、技术效率进行了测算，结果见表 3-5。

表 3-5 广东省全要素生产率、技术进步率、技术效率与技术进步贡献率

年份	TC	EC	SEch	TFP	GDP 增长率(%)
1991	1.026	1.000	1.000	1.026	6.15
1992	1.038	0.995	0.995	1.033	8.74
1993	1.031	0.956	0.976	0.986	6.67
1994	1.032	1.000	1.000	1.032	7.07
1995	1.037	0.972	0.920	1.008	8.38
“八五”	1.033	0.985	0.978	1.017	7.40
1996	1.036	0.968	0.945	1.003	8.01
1997	1.039	1.057	0.981	1.098	8.86
1998	1.042	1.012	0.990	1.055	7.58
1999	1.041	1.000	1.000	1.041	7.66
2000	1.033	1.075	0.866	1.110	7.78
“九五”	1.038	1.022	0.956	1.061	7.98
2001	1.024	1.008	0.899	1.032	5.28
2002	1.021	0.985	0.905	1.006	4.45
2003	1.006	0.968	0.898	0.974	3.56
2004	1.011	0.991	0.891	1.002	2.83
2005	1.018	0.988	0.958	1.006	3.64
“十五”	1.016	0.988	0.910	1.004	3.98
2006	1.012	0.998	0.962	1.010	2.28

① 郑晶、温思美、孙良媛：《广东农业经济增长效率分析：1993—2004》，载《农业技术经济》2008 年第 3 期。

续表

年份	TC	EC	SEch	TFP	GDP 增长率(%)
2007	1.014	0.997	0.971	1.011	2.53
2008	1.029	1.035	1.000	1.065	5.23
2009	1.031	1.012	0,984	1.027	6.62
2010	1.025	1.016	0.987	1.028	4.40
“十一五”	1.018	1.010	0.978	1.029	4.26
2011	1.012	1.000	0.993	1.005	5.86
2012	1.008	1.005	0.989	1.002	4.96
2013	1.016	1.013	0.995	1.024	5.99
2014	1.023	1.010	1.000	1.033	6.70
“十二五”	1.023	1.008	0.993	1.023	5.31
1991—2014	1.029	1.002	0.982	1.018	4.53

1. 从广东全省来看

表 3-5 列出了 1991—2014 年整个广东省农业总产值增长的要素构成。可以看到，1991—2014 年，广东农业 TFP 指数的平均值为 1.018，意味着农业 TFP 年均递增 1.8%，而同期广东农业 GDP 的年均增长率为 4.53%，表明广东农业年均增长率的 39.74%都是由农业全要素生产率的增长贡献的。从“八五”到“十二五”来分析，“八五”时期，农业 TFP 指数的平均值为 1.017，年均递增 1.7%；“九五”时期，农业 TFP 指数的平均值为 1.061，年均递增 6.1%；“十五”时期，农业 TFP 指数的平均值为 1.004，年均递增 0.4%；“十一五”时期，农业 TFP 指数的平均值为 1.029，年均递增 2.9%；“十二五”时期，农业 TFP 指数的平均值为 1.023，年均递增 2.3%。可以看出，各年的农业 TFP 增长率波动较大，增长率最高的在 2000 年，达到了 11%，而增长率最低的为 1993 年和 2003 年，出现了负的增长，分别为－1.4%和－2.6%。与同期农业 GDP 的增长率进行比较来看，农业 GDP 的每年增长幅度虽然也有起伏，特别是 2003—2008 年期间，波动幅度也比较大，但差距仅有 4 个百分点，较之 TFP 的增长幅度变化，显然要少得多。尽管增长率的变化幅度存在差距，但我们还是可以看到，农业 TFP 的增长率与 GDP 的增长率在总体上呈现出同步变化的趋势。

从农业 TFP 指数的分解来看，1991—2014 年，农业技术进步指数平均值为 1.029，技术效率指数平均值约为 1，说明年均技术进步率为 2.9%，而年均技术效率无增长。进一步从各个时期来看，“八五”期间的农业技术进步指数均值为 1.033，技术效率指数均值为 0.985，表明年均技术进步率为 3.3%，而年均技术效率出现负的增长－1.5%；“九五”期间的农业技术进步指数均值为 1.038，技术效率指数均值为 1.022，表明年均技术进步率为 3.8%，年均技术效率增长 2.2%；“十五”期间的农业技术进步指数均值为 1.016，技术效率指数均值为 0.988，表明年均技术进步率为 1.6%，而年均技术效率出现负的增长－1.2％；“十一五”时期农业技术进步指数均值为1.018，技术效率指数均值为1.010，表明年均技术进步率为1.8％，而年均技术效率增长1％；“十二五”时期，农业技术进步率指数位1.023，技术效率指数均值为1，表明年均技术进步率为2.3％，而年均技术效率增长1％。这充分说明，1991—2014年期间，广东农业TFP的增长主要依靠农业技术进步，而“八五”与“十二五”期间的技术效率缺失是造成农业TFP增长率低下，甚至是1993年与2003年出现负的增长的主要原因。对比其他类似的研究，李谷成等(2007，2008，2009)分别利用江苏、湖北的微观数据分析和1978—2005年全国的宏观数据分析的农业技术进步与技术效率的变化，郑晶、温思美等(2008)对广东1993—2004年农业经济增长效率的分析、周端明(2009)对中国1978—2005年间农业全要素生产率的分析以及方鸿(2010)运用1988—2005年中国各省份的农业生产技术效率的分析，都得出全要素生产率的增长主要是由技术进步推动的，而技术效率的下降则对全要素生产率的增长造成了不利影响的结论。这样的对比表明，本书的结论是非常值得信赖的。

技术的进步既包括前沿技术进步，也包括化肥、农业机械化等现代农业生产要素的推广与应用，如果范围再扩大一点，还包括生产经营管理技术等人文社科属性的技术进步。技术效率的缺失表明广东农业在对现有生产要素的合理配置、农业前沿技术的适应性改进、扩散和推广应用方面所存在的缺陷。单纯依靠前沿的技术进步而忽视对已有生产要素的合理配置和技术效率的提高，势必给发展现代农业造成不可低估的影响。

农业技术进步对农业增长的贡献称之为农业技术进步贡献率，这里的技术进步既包括技术自身的发展变化，也包括制度、组织管理、社会文化、资源配置的改善、规模经济以及自然条件的变化等非技术因素引起的单位投入产出的增加，也就是国内学者们所谓的广义技术进步。1997年1月农业部下发了《关于规范农业科技进步贡献率测算方法的通知》，将中国农科院研究员朱希刚所用的测算方法确定为全国计算农业技术进步贡献率的国家试行标准以来，国内学者都采用此方法来计算农业技术进步贡献率，基于此，本书将采用这个测算方法中规定的“农业科技进步贡献率＝农业技术进步率除以农业总产值增长率”来计算，而不是有些学者所采用的“科技进步贡献率＝全要素生产增长率除以经济增长率”。[①]

从表3-2可以看出，1991—2014年，广东农业技术进步贡献率平均值为50.60％。从各个时期来看，“八五”到“十二五”期间，广东农业科技进步贡献率分别为47.84％、49.10％、51.81％、52.49％与61.63％，很显然，广东农业科技进步贡献率各个时期都有不同程度的增长，增长幅度在2％～9％不等。同时期全国的农业科技贡献率则分别在34.28％、45.16％、48％与52％，而按照《国家中长期(2006—2020)科学和技术发展规划纲要》，在2006—2010年的“十一五”期间，农业科技进步贡献率须达到60％。虽然广东农业科技进步贡献率在“十一五”时期还没有达到60％，但各个时期已经显

① 于洁、刘润生、曹燕等：《基于DEA－Malmquist方法的我国科技进步贡献率研究》，载《软科学》2009年第2期。

著高于全国平均水平，且在“十二五”时期已经达到了《国家中长期(2006—2020)科学和技术发展规划纲要》对农业科技进步贡献率的要求。

2. 各区域农业TFP的增长及其构成

表3-6列出了全省四大农业生态区1991—2014年农业GDP增长的分解。

(1)基于TFP增长的分析

结果显示，“八五”到“十二五”，四大区域中：珠三角地区农业全要素生产率指数为均值1.016，即农业TFP年均递增1.6%，其中，“八五”时期为−0.3%，“九五”时期为0.5%，“十五”时期为0.6%，“十一五”为2.4%，“十二五”为2.9%；粤东地区农业全要素生产率指数为均值1.002，即农业TFP年均递增0.2%，其中，“八五”时期为−1.5%，“九五”时期为6.3%，“十五”时期为−3.6%，“十一五”为5.8%，“十二五”为−0.5%，TFP增长的波动状况较大；粤西地区农业全要素生产率指数为均值0.979，即农业TFP年均递增−0.21%，其中，“八五”时期为2.3%，“九五”时期为0.7%，“十五”时期为−7.4%，“十一五”为7.3%，“十二五”为3.9%，可见，“八五”到“十二五”时期，粤西地区的农业TFP的增长也呈现。

表3-6 广东四大农业生态区农业技术进步、技术效率、全要素生产率与技术进步贡献率(1990—2014)

地区	时期	TC	EC	PTEch	SEch	TFP	GDP增长率
珠三角	“八五”	1.031	0.967	0.999	0.968	0.997	5.26
	“九五”	1.040	0.967	0.985	0.981	1.005	9.69
	“十五”	1.026	0.981	0.994	0.987	1.006	4.09
	“十一五”	1.024	1.000	1.000	1.000	1.024	3.74
	“十二五”	1.029	0.997	1.000	0.997	1.029	4.10
	1991—2014	1.034	0.983	0.996	0.987	1.016	4.78
粤东	“八五”	1.032	0.939	1.000	0.939	0.985	7.87
	“九五”	1.046	0.992	1.000	0.992	1.063	7.94
	“十五”	1.014	0.968	0.997	0.971	0.964	2.86
	“十一五”	1.025	0.967	1.000	0.967	1.058	3.92
	“十二五”	1.016	0.979	0.994	0.985	0.995	2.78
	1991—2014	1.032	0.969	0.998	0.971	1.002	5.07
粤西	“八五”	1.027	0.965	1.000	0.965	1.023	8.51
	“九五”	1.028	0.930	1.000	0.930	1.007	9.05
	“十五”	1.028	0.887	1.000	0.887	0.926	5.72
	“十一五”	1.029	0.980	1.000	0.980	1.073	4.91
	“十二五”	1.045	0.994	0.996	0.998	1.039	5.49
	1991—2014	1.028	0.952	1.000	0.952	0.979	6.74

续表

地区	时期	TC	EC	PTEch	SEch	TFP	GDP 增长率
粤北	“八五”	1.019	0.983	1.000	0.983	1.001	6.29
	“九五”	1.018	0.992	1.000	0.992	1.010	5.04
	“十五”	1.013	0.960	0.999	0.962	0.972	3.04
	“十一五”	1.024	0.962	1.000	0.962	0.985	4.45
	“十二五”	1.041	0.985	1.000	0.985	1.025	5.72
	1991—2014	1.023	0.976	1.000	0.976	1.029	4.91

出较大的波动；粤北地区农业全要素生产率指数为均值 1.029，即农业 TFP 年均递增 2.9%，其中，“八五”时期增长 0.1%，“九五”时期年均增长 1%，“十五”时期年均增长率为－2.8%，“十一五”为－1.5%，“十二五”时期为 2.5%。可以看出，珠三角的 TFP 增长率一直保持上升趋势，粤东地区 TFP 增长有一定的波动，而粤北和粤西的波动状况最大。在“十五”时期，除珠三角地区之外，其余三个地区的 TFP 增长都出现了负增长，到了“十一五”后，却又都呈现较大幅度的增长。之所以会出现这种情况，主要是因为虽然从 2004 年起，中央政府连续下发了强农惠农的一系列举措，但政策所带来的滞后效应，尤其是科技的滞后效应是非常明显的，这些政策与科技的应用一直到“十一五”才真正显示出它的功效。在这方面，一些学者已经对此进行了论证：Stone (1990) 认为，中国一些地区性研究机构从品种改良研究到种子生产和推广需要 3～5 年时间，至少在小麦和水稻上是这样；Qian，Fan and Zhu (1997) 对江苏省的一项调查表明，一个新品种从开发到投入生产通常需要 8～12 年时间，即使是一项新的管理技术也需要 2～5 年时间(樊胜根，2002)。

(2)基于 TC 与 EC 的分析

从表 3-6 可以观察到，“八五”到“十五”时期，珠三角、粤东与粤北的技术进步增长率从总体上都呈现下降，到“十一五”后，又均呈现上升，只有珠三角地区在“九五”期间增长到最大值 4%后，此后一直呈现下降。此外，我们还可观察得到，在“十五”前，粤北地区的农业技术进步率都是最低的，而粤东的农业技术进步率波动最大。而到了“十一五”后，粤西的农业技术进步率则处于最前列，而粤东处在最后。不过，从表 3-6 可以看出，整个研究期间(1991—2014)珠三角地区的农业科技进步增长率的均值无疑是最高的，为 3.4%。

与农业技术进步的增长相反，四大区域农业技术效率的增长却呈现负的增长，说明农业技术效率都有不同程度的损失。从各个区域来看，珠三角的农业技术效率虽然也呈现负增长，但该地区每个时期的负增长程度在减少，在 2008 年，技术效率指数达到了 1；而粤北与粤东负增长的程度却见不到明显减少的迹象；粤西地区农业技术效率呈现出明显的“V”字形，波动幅度最大，“十五”期间，技术效率年均下降达到了 11.3%，这是直接导致此期间该地区 TFP 增长率出现负增长最大的首因。而从 1991—2014 整个研究期间来看(见表 3-6)，珠三角与粤北的农业技术效率较为接近 1，而粤西农业技术效率损失最大，达到了6.4%。

综上所述，1991—2014年，广东四个农业生态区农业GDP的增长从依赖要素的投入逐渐转向科技的进步，特别是"十一五"以后，科技进步的作用越发显现，科技进步的贡献呈现出梯级差异，珠三角的科技进步贡献率最大，其他依次为粤东、粤西与粤北。但另一个不容忽视的问题就是，四个地区的农业技术效率却一直呈负增长，尤其是粤东与粤北，这种负增长的态势不见明显好转，整个研究期间，粤西农业技术效率损失最大。因此，粤东、粤西、粤北农业经济的增长在保持科技进步率持续提高的情况下，如何提高农业技术效率才最为关键。

3. 各市农业TFP增长及其构成

表3-7 珠三角地区农业技术进步、技术效率、全要素生产率与技术进步贡献率(1991—2014)

城市	时期	TC	EC	TEch	SEch	TFP
广州	"八五"	1.052	0.993	0.996	0.997	1.045
	"九五"	1.055	0.965	0.993	0.972	1.018
	"十五"	1.025	0.999	1.016	0.983	1.023
	"十一五"	1.060	0.966	0.966	1.000	1.024
	"十二五"	1.045	0.983	0.989	0.994	1.027
	1991—2014	1.048	0.981	0.992	0.988	1.028
深圳	"八五"	1.060	0.991	0.995	0.995	1.050
	"九五"	1.110	1.005	1.012	0.993	1.116
	"十五"	1.130	0.998	1.001	0.997	1.128
	"十一五"	1.160	0.991	1.003	0.989	1.150
	"十二五"	1.113	0.994	1.004	0.990	1.106
	1991—2014	1.115	0.996	1.003	0.993	1.111
珠海	"八五"	1.010	0.998	1.013	0.985	1.008
	"九五"	1.049	0.968	0.990	0.978	1.015
	"十五"	1.082	0.846	0.903	0.937	0.916
	"十一五"	1.130	0.955	0.955	1.000	1.080
	"十二五"	1.137	0.962	0.962	1.000	1.094
	1991—2014	1.082	0.946	0.965	0.980	1.024

续表

城市	时期	TC	EC	TEch	SEch	TFP
惠州	“八五”	1.046	0.937	0.977	0.959	0.980
	“九五”	1.052	0.992	0.997	0.995	1.044
	“十五”	1.031	0.982	0.989	0.992	1.012
	“十一五”	1.008	1.092	1.093	0.999	1.101
	“十二五”	1.011	0.996	0.996	1.000	1.007
	1991—2014	1.030	0.999	1.010	0.989	1.029
东莞	“八五”	1.003	0.997	1.033	0.965	1.000
	“九五”	1.021	0.990	0.995	0.994	1.010
	“十五”	1.086	0.979	0.979	1.000	1.063
	“十一五”	1.100	0.973	0.973	1.000	1.070
	“十二五”	1.113	0.981	0.981	1.000	1.092
	1991—2014	1.065	0.984	0.992	0.992	1.048
中山	“八五”	1.059	0.965	0.980	0.985	1.022
	“九五”	1.094	0.980	0.987	0.993	1.072
	“十五”	1.072	0.986	0.986	1.000	1.057
	“十一五”	1.100	0.982	1.007	0.975	1.080
	“十二五”	1.118	0.985	0.996	0.989	1.101
	1991—2014	1.089	0.979	0.991	0.988	1.066
江门	“八五”	1.041	0.991	0.995	0.995	1.031
	“九五”	1.046	0.985	0.991	0.994	1.031
	“十五”	1.063	0.960	0.972	0.988	1.020
	“十一五”	1.091	0.962	0.976	0.986	1.050
	“十二五”	1.115	0.982	0.989	0.993	1.095
	1991—2014	1.071	0.976	0.985	0.991	1.045
佛山	“八五”	1.096	0.990	0.997	0.993	1.085
	“九五”	1.047	0.978	0.998	0.980	1.024
	“十五”	1.068	0.971	0.984	0.987	1.037
	“十一五”	1.056	0.989	0.993	0.996	1.045
	“十二五”	1.049	0.991	0.995	0.996	1.040
	1991—2014	1.063	0.983	0.993	0.990	1.045

1991—2014年，珠三角各市的TFP指数与TC指数均值都大于1，而EC指数除“九五”时期的深圳与“十一五”时期的惠州处于技术效率的前沿外，其余各市或其他时期都小于1，均存在技术效率的损失。“十一五”时期的广州、珠海与“十五”、“十一五”时期的东莞以及“十二五”时期的珠海、惠州、东莞都存在规模效率，其余各市或其他时期，均存在规模效率的改进。可见，各个市农业TFP的增长主要依赖于TC。1991—2014年期间，珠三角各市中，深圳、珠海、中山、江门、东莞五市各个时期的技术进步率均呈现上升趋势，而惠州、佛山的技术进步率却呈现下降的势头；此期间，深圳的技术进步率最高，达到11.5%，惠州最低(3%)，其余各市基本上在5%～8%之间。“八五”时期，技术进步率最高的为佛山(9.6%)，东莞最低(0.3%)；“九五”时期，技术进步率最高的为深圳(11%)，东莞仍然最低(2.1%)；“十五”时期，技术进步率最高的仍然为深圳(13%)，而广州最低(2.5%)；“十一五”时期，深圳继续保持技术进步率最高(16%)，而最低的为惠州(0.8%)；“十二五”时期，技术进步率最高的为珠海(13.7%)，而最低的仍然为惠州(1.1%)。

从表3-8所示粤东各市的数据来看，1991—2014年，汕头的农业全要素生产率增长率均值为3.4%，为粤东区域最高；揭阳为2.1%，潮州为1.3%，梅州和汕尾则分别为0.5%与0.8%，均未超过1%，为本区域最低。其中，“八五”期间TFP增长率最高的为揭阳(因揭阳1993年才设立，实际统计的只是1994与1995年的数据)，而最低的为汕尾，出现了负的增长(－4.9%)；“九五”期间TFP增长率最高的为汕头(8.2%)，而最低的为梅州(0.4%)；“十五”期间，除汕头的TFP增长率为正外，其余四市均出现了负增长，其中梅州下降得最为厉害，达到了－15.1%；而到了“十一五”，各市则均出现了正的增长，其中梅州与汕尾均达到了6.5%左右，潮州最低(1.8%)；“十二五”时期，TFP增长率最高的为梅州(10.8%)，最低的为揭阳(1%)。以上说明，从TFP均值来看，五市都呈现出不同程度的波动，尤以梅州波动最为明显。就技术进步来看，除“十五”时期梅州小于1外，其他时期各市均大于1，且五市的技术进步率从总体上看均处于增长的态势。整个研究期间，技术进步率增长最快的为梅州(5.1%)，揭阳最慢(3.3%)，但大都相差不大。其中“八五”期间，技术进步率增长最快的为潮州(4.5%)，汕头最慢(0.7%)；“九五”期间，技术进步率增长最快的为汕头(9%)，梅州最慢(4.1%)；“十五”期间，汕头与汕尾的技术进步率均为2.6%，潮州最慢(－3%)；而到了“十一五”，技术进步率增长最快的为汕尾(7.3%)，梅州最慢(4.6%)；“十二五”时期，技术进步增长率最快的为梅州(11.2%)，揭阳最慢(2.1%)。就五市的技术效率来说，除“十一五”梅州的技术效率大于1外，其余各市各时期均出现技术效率损失，而梅州在“十五”期间的技术效率损失最大，达到了16.7%，这也是导致梅州TFP波动最大的主因。

表 3-8　粤东地区农业技术进步、技术效率、全要素生产率与技术进步贡献率(1991—2014)

城市	时期	TC	EC	TEch	SEch	TFP
汕头	“八五”	1.007	0.996	0.999	0.997	1.003
	“九五”	1.090	0.992	0.998	0.994	1.082
	“十五”	1.026	0.987	0.999	0.988	1.013
	“十一五”	1.061	0.980	0.985	0.995	1.040
	“十二五”	1.047	0.989	0.996	0.993	1.036
	1991—2014	1.046	0.989	0.995	0.994	1.034
梅州	“八五”	1.038	0.970	0.980	0.990	1.007
	“九五”	1.041	0.964	0.982	0.982	1.004
	“十五”	1.019	0.833	0.920	0.906	0.849
	“十一五”	1.046	1.017	0.998	1.019	1.064
	“十二五”	1.112	0.996	1.000	0.996	1.108
	1991—2014	1.051	0.956	0.976	0.979	1.005
潮州	“八五”	1.045	0.974	0.982	0.991	1.018
	“九五”	1.045	0.990	0.999	0.991	1.035
	“十五”	0.970	0.980	0.998	0.982	0.951
	“十一五”	1.066	0.955	0.973	0.981	1.018
	“十二五”	1.048	0.983	0.994	0.989	1.030
	1991—2014	1.035	0.978	0.989	0.989	1.013
汕尾	“八五”	1.023	0.930	0.969	0.959	0.951
	“九五”	1.045	0.989	1.026	0.964	1.034
	“十五”	1.026	0.969	0.980	0.988	0.994
	“十一五”	1.073	0.993	0.982	1.011	1.065
	“十二五”	1.026	0.987	0.991	0.996	1.080
	1990—2014	1.039	0.970	0.989	0.981	1.008
揭阳	“八五”	1.038	0.989	0.990	0.999	1.027
	“九五”	1.049	0.998	0.995	1.003	1.047
	“十五”	1.002	0.974	0.986	0.988	0.976
	“十一五”	1.058	0.992	0.998	0.995	1.050
	“十二五”	1.021	0.989	0.993	0.996	1.010
	1991—2014	1.033	0.988	0.992	0.996	1.021

从表 3-9 所示粤西各市的数据来看，1991—2014 年，五市的农业全要要素生产率增长率都比较低，阳江、肇庆的农业全要素生产率增长率均值为 0.2%、0.4%，湛江、云浮、茂名则在 2.4%～2.7%之间。其中，“八五”期间 TFP 增长率最高的为茂名(但仅为 1.9%)，而最低的为肇庆，为 -2.2%；“九五”期间 TFP 增长率最高的为阳江(4.3%)和云浮(4.5%)，而最低的为湛江(1%)；“十五”期间，除阳江的 TFP 增长率为负外，其余四市均出现了小幅增长，增长幅度在 0.8%～2.4%不等；而到了“十一五”，阳江则出现了较大幅度的增长，达到了 5.8%，湛江最低(0.7%)；“十二五”时期，TFP 增长率最高的为湛江(4.9%)，肇庆则最低(-1.1%)。以上说明，从 TFP 均值来看，五市都呈现出不同程度的波动，尤以阳江、湛江波动最为明显。就技术进步来看，各时期各市均大于 1，且五市的技术进步率从总体上看均处于增长的态势。整个统计期间，各市的技术进步率增长较为均衡，基本分布在 2.6%～4.1%这个狭小的区域。其中，“八五”期间，技术进步率增长最快的为茂名(4.2%)，肇庆最慢(1.2%)；“九五”期间，技术进步率增长最快的为云浮(5.5%)，而阳江、湛江、肇庆增长幅度基本趋同；“十五”期间，云浮的技术进步率最高(4.5%)，阳江最低(2.1%)；而到了“十一五”，各市的技术进步率都出现了小幅增长，最高的为茂名(5.4%)，最低的肇庆也有 3.9%；“十二五”时期，各市技术进步率最高的为云浮与茂名(均为 4.1%)，而最低的为肇庆(2.6%)。就五市的技术效率来说，除“十一五”阳江的技术效率大于 1 外，其余各市各时期均出现技术效率损失，但阳江在“十五”期间的技术效率损失也最大，达到了 11.1%，这也是导致阳江 TFP 波动最大的主因。

表 3-9　粤西地区农业技术进步、技术效率、全要素生产率与技术进步贡献率(1991—2014)

城市	时期	TC	EC	TEch	SEch	TFP
阳江	“八五”	1.034	0.972	0.996	0.976	1.005
	“九五”	1.036	0.987	0.989	0.998	1.043
	“十五”	1.021	0.889	0.911	0.975	0.908
	“十一五”	1.046	1.012	1.048	0.965	1.058
	“十二五”	1.038	0.981	1.000	0.981	1.018
	1991—2014	1.035	0.968	0.989	0.979	1.002
湛江	“八五”	1.021	0.986	0.999	0.987	1.007
	“九五”	1.033	0.974	0.989	0.985	1.006
	“十五”	1.035	0.976	0.991	0.985	1.010
	“十一五”	1.052	0.998	1.006	0.992	1.007
	“十二五”	1.061	0.989	0.993	0.996	1.049
	1991—2014	1.040	0.985	0.996	0.989	1.024

续表

城市	时期	TC	EC	TEch	SEch	TFP
茂名	“八五”	1.042	0.978	0.998	0.980	1.019
	“九五”	1.046	0.986	0.987	0.999	1.031
	“十五”	1.033	0.983	0.994	0.989	1.016
	“十一五”	1.054	0.995	1.001	0.994	1.049
	“十二五”	1.021	0.988	0.998	0.990	1.009
	1991—2014	1.041	0.987	0.996	0.990	1.027
肇庆	“八五”	1.012	0.966	0.990	0.976	0.978
	“九五”	1.034	0.981	0.992	0.989	1.015
	“十五”	1.028	0.983	1.000	0.983	1.011
	“十一五”	1.039	0.986	0.995	0.991	1.024
	“十二五”	1.026	0.964	0.988	0.976	0.989
	1991—2014	1.028	0.976	0.993	0.983	1.004
云浮	“八五”	1.035	0.979	0.996	0.983	1.013
	“九五”	1.055	0.991	0.992	0.999	1.045
	“十五”	1.013	0.995	1.000	0.996	1.008
	“十一五”	1.045	0.986	0.986	1.000	1.031
	“十二五”	1.041	0.988	0.996	0.992	1.029
	1991—2014	1.038	0.988	0.994	0.994	1.024

从表3-10所示粤北各市数据来看，1991—2014年，三市的农业全要素生产率都呈现出增长的态势，但年均基本在1.2%，都比较低。整个“八五”到“十二五”，TFP增长率相对较高的为“十一五”时期，三市分别为2.9%、2.7%与2.1%，其他时期基本在2%以下；“八五”时期的韶关与“十五”时期的清远以及“十二五”时期的河源与清远，还出现了负增长。就技术进步来看，各时期三市均大于1，且三市的技术进步率从总体上看均处于增长的态势。除了“十五”时期、“十二五”时期的韶关的技术进步率（分别为2.8%、4.1%）明显高于同期的清远（分别为0.6%、2.3%）与河源（分别为1.1%、2.4%）外，其余各时期，三市的技术进步增长率均较为集中。就三市的技术效率来说，除“九五”时期的河源的技术效率大于1外，其余各时期各市均出现技术效率损失，但技术效率损失波动不大，基本控制在0.2%～1.9%之间。

表 3-10 粤北地区农业技术进步、技术效率、全要素生产率与技术进步贡献率(1991—2014)

城市	时期	TC	EC	TEch	SEch	TFP
韶关	“八五”	1.020	0.968	0.990	0.978	0.988
	“九五”	1.023	0.997	0.996	1.001	1.020
	“十五”	1.028	0.983	0.985	0.997	1.010
	“十一五”	1.035	0.995	0.998	0.997	1.029
	“十二五”	1.041	0.972	0.976	0.996	1.012
	1991—2014	1.029	0.986	0.989	0.994	1.015
河源	“八五”	1.021	0.996	0.996	1.000	1.017
	“九五”	1.029	1.000	1.029	0.972	1.029
	“十五”	1.006	0.994	0.998	0.995	1.000
	“十一五”	1.031	0.996	0.981	1.015	1.027
	“十二五”	1.023	0.969	0.986	0.983	0.991
	1991—2014	1.022	0.991	0.998	0.993	1.012
清远	“八五”	1.019	0.991	1.002	0.989	1.010
	“九五”	1.027	0.987	0.991	0.996	1.014
	“十五”	1.011	0.986	0.994	0.992	0.997
	“十一五”	1.029	0.992	0.998	0.994	1.021
	“十二五”	1.024	0.959	0.999	0.960	0.982
	1991—2014	1.022	0.989	0.994	0.995	1.010

通过以上的分析,结合表 3-4,我们可以对 1991—2014 年各市农业 TFP 的增长及技术进步、技术效率与技术进步贡献率的总体特点有一个清醒的认识:①从农业 TFP 观察,除“十五”时期的潮州外,21 市各个时期的农业 TFP 指数均值都大于 1,但珠三角(东莞除外)、粤东、粤西各市的 TFP 增长率都呈现出不同程度的波动,而东莞与粤北三市呈现上升的趋势。②就技术效率来看,除“十五”时期的肇庆、云浮处在技术效率前沿外,需要进行技术效率改进的有:“八五”时期的东莞、珠海;“九五”时期的深圳、汕尾、河源;“十五”时期的广州、深圳;“十一五”的深圳、中山、惠州、阳江、湛江与茂名;整个统计期间的深圳、惠州,而其他各市其他时期存在技术效率损失。③就规模效率来看,存在规模效率的有:“八五”时期的河源,“十五”时期的东莞、中山,“十一五”前三年的广州、珠海、东莞、云浮;规模效率需要改进的有:“九五”时期的揭阳、“十一五”的梅州、汕尾与河源;而其余各市各时期均缺乏规模效率。④就技术进步贡献率来看,除潮州、深圳、东莞、佛山外,各市各个时期的技术进步贡献率处于上升的趋势;珠三角、粤东、粤西、粤北技术进步贡献率呈现梯级差异,这也与前面所进行的区域分析是一致的。

第五节　广东农业技术进步与技术效率的影响因素

前文的计量结果表明，无论从全省角度，还是从区域与各市的角度做计量，农业科技进步在广东农业发展中的作用都显得越来越重要，技术进步率与技术进步贡献率均呈现出上升态势，但从技术效率的视角分析，我们也发现，除个别时期个别地方处在技术效率前沿外，绝大多数时期与绝大多数地市都处在技术效率改进与技术效率缺乏的困境，而这直接妨碍了农业全要素生产率的增长与提高。Schultz(1964)认为，新技术的不断创新与采用，这是区分传统农业与现代农业的一个标准，广东要建设现代农业，实现农业的持续与稳定发展，有赖于农业技术效率的提高，而要提高农业技术效率，最为关键的在于寻找制约农业技术效率进一步提高的因素，在此基础上，通过政策的疏导，解除这些制约因素。

一、文献综述

对于影响农业技术效率的因素，国内外已有学者开展了相关研究，包括经验研究与实证研究。无论是经验研究还是实证研究，通常认为农户的受教育程度与农业生产技术效率之间存在着正相关，即教育水平越高的农户，他们采纳新技术的意愿越高，技术效率也越高。在经验研究方面，Feder、Just、Ziberman(1985)通过概括某些证据，发现一项新技术被采用的可能性与农户的教育水平正相关。Duraisamy 对印度的一项研究也发现，印度农户使用高产稻种的水平与教育水平正相关。Huffman(1974)认为，受教育水平的提高能提高农户使用新技术和生产要素的能力，降低新技术和生产要素使用的非技术效率。Ali and Byerlee(1991)也认为教育能够提高农业生产的技术效率。实证研究方面，Schultz(1964,1975)、Nelson、Phelps(1977)和其他学者都强调了教育可能会促进新技术的扩散，即接受教育水平较高的农户相对接受教育水平较低的农户而言，采用新技术的可能性更大。在此基础上，林毅夫(1991)采用 Probit 和 Tobit 模型，通过对湖南省五县 500 个农户的截面调查数据进行了验证，结果表明，教育[①]可以提高一个决策者获得辨识和理解信息的能力，使新技术可能带来的风险降低，因此，教育对新技术的扩散应有促进作用。孔祥智、方松海等(2004)以我国西部陕西、宁夏、四川三省区的 419 个农户样本、28 个村级样本为依据，运用 AtanuSaha(1994)在分析奶牛的 bst 技术采纳模型，对农户禀赋与农业技术采纳的相关性进行了计量，结果表明，农户的受教育程度对技术采纳具有正效应。李谷成、冯中朝等(2008)基于湖北省农户的随机前沿生产函数实证结果表明，农户受教育程度的高低对农户技术效率带来明显的正效应，特别是基础教育。方鸿(2010)运用面板数据库中的随机效应 Tobit 模型对影响地区农业产出技术效率的因素进行实证研究发现，农村劳动力受

① 这里指户主受正规教育的年限，包括普通教育和职业培训。

教育程度的提高与农业科技力量的加强都对地区农业产出技术效率的改善有正效应，但前者没有后者显著。

也有研究认为农户的受教育程度的高低与技术效率之间并不存在显著的相关关系，甚至还有的认为存在负相关。Battese 和 Coelli(1995)通过对印度稻农技术效率的研究发现，农户受教育程度与技术效率之间存在负相关(虽然负相关不太显著)，但对于为什么会出现负相关 Battese 和 Coelli 并没有给出具体的原因；陈刚、王燕飞(2010)检验了农村教育对农业 TFP 增长的影响，发现小学教育不利于技术效率的改进，初中教育提高了技术效率，却阻碍了技术进步，高中及以上教育对农业 TFP 增长并不具有显著影响，他们据此认为，农村教育实际上未能有效提升农业 TFP，而不适宜的制度环境则可能是主要的约束性因素。

上述学者的研究基本上是围绕农户或农村教育，从农户个人或地区来阐述教育水平与农业技术效率之间的关系，这实际上暗示着只有教育水平对农业技术效率有着影响，而与其他因素无关。很显然，这样的结论有失偏颇。为了更好地解释影响广东农业产出的技术效率的因素，本书拟采用面板数据中的随机效应 Tobit 模型进行回归分析。

二、变量及其模型的设定

在对相关文献进行参考后，本书拟用以下变量来进行解释：①农村人均耕地规模(land scale)，用来检验它与农业产出的效率是正相关还是负相关以及相关性程度。②农村每万人口拥有的农业科技人员数量(tech per，包括农业科研人员与农业科研推广人员)，用其检验农业科技人员投入与服务质量对农业产出效率的影响。③农村劳动力平均受教育年限(labor edu)[①]，用其检验农村劳动力所受教育程度的高低与农业产出效率的相关性及其相关的程度大小。④农产品价格指数(price index，1990=100)，用其检验农产品价格水平的变化是否对农民提高农业产出效率具有导向作用。⑤非粮食作物播种面积占农作物播种面积的比例(nongrain prop)，用其检验农业种植结构的变化以及按照市场化进行农业生产对农业产出效率的效应。⑥农作物受灾面积占农作物播种面积的比例(dissaster prop)，用其检验自然灾害对农业产出效率所产生的效应。⑦非农业人口占农村总人口的比例(nonagri prop)。⑧非农业产值占农村总产值的比重(nonagri out)。⑨非农就业人数占总就业人数比(nonagri lab)。⑦～⑨这三个变量主要用来检验工业化与城市化进程的最主要指标，用他们来检验工业化与城市化对农业生产技术效率的效应。

面板数据随机效应 Tobit 模型如下：

$$y=\beta_0+\beta_1x_1+\beta_2x_2+\beta_3x_3+\beta_4x_4+\beta_5x_5+\beta_6x_6+\beta_7x_7+\beta_8x_8+\beta_9x_9+\varepsilon$$

其中，农业技术效率 y 为被解释变量，$x_1\sim x_9$ 为解释变量，β_0 为截据项(常数项)，

① 按照 Barro(1993)将劳动力在学校接受正规教育平均年数表示人力资本存量的方法并结合中国的实际学制，农村劳动力平均受教育年限可根据公式 $edu=0h_1+6h_2+9h_3+12h_4+13h_5+16h_6$，式中，$h_1-h_6$ 分别表示农村劳动力中文盲半文盲、小学、初中、高中、大专及以上所占比重。

$\beta_1 \sim \beta_9$ 为解释变量系数。

三、模型估计的结果及分析

运用 Matlab 6.5 软件对模型变量数据进行最小二乘法回归，在置信度为 95%的前提下，估计结果如表 3-11 所示。

表 3-11　广东农业产出技术效率影响因素分析结果

变量	系数	置信区间
常数项	21.365	[6.352,36.375]
人均耕地规模(land scale)	−2.8267	[−6.7569,1.134]
受教育年限 labor edu)	4.337	[−1.214,9.888]
农技人员数比(tech per)	8.71	[1.782,15.638]
价格指数(price index)	0.0225	[−0.8605,0.8156]
非粮食作物面积比(nongrain prop)	−1.4118	[−3.9927,1.1691]
受灾面积比(dissaster prop)	−4.745	[−10.375,0.867]
非农产值比(nonagri out)	−0.0020	[−0.0119,0.0079]
非农人口比(nonagri prop)	1.1651	[−0.0349,2.3651]
非农就业比(nonagri lab)	3.9114	[0.2279,7.5949]
$R^2=82.62$	$F=114.541$	$p=0.2979$

表 3-11 给出了 R^2、F 与 p 的值，均较为理想(其中 R^2 越接近 100 越好，F 越大越好，p 越接近 0 越好)，说明变量效应的变化能解释农业产出技术效率的变化，模型的拟合优度较好。计量分析的结果表明：

1. 农村人均耕地规模与农业产出技术效率之间呈现负相关关系，这印证了小规模经营更有效率的说法；非粮食作物播种面积占农作物播种面积的比例与农业产出技术效率之间呈现负相关关系，这在某种程度上表明随意调整种植业结构是不利于改善农业产出技术效率的；农作物受灾面积占农作物播种面积的比例与农业产出技术效率之间呈现负相关关系而且显著，这主要是由于灾害造成大面积的农作物减产或无产而导致技术效率损失。

2. 非农业产值占农村总产值的比重与农业产出技术效率之间呈现不太显著负相关关系，而非农业人口占农村总人口的比例、非农就业人数占总就业人数比与农业产出技术效率之间为显著正相关，这个结论说明工业化与城市化对农业产出技术效率的影响是比较复杂的，有可能是一把双刃剑。一方面，工业化通过转移一部分农村人口，减少农村剩余劳动力，为农业的发展提供技术、资金支持从而提高农业产出的技术效率。另一方面，工业化进程中对非农产业的大力发展与急剧扩张造成了农业优质要素的损失与人们对农业的忽视，一些村镇为了一味发展工业，在招商引资过程中，对项目进入的门槛设置过低，对于会严重对空气、水源和环境造成污染的项目也大举引进，对当地的农业生产造成了极大的破坏，从而抑制了农业产出技术效率的提高。

3. 农村劳动力平均受教育年限与农业产出技术效率之间呈现显著的正相关，这充分表明农村居民受教育程度的提高对农业产出的技术效率具有非常大的帮助。这主要是因为农村居民受教育水平的提高将增加他们获取和理解生产信息的能力，生产信息能力掌握的提高，有利于农村居民在有机会的条件下采用更为适合的生产技术，提高农业产出的技术效率，而反之，则往往导致农业产出的非技术效率。Weir(1999)认为，农村居民受教育程度的提高还将有利于缓解他们的信贷约束和降低他们厌恶风险的程度[①]。正如 Wu(1977)所说"教育在短期内将影响投入要素的数量，长期内将影响生产的最优规模"，[②]从而进行农业规模化生产，改善农业产出的技术效率。农村每万人口拥有的农业科技人员数量与农业产出技术效率之间呈现显著的正相关，从一个侧面反映了农业科技力量的加强对农业产出技术效率的提高的贡献。

四、结论

根据以上影响因素分析，可以得出以下两点结论：

1. 农村劳动力平均受教育年限与农业产出技术效率之间呈现显著的正相关，这充分表明农村居民受教育程度的提高对农业产出的技术效率具有非常大的帮助。因此，加强农村基础教育，加大对农户的农业教育与培训，特别是农户的农业科技教育与培训，了解他们的培训需求与培训项目的优先序，开展有针对性的教育与培训显得尤为迫切。

2. 农村每万人口拥有的农业科技人员数量与农业产出技术效率之间呈现显著的正相关，从一个侧面反映了农业科技力量的加强对农业产出技术效率的提高的贡献。因此，加强农业科技力量，加大农业科研的经费与人员投入，改善农业科研的投入结构，加强农业技术的推广与使用以及体系的建设，提高农业科技服务水平乃提高农业产出技术效率的有效路径。

第六节　本章小结

在资源与市场等多重约束条件下，广东农业产出的持续增长，必须转变农业经济增长方式，依靠农业生产要素利用率的提升，坚持走集约型增长的发展道路，扩大TFP对经济增长的贡献份额。基于DEA的Malmquist全要素生产率指数法进行生产率分析的结果表明。

---

① Weir S., The effect of education on farmer productivity in rural Ethiopia, Centre for the study of African Economies, *University of Oxford Working Paper*, 1999.

② Wu H., S. Ding, S. Pandey, Tao, Assessing the Impact of Agricultural Technology Adoption on Farmers' Well－being Using Propensity－score Matching Analysis in Rural China, *Asian Economic Journal*, 2010(2).

一、从广东全省来看

1. 1991—2014 年，广东农业 TFP 指数的平均值为 1.018，意味着农业 TFP 年均递增 1.8%，而同期广东农业 GDP 的年均增长率为 4.53%，表明广东农业年均增长率的 39.74%都是由农业全要素生产率的增长贡献的，农业 TFP 的增长率与 GDP 的增长率在总体上呈现出同步变化的趋势。

2. 从农业 TFP 指数的分解来看，1991—2014 年，农业技术进步指数平均值为 1.029，技术效率指数平均值为 1.002，说明年均技术进步率为 2.9%，而年均技术效率增长 0.2%。这充分说明，1991—2014 年期间，广东农业 TEP 的增长主要依靠农业技术进步，而“八五”与“十五”期间的技术效率缺失是造成农业 TFP 增长率低下，甚至在 1993 年与 2003 年出现负的增长的主要原因。

3. 1991—2014 年，广东农业技术进步贡献率平均值为 50.6%。但从“八五”时期到“十二五”时期，农业科技进步贡献率都呈现出逐渐增长的态势，特别是到了“十二五”时期，更是达到了 61.63%，实现了现有政策所规定的目标的要求。

二、从四个农业生态区域来看

1. 1991—2014 年，四大区域中：珠三角地区农业全要素生产率指数均值为 1.015，即农业 TFP 年均递增 1.6%；粤东地区农业全要素生产率指数均值为 1.002，即农业 TFP 年均递增 0.2%；粤西地区农业全要素生产率指数均值为 0.979，即农业 TFP 年均递增−0.21%；粤北地区农业全要素生产率指数均值为 1.029，即农业 TFP 年均递增 2.9%。

2. “八五”到“十五”时期，珠三角、粤东与粤北的技术进步增长率从总体上都呈现下降，到“十一五”“十二五”，又均呈现上升，只有粤西地区在“九五”期间增长到最大值 4%后，此后一直呈现下降。与农业技术进步的增长相反，四大区域农业技术效率的增长却都呈现出负的增长，说明农业技术效率都有不同程度的损失，而粤西农业技术效率损失最大，达到了 4.8%。

3. 由于科技进步的作用，珠三角地区的农业科技进步贡献率一直呈现增长势头且高于其他三个区域，特别是“十一五”以后。但另一个不容忽视的问题就是，四个地区的农业技术效率却一直呈现负增长，尤其是粤东与粤北，而粤西地区的农业技术效率损失最大。

三、从全省各市来看

1. 1991—2014 年，珠三角各市的 TFP 指数与 TC 指数均值都大于 1，而 EC 指数除“九五”时期的深圳与“十一五”惠州处于技术效率的前沿外，其余各市或其他时期都小于 1，均存在技术效率的损失。

2. 从农业 TFP 观察，除“十五”时期的潮州外，21 市各个时期的农业 TFP 指数均值都大于 1；就技术效率来看，除“十五”时期的肇庆、云浮处在技术效率前沿外，其他时期其他市需要进行技术效率改进；就规模效率来看，个别市个别时期存在规模效益，大多数市绝大多数时期均缺乏规模效率；就技术进步贡献率来看，除潮州、深圳、东莞、佛山外，各市各个时期的技术进步贡献率均处于上升的趋势；珠三角、粤东、粤西、粤北技术进步贡献率呈现梯级差异。

四、技术进步、技术效率的影响因素

计量分析的结果表明：农村劳动力平均受教育年限与农业产出技术效率之间呈现显著的正相关，这充分表明农村居民受教育程度的提高对农业产出的技术效率具有非常大的帮助。农村每万人口拥有的农业科技人员数量与农业产出技术效率之间呈现显著的正相关，从一个侧面反映了农业科技力量的加强对农业产出技术效率的提高的贡献。

第四章

投入视角的农业技术进步、技术效率制约分析

第一节　广东农业科研投入的总体变化

一、广东省农业科研投入的现状总体分析

1. 农业科研投入在“八五”期间出现恢复之后又开始下降

以1990年不变价计算，广东省农业科研投入从1990年的48563万元增长到2013年的58233万元，增长了近20%，年均增长率仅为0.83%。从图4-1中可以看

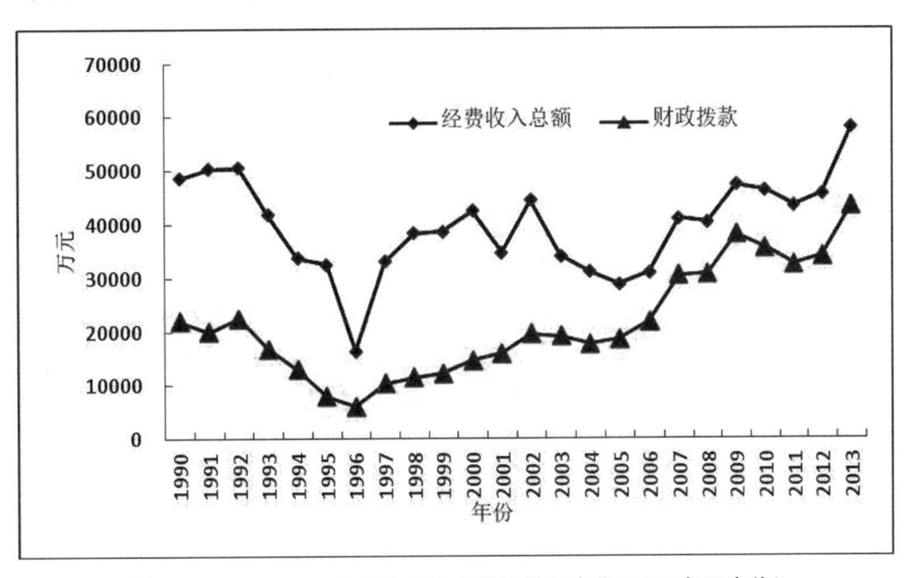

图4-1　1990—2013年广东省农业科研投入变化(1990年不变价)

出，1992—1996年是下降幅度最大的时期，1996年的科研投入创下了20世纪90年代以来的最低，仅为16348万元。1997—2000年期间，虽然每年均在增长，但幅度都不是很大，而2003年以后又开始下滑，一直到2007年后才略有增长，但已经很难恢复到

20世纪90年代初的水平。

2. 在农业科研投入中，政府的财政拨款投入极其不稳定

农业科研投入中，政府对农业科研投入按现价算在不断增长，从1990年的21884万元增长到2013年的119740万元，增幅达到了447%；在扣除物价上涨因素之后，增幅为99%，年均增长率为4.13%。但其中，1993年开始财政拨款投入呈现出下降趋势，其中1996年达到最低点，仅有6152万元，下降幅度达到了355%以上。而1997—2003年，则出现了少有的持续增长时期，增长幅度超过了180%，年增长率达到了26.3%。2003—2005年期间虽有所下降，但下降幅度不大(见图4-1)，2006年之后又出现较大增幅。可见，政府的财政拨款投入从总体上来讲呈现出增加趋势，但增长呈现出一定的不稳定性。

3. 事业性收入严重下降

在农业科研投入中，事业性收入无论是按现价还是按1990年不变价计算，总体上呈现出逐年下降的趋势，且下降的趋势较为严重，按不变价计算，事业性收入从1990年的22621万元下降到2008年的3081万元(2008年以后的事业性收入缺乏官方统计数据)，下降的幅度达到734%，年均下降达到了38.6%。1995年可以说是下降幅度最大的一年，较之1994年下降了近300%，且自1995年以后，除个别年份(1997年)达到1994年的水平外，其他时期从未超过10000万元，更不用说达到1994年的水平，其中2000年更是达到了最低点，仅有1958万元，2008年虽有增加，但也只有3081万元，下降幅度超过700%。

4. 非政府财政拨款的农业科研投入呈现出较大的波动

在农业科研投入中，以1990年的不变价计算，广东农业科研单位其他来源收入，在“九五”时期的后两年到“十五”的前三年(1998—2002年)出现了一个较大幅度的较为稳健的增长期，基本保持在15000万元左右，有的年份甚至将近20000万元。但从“十五”的后两年到现在的“十一五”时期，其他收入又开始出现停滞不前的状况，基本保持在7000万元左右，与1999年、2000年的20000余万元相比，下降了近300%。2008年以后，虽然有较大幅度的增长，但远未达到2000年前后的水平。这些表明，进入21世纪以来广东农业科研单位开发创收收入的增长潜力已经受到影响，如果不继续增加政府投资，不仅会影响到农业的技术进步，而且会影响到科研单位的自我发展的能力。

5. 课题经费、人均课题经费逐年增长，呈现出发展的良好势头

可喜的是，无论从1990的现价还是不变价分析，广东省的农业课题经费、人均课题投入经费总体上都呈现出逐年增长的趋势。以1990年的不变价计算，其中农业科研课题经费从1990年的1964万元增长到2013年的14160万元，增长了6.2倍多，课题的人均投入经费也从0.98万元/人年增长到4.83万元/人年，人均增长了近5倍，在2002年与2003年，人均每年课题经费投入更是达到了4.25万元与4.38万元(见图4-3)，2003年后虽有所下降，但仍然保持在人均年课题经费3.4万元左右，2007与2008年又开始小幅增长，2012年达到了最高峰，人均投入达到5.27万元/人年。

进入90年代以来，广东省国民经济曾一度出现总体投资过热现象，然而，与此形

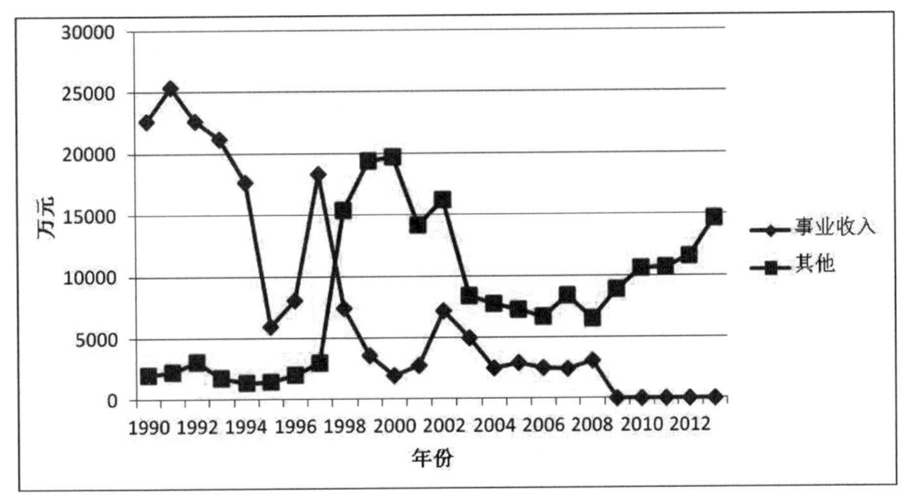

图 4-2　1990—2013 年广东农业科研单位创收及其他收入变化(以 1990 年不变价计量)

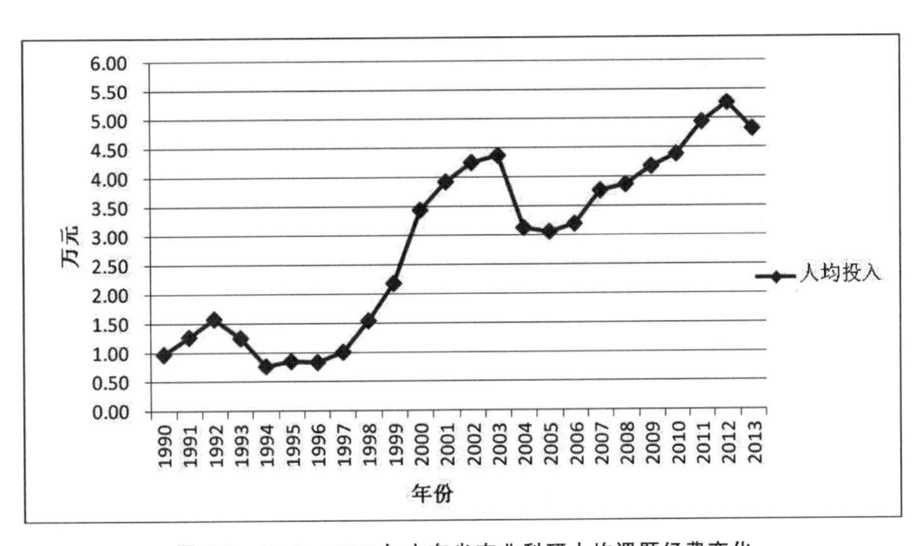

图 4-3　1990—2013 年广东省农业科研人均课题经费变化

成鲜明对照的是在为数不多的几个投资呈下降趋势的行业中就包括农业科技行业。以资源合理分配为导向的投资政策，出现某些行业投资增加而另一些行业投资减少是正常的，因为可能有些行业原来的投资基础已过高或现在的投资报酬偏低或下降。然而，广东省的农业科研投资基数是不是过高还有待分析。

二、农业科研投资强度变化

由图 4-4 可以看出，1990 年以来广东农业科研投入强度(农业科研投资占农业国内生产总值的比例)虽然在某个时期有起伏，但从总体上来看，不仅没有增加，反而呈现逐年下降的趋势。1990 年，农业科研投入的强度为 0.82，此后，除 1991 年、2001 年与2002年这三年保持在0.8以上外，其他年份基本上在0.3～0.6之间。若仅考虑财政拨款的投资强度，则农业科研投资强度更低，其中"九五"时期为历史最低点，1996年仅为0.06，只占广东省科研总投资（包括农业与非农业）强度的5.4%，之后的1997—1999这三年也没有超过0.2。

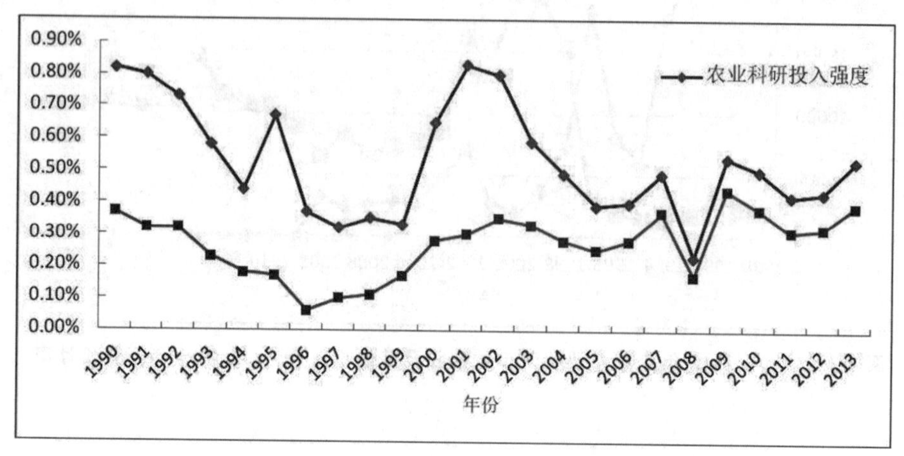

图4-4　1990—2013年广东农业科研投资强度变化

图4-5显示出广东省农业科研政府投资强度与科研政府总投资（财政拨款，包括农业与非农业）强度的比较。可以看出，1990—1993年这四年，农业科研投资强度高

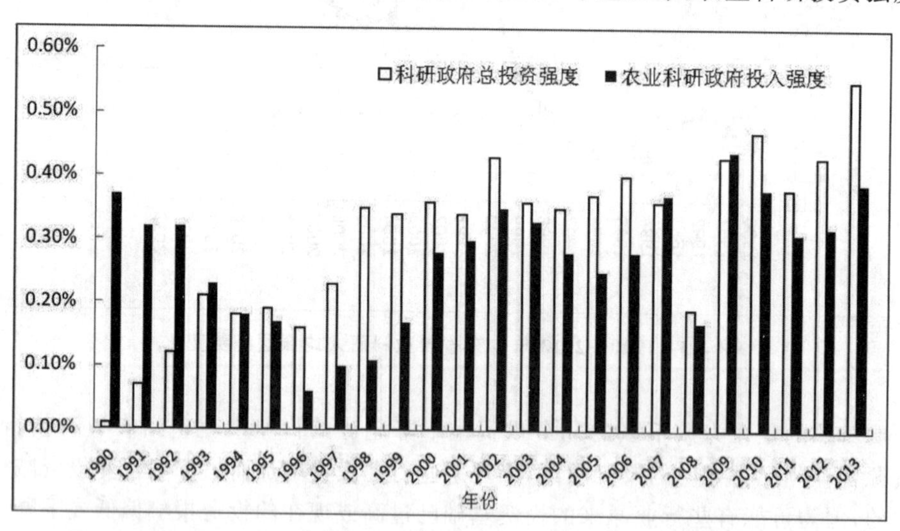

图4-5　1990—2013广东科研政府总投资强度与农业科研政府投入强度比较

于科研总投资强度，农业科研政府投资强度也高于科研政府总投资强度。但自1994年以后，农业科研投资强度却远远低于科研总投资强度，农业科研政府投资强度也开始低于全省科研政府总投资强度（除2007年外），虽然在此期间，政府科研总投资强度与农业科研政府投资强度有升也有降，升降的方向大体保持一致，但农业科研政府投资强度与政府科研总投资强度的相比，升降的频率却不同，农业科研政府投资强度在

上升时，明显快于农业科研政府投资强度；在下降时，农业科研政府投资强度却要快于科研政府总投资强度。表明广东省政府在科研投资中，没有将对农业科研的投入放到其应有的位置上。虽然在2007—2009年这三年间，农业科研政府投入强度与科研政府投入总强度基本持平，但2008年以后，农业科研政府投入强度与科研政府总投资强度相比，又存在不少差距。

更应引起重视的是，广东人均耕地面积仅为全国平均水平的1/4，贫困地区人口占广东省总人口的5/9，在这样一个人多地少，贫困人口仍然占据着很大比例的省份，农业生产增长主要依靠提高农业生产力以及单位耕地面积的产量来实现，这就意味着科技进步在农业生产增长中的作用显得尤为突出。为了达到粮食基本自给的目标，广东省单位耕地面积的供养能力要比全国的平均水平高很多。

三、农业科研投资在全省财政支出中的地位

农业在国民经济中的相对地位随着经济的发展而逐步下降是任何国家在经济发展过程中所出现的必然现象，中国不例外，广东更不例外（见图4-6）。

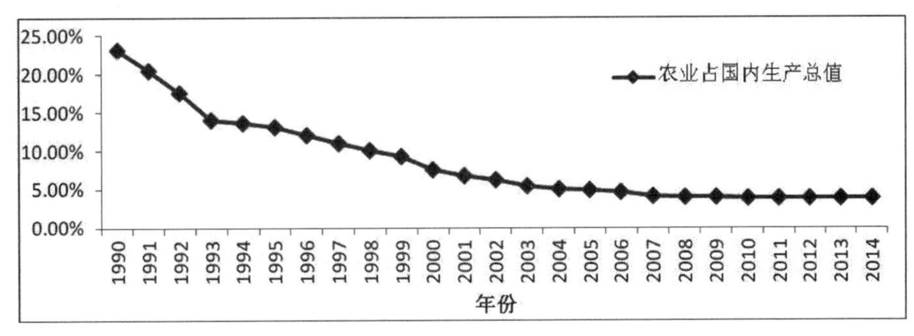

图4-6　1990—2014年广东农业占国内生产总值的比重

但是，关键的问题是农业在国民经济中的地位下降有多少是由于经济发展的必然性（譬如部门间的比较效益）决定的，又有多少是由于政策的干预不当而产生的。表4-2列出了10多年来政府财政在农业及农业科技投资的变动趋势。通过表4-1和表4-2的分析，很容易得出如下几点判断。

表4-1　广东农业科研投资强度相应比较指标值

年份	科研总投资强度(%)	农业科研投资强度(%)	科研政府总投资强度(%)	农业科研政府投资强度(%)
1990	0.46	0.82	0.01	0.37
1991	0.51 (0.05)	0.80 (0.02)	0.07 (0.06)	0.32 (−0.05)
1992	0.62 (0.11)	0.73(−0.07)	0.12 (0.05)	0.32 (0)
1993	0.57(−0.05)	0.58(−0.15)	0.21 (0.09)	0.23 (−0.09)
1994	0.63 (0.06)	0.44 (−0.14)	0.18 (−0.03)	0.18 (−0.05)

续表

年份	科研总投资强度(%)	农业科研投资强度(%)	科研政府总投资强度(%)	农业科研政府投资强度(%)
1995	0.69 (0.06)	0.67 (0.23)	0.19 (0.01)	0.17 (−0.01)
1996	1.11 (0.42)	0.37 (−0.3)	0.16 (−0.03)	0.06 (−0.11)
1997	1.12 (0.01)	0.32 (−0.05)	0.23 (0.07)	0.10 (0.04)
1998	1.42 (0.30)	0.35 (0.03)	0.35 (0.12)	0.11 (0.00)
1999	1.52 (0.10)	0.33 (−0.02)	0.34 (−0.01)	0.17 (0.06)
2000	2.00 (0.48)	0.65 (0.32)	0.36 (0.02)	0.28 (0.11)
2001	2.08 (0.08)	0.83 (0.18)	0.34(−0.02)	0.30 (0.02)
2002	2.16 (0.08)	0.80 (−0.03)	0.43 (0.09)	0.35 (0.05)
2003	2.10 (−0.06)	0.59 (−0.21)	0.36 (−0.07)	0.33 (−0.02)
2004	2.11 (0.01)	0.49 (−0.1)	0.35 (−0.01)	0.28 (−0.05)
2005	2.04 (−0.07)	0.39 (−0.1)	0.37 (0.02)	0.25 (−0.03)
2006	2.07 (0.03)	0.40 (0.01)	0.40 (0.03)	0.28 (0.03)
2007	2.21 (0.15)	0.49 (0.09)	0.36 (−0.04)	0.37 (0.11)
2008	2.45 (0.24)	0.23 (−0.26)	0.19 (−0.17)	0.17 (−0.20)
2009	1.65(−0.80)	0.54(0.31)	0.43(+0.24)	0.44(0.27)
2010	1.76(0.11)	0.50(−0.04)	0.47(0.04)	0.38(−0.06)
2011	1.96(0.20)	0.42(−0.08)	0.38(−0.09)	0.31(−0.07)
2012	2.17(0.21)	0.43(0.01)	0.43(0.05)	0.32(0.01)
2013	2.32(0.15)	0.53(0.10)	0.55(0.12)	0.39(0.07)

资料来源：1991—2014年《广东农村统计年鉴》《广东统计年鉴》。

备注：(1)个别年份的数据根据灰色预测得出；(2)括号内的数据为与上一年比较增加或较少的比例。

①农业投入不足，农业财政支出占广东省财政总支出的比例低于农业在国内生产总值中的比例，前者仅仅是后者的1/6到1/3。②政府财政投资不足是造成农业在国民经济中的地位迅速下降的主要原因之一。政府财政对农业的投资直接影响着农业部门的比较效益、农业的生产力以及农产品参与国际市场竞争的能力。除个别年份外，农业财政支出占广东省财政总支出的比重24年来基本没有增加。③农业科技财政支出在财政总支出和农业财政支出中的比例不但低，而且略有下降。1990年，广东农业科技财政支出占广东省财政总支出的比例仅为0.32%，此后，逐年下降，到2013年，也仅占财政总支出的0.22%，2005年甚至降到只占0.19%，与1990年比较起来，差距不小；农业科技财政支出在农业财政总支出的比例也从1990年的12.10%下降

到2006年的9.87%，一直到2007年、2008年才恢复到1990年的水平，但2009年以后又继续开始下降，一直到2013年，基本徘徊在9%左右。在整个统计期间，基本上在10%左右徘徊。④在财政对农业的投入中，农业科研财政投入比例的也出现明显的下降：1990年，农业科研财政投入占财政总投入的0.32%，此后就基本保持在0.2%～0.3%之间，2003年以后年甚至低于0.2%。以1995年为例，农业科研财政支出占广东省财政总支出的比例为0.27%，远低于全国平均水平[①]，一直到2013年都没有恢复，与1990年比仍然存在着相当大的距离。⑤不但农业的政府财政投入不足和投入比例逐年下降，而且农业科研财政投入在已经不足和下降了的农业财政中所占的份额也在不断地下降。农业科研财政支出占农业财政总支出的比例在1990年为11.51%，但此后没有哪一年达到11%的水平，大多数年份在8%～10%浮动，即使到2008年，也仅占9.84%，之后一直维持在9%左右。⑥在政府财政对科研财政总支出中，农业科研所占份额也出现下降的趋势。财政对农业科研的投入占财政对科研总投入的比例1990年达到了13.86%，到1997年以前虽然也一直在下降，但还能保持在10%左右。但从1998年开始，则出现大幅度的下降，到2013年更是只有3.55%，这个比例远低于农业在国内生产总值中所占的比例。

总而言之，广东省财政对农业的投入不足并出现逐年下降的趋势必须引起相关决策部门与决策者的高度重视，而其中农业科技(尤其是农业科研)的财政投入不足又是政府财政对农业投入不足中的更为严峻的问题。从这个意义上来说，改善农业科技投资政策有两个层次：①在增加财政对农业总投入的同时，提高农业科技在农业投入中的比例，把农业科技项目融入政府对农业的各种投资项目中；②政府在农业投资的各种项目中，设立农业科技子项目，使农业科技同各种农业投资项目结合得更为紧密，使科技的发展更适应市场经济发展的需要。

表4-2　广东省财政对农业、农业科研的投入比较

年份	农业财政支出占财政总支出	农业科技(科研和科技推广)财政支出占			农业科研财政支出占		
		财政总支出比例	农业财政支出比例	科技财政支出比例	财政总支出比例	农业财政支出比例	科技财政支出比例
1990	1.78	0.32	12.10	9.67	0.32	11.51	13.86
1991	2.01	0.35	10.70	10.52	0.29	10.92	11.23
1992	1.63	0.27	11.50	11.80	0.19	9.83	10.84
1993	2.76	0.19	10.30	12.43	0.25	8.96	9.96
1994	3.01	0.24	9.70	12.90	0.28	10.76	10.26
1995	2.84	0.31	10.90	14.69	0.27	9.57	12.88
1996	2.63	0.30	11.20	13.16	0.24	9.92	11.36

① 据黄季焜等统计，1995年农业科研财政支出占国家财政总支出的比例为0.36%。

续表

年份	农业财政支出占财政总支出	农业科技（科研和科技推广）财政支出占			农业科研财政支出占		
		财政总支出比例	农业财政支出比例	科技财政支出比例	财政总支出比例	农业财政支出比例	科技财政支出比例
1997	2.04	0.28	10.40	9.43	0.30	10.23	10.86
1998	1.98	0.29	9.80	8.99	0.28	10.76	9.65
1999	2.34	0.27	11.00	7.96	0.26	9.73	8.69
2000	2.24	0.29	11.50	8.02	0.25	10.28	7.12
2001	1.97	0.25	11.80	8.18	0.22	10.50	7.27
2002	2.03	0.26	12.00	6.88	0.23	10.87	6.20
2003	1.85	0.24	9.65	7.11	0.20	8.46	6.22
2004	2.24	0.21	9.52	4.73	0.18	8.07	5.14
2005	1.97	0.19	9.55	5.15	0.15	8.00	4.31
2006	2.03	0.20	9.87	4.93	0.17	8.33	4.16
2007	1.85	0.23	12.20	5.99	0.20	10.67	5.24
2008	1.74	0.24	11.56	5.02	0.24	9.84	5.37
2009	6.17	0.20	9.28	5.72	0.19	9.12	5.45
2010	6.42	0.25	8.94	7.65	0.16	9.51	4.86
2011	7.24	0.20	8.81	6.08	0.12	9.72	3.73
2012	7.44	0.22	8.00	6.63	0.13	8.69	3.72
2013	6.85	0.22	8.28	5.50	0.14	9.11	3.55

资料来源：1991—2014年《广东农村统计年鉴》《广东统计年鉴》，个别年份的数据根据灰色预测得出。

第二节　广东农业科研投入的结构变化

一、政府财政对农业科研单位投入经费的结构变化

图4-7显示1990年以来广东农业科研经费收入结构的变化。从总体上看，政府的财政拨款在农业科研投资中的主导地位逐渐增强，科研单位自身的创收收入显著减少，非政府财政拨款在1998年以后开始逐渐占据重要位置。农业科研经费收入的结构发生了巨大的变化，主要表现在以下方面：

1. 政府财政拨款比例总体上逐渐增强。广东农口农业科研单位财政拨款收入在

扣除物价上涨因素后呈现出来的是波浪形的增长，但从总体上看，表现出来的是逐渐增强的态势。虽然在这期间，1995 年、1997 年、1998 年和 2005 年较之前一年出现了不同程度的下降，但从整个增长趋势看，是向上增长的。1990 年，政府财政拨款仅占 17.3%，但进入 21 世纪来，逐渐占 50%左右，2006 年与 2007 年这两年，更是达到了历史最高点，分别占 70.4%和 74.1%，与 1990 年比，所占份额增长超过了 4 倍。

2. 科研单位技术性创收大幅下降，非技术性创收收入所占比例趋于平稳。与财政拨款相反，广东农业科研单位的创收收入却大幅下降。1990 年，技术性创收收入占农业科研总经费的 68.4%，虽然在 1995 年出现了大幅度下降，但在 1996 年与 1997 年，又重新回到了 50%左右，但自此以后，除个别年份超过 15%以外，绝大多数年份都低于 10%，2007 年更是降到只占 5.9%。与技术性收入相比，非技术性收入在出现了 1997 年之前的低迷后，1998—2002 年则呈现出井喷行情，这五年平均占到农业科研总经费的 4 成以上，从 2003—2008 年，则开始趋于稳定，基本稳定在 20%～26%之间(2008 年以后，因统计年鉴不再统计此数据，遗憾未能继续分析)。

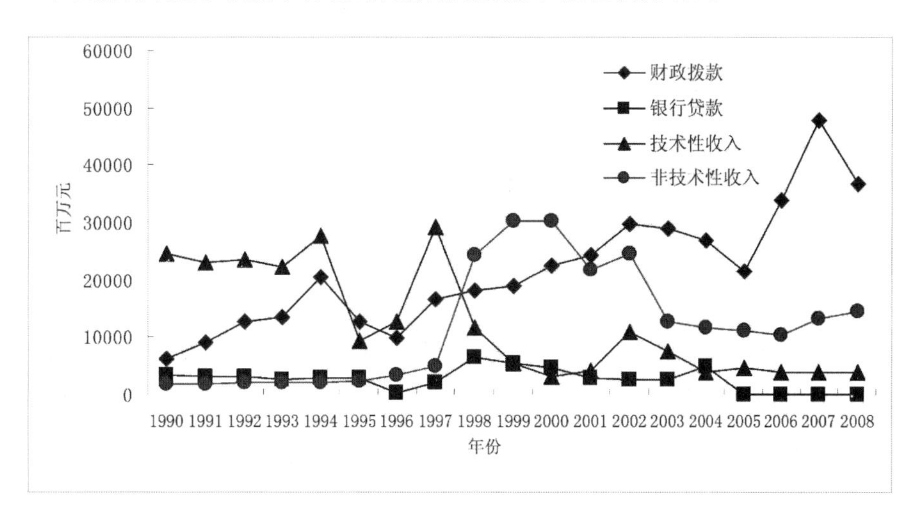

图 4-7　1990—2008 年广东农业科研单位收入结构变化

从图 4-7 中可以看出，农业科研单位自身创收的收入结构极不合理，非技术性收入始终占创收收入的主导地位，而科研单位本身的优势行业技术的收入——技术性创收，在过去的 10 年内平均占不到创收总收入的 40%。技术性创收收入比例较低的原因也许同我国的技术产权难以得到保护，农业科技体制难以适应市场经济发展的需要，以及农业技术研究—推广—采用的严重脱节，以及国家与广东省的技术发展和投资政策有关。

二、不同农业部门科技经费使用变化

不同农业部门科技经费使用变化如图 4-8 所示。

1. 种植业(农业)与林业、水利业均呈现下降趋势

在广东省不同农业部门的科技经费当中，种植业的科技活动经费占科技活动经费

的比例从1992年的53.5%下降到2014年的35.1%，下降了近20个百分点。林业、水利业科技活动经费占科技活动经费的比例也从1990年的21.1%、24.2%逐年下降，截至2014年，分别仅占农业科技活动经费的9.4%与5.8%。

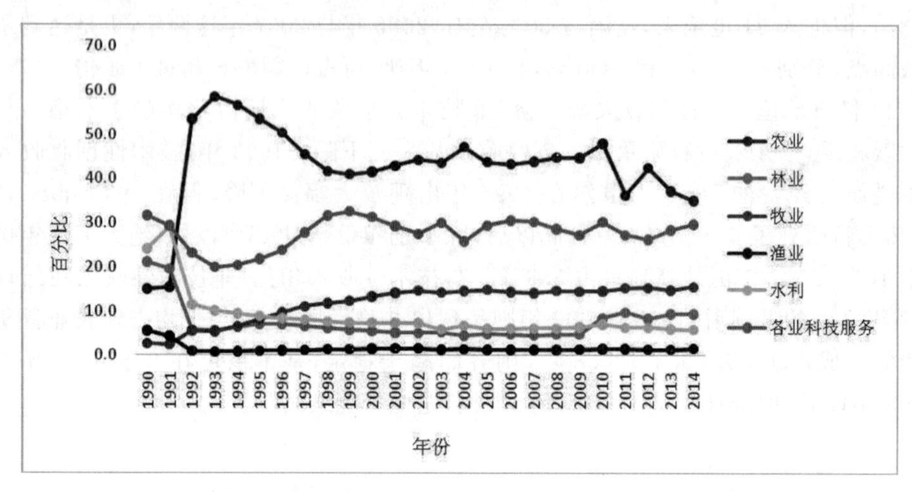

图4-8　1990—2014年广东省农业不同部门科技经费所占比例变化

2. 渔业占农业科技活动经费的份额增长速度极其缓慢

如果说1990与1991这两年渔业占农业科技活动的经费表现异常可以忽略外，那么从1992年开始渔业占农业科技活动经费的份额则开始表现为极为缓慢的增长，即使到2008年，也仅占农业科技活动经费的1.3%，17年时间仅增长0.5%，完全可以当作没有增长，这与广东渔业在第一产业所占的比重极其不相称[以2003—2007年为例，渔业总产值占到农业总产值的40%左右(见图4-9)，2008年以后，因统计年鉴不再统计此数据，遗憾未能继续分析]。

3. 畜牧业的科技活动经费所占的比例在逐年增加

让人欣慰的是，畜牧业的科技活动经费所占的比例从1990年的2.7%增长到2008的14.6%，表明随着经济的发展和人民生活水平的提高，居民对食物的需求由传统的植物产品为主向植物产品与动物产品并重的方向转移，同时政府在科技活动经费的安排上也顺应了居民的需求。

三、农业科研单位的经费支出总量与结构变化

1. 农业科研单位经费支出大幅度下降，主要为工资与生产性支出的下降

由表4-3、表4-4、图4-8可以看出广东省农业科研单位经费支出的总量与结构变化。表4-3显示，1990年以来，广东农业科研单位经费支出大幅度下降，扣除物价上涨因素，经费总支出由1990年的43491万元下降到2008年的22531万元，下降了48.2%，年平均下降2.5%。其中，劳务费支出(工资性支出)由1990年的12687万元下降到2008年的5861万元，下降了53.8%，年平均下降2.8%。此外，生产性支出的下降幅度也非常显著，由1990年的17792万元(占总支出的40.9%)下降到2008

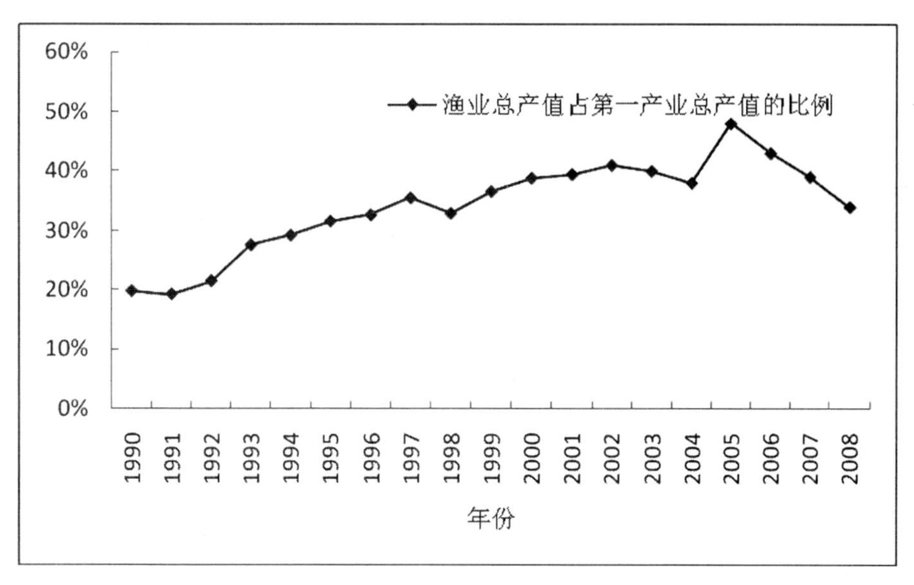

图 4-9　广东渔业产值占第一产业总产值的比重

年的 2873 万元(占总支出的 12.8%),下降速度惊人。工资性支出与生产性支出的大幅下降,特别是生产性支出的下降,势必在很大程度上对科研活动产生直接的影响。

表 4-3　1990—2008 年广东农业科研单位经费支出结构

年份	经费支出总额	劳务费		科研业务费		管理费	
		支出	比例(%)	支出	比例(%)	支出	比例(%)
1990	43491	12687	29.2	3281	7.5	2552	5.9
1991	44080	10437	23.7	3725	8.5	2493	5.7
1992	42659	11214	26.3	4347	10.2	2371	5.6
1993	43257	14975	34.6	4574	10.6	2574	6.0
1994	50976	17264	33.9	3724	7.3	2613	5.1
1995	51283	8844	17.2	6179	12.0	2500	4.9
1996	21307	6618	31.1	2353	11.0	2141	10.0
1997	26109	4715	18.1	3701	14.2	1762	6.7
1998	31548	5706	18.1	6451	20.4	1661	5.3
1999	32829	7020	21.4	10154	30.9	1661	5.1
2000	36676	7875	21.5	15005	40.9	2710	7.4
2001	30486	7895	25.9	8662	28.4	1600	5.2
2002	39638	10816	27.3	10278	25.9	1750	4.4
2003	29347	10577	36.0	6769	23.1	2096	7.1

续表

年份	经费支出总额	劳务费		科研业务费		管理费	
		支出	比例(%)	支出	比例(%)	支出	比例(%)
2004	22753	7982	35.1	8438	37.1	—	
2005	20503	6299	30.7	8819	43.0	—	_
2006	18697	6349	29.9	8314	44.5	—	_
2007	31267	6781	21.7	10246	32.8	—	_
2008	22531	5861	26.0	8962	39.8	—	—
2009	48501	9567	19.7	20443	42.1	—	—
2010	48878	11153	22.8	25894	53.0	—	—
2011	45904	4470	9.73	31543	68.7	—	—
2012	53692	6591	12.3	34721	64.7	—	—
2013	62515	6072	9.71	38619	61.8	—	—
2014	69991	6744	9.48	40448	57.8	—	—

资料来源：1991—2014年《广东农村统计年鉴》《广东统计年鉴》。

备注：(1)2004年后的管理费因年鉴无统计而没有录入；

(2)个别年份的数据根据灰色预测得出。

表4-4　1990—2008年广东农业科研单位经费支出结构

年份	资产构建支出		生产性支出		其他支出	
	支出	比例(%)	支出	比例(%)	支出	比例(%)
1990	963	2.2	17792	40.9	6216	14.3
1991	873	2.0	17998	40.8	8554	19.4
1992	2161	5.1	16623	39.0	5943	13.9
1993	3403	7.9	15289	35.3	2442	5.6
1994	6571	12.9	17766	34.9	3038	6.0
1995	3226	6.3	15694	30.6	2019	3.9
1996	3638	17.7	8246	38.7	1293	6.1
1997	4098	15.7	10500	40.2	1334	5.1
1998	5141	16.3	10245	32.5	2344	7.4
1999	1356	4.1	9699	29.5	5672	17.3
2000	6088	16.6	14189	38.7	4593	12.5
2001	4783	15.7	5097	16.7	2450	8.0
2002	4619	11.7	10097	25.5	2077	5.2

续表

年份	资产构建支出		生产性支出		其他支出	
	支出	比例(%)	支出	比例(%)	支出	比例(%)
2003	2806	9.6	5725	19.5	1374	14.7
2004	2127	9.3	3884	17.1	323	1.4
2005	2363	11.5	2981	14.5	42	0.2
2006	7592	40.6	6052	32.4	381	2.0
2007	29638	79.8	6280	20.1	2698	7.7
2008	4531	20.1	2873	12.8	304	1.3

资料来源:1991—2009年《广东农村统计年鉴》《广东统计年鉴》。

备注:①个别年份的数据根据灰色预测得出;

②因2008—2014年的数据统计年鉴未曾提供,故而缺乏分析。

2. 科研业务支出经费支出增长迅速,有力地保障了科研活动的正常开展

由表4-3可以看出,科研业务经费支出由1990年的3281万元,占经费支出总额的7.5%,增长到2007年的10246万元,占经费支出总额的32.8%,经费支出增长了175%,年平均增长12.5%,所占经费总支出的比例提高了近26%。科研业务经费支出中,个别年份(如2000年)甚至增长到15000万元,科研业务经费占经费总额的比例也一度达到44.5%(如2006年)。这些表明,科技体制改革以来,广东农业科研单位经费支出的增长能直接用到科研业务活动中来,改革取得了较为明显的成效。不同于其他内地省份,农业科研单位经费支出的增长主要是用作补发职工工资与福利、扩大生产(创收)以及增加管理费等,广东的科研业务经费支出的增长,对科研业务活动产生了直接的影响,有力地保障了科研活动的正常开展与稳健发展。

四、农业科研人员投入结构变化

表4-5列出了1990年以来广东省农业科研单位职工总数与农业科技活动人员、课题活动人员的总体情况。从表中可以看出,无论是职工总人数,还是农业科研人员数,1990年以来都呈现出大幅度下滑。农业科研单位的职工人数自1990年以来逐年下降,从8435人减少到2014年的5348人,减少了36.6%,年均减少1.52%。与此同时,农业科研人员数也直线下降,从1990年的4785人减少到2014年的3825人,减少了20.1%,年均减少0.8%。同时,农业科研单位中,非农业科研人员所占的比重虽然有所下降,从1990年的43.3%降到2014年的29.5%,但下降幅度很低,25年的时间里才下降13.8%。这些都表明广东省对农业科研投入的减少、非农业科研人员所占比例的基本不变导致对农业科研人员工资性支出的下降已经对农业科研人员的积极性产生了不同程度的影响,导致从事科技活动的人员减少。值得欣慰的是,职工总人数与农业科研活动人员数的减少,并没有对科研课题活动的人数造成多大的影响,每年的农业科研课题活动人数总体上保持在2100人左右,科研课题活动人数占农业科

研人员的比例也在大幅上升，从 1990 年的 37.1%上升到 2014 年的 79.6%，上升了 38.2%，年均上升约 1.5%。

表 4-5　1990—2014 年广东农业科研人员数与课题活动人员数变化

年份	职工人数	农业科研人员数		课题活动人员数	
		人数	所占比例(%)	人数	占农业科研人员数比例(%)
1990	8435	4785	56.7	1881	37.1
1991	8082	4437	54.9	1990	35.8
1992	8130	4509	55.4	1799	40.6
1993	7677	4370	56.9	2007	43.3
1994	7987	4694	58.7	2251	47.9
1995	7881	4703	59.7	2165	46.0
1996	5678	3335	58.7	1464	43.9
1997	6506	3737	57.4	2284	61.1
1998	6408	3763	58.7	2206	58.6
1999	6000	3369	56.2	2190	65.0
2000	6179	3040	49.2	2002	65.9
2001	5846	3058	52.3	1859	60.8
2002	5495	3149	57.3	2052	65.2
2003	4745	2712	57.2	1831	67.5
2004	4615	2650	57.4	1941	73.2
2005	4577	2731	59.7	2168	79.4
2006	4375	2779	63.5	2179	78.4
2007	4679	2937	62.7	2429	82.7
2008	4285	3314	61.2	2164	78.5
2009	4477	3425	76.5	2397	69.9
2010	4737	3518	74.3	2526	71.8
2011	4680	3587	76.6	2425	67,6
2012	4654	3712	79.8	2541	68.45
2013	5269	3771	71.6	2933	77.8
2014	5348	3825	71.5	3046	79.6

资料来源：1991—2014 年《广东农村统计年鉴》《广东统计年鉴》。

备注：个别年份的数据根据灰色预测得出。

从表 4-6 可以看出，虽然从事农业科研活动的人员从 1990 年的 4785 人下降到 2014 年的 3825 人，但农业科研活动人员当中，高级职称的人员数却逆势增加，从 1990 年的 459 人增加到 2014 年的 1186 人，增加了 158%，高级职称人员所占的比例也由 1990 年的 9.6%增加到 2014 年的 31%，增长了 21.4%。同时，中级职称的人员与初级职称人员数却存在一定的下降幅度，其中中级职称人员数从 1990 年的 1198 人下降到 2014 年的 917 人，所占比例则从 1990 年的 25%下降到 2014 年的 23.9%；初级职称人员数从 1990 年的 1557 人下降到 2014 年的 952 人，所占比例从 1990 年的 32.5%下降到 2014 年的24.8%。这些表明，广东农业科研人员的质量在不断上升。

表 4-6　农业科研活动人员(不包括科技推广)的结构变化(按职称分)

年份	合计	高级职称		中级职称		初级职称	
		人数	比例(%)	人数	比例(%)	人数	比例(%)
1990	4785	459	9.6	1198	25.0	1557	32.5
1991	4437	486	11.0	1068	24.1	1411	31.8
1992	4509	572	12.7	1138	25.2	1265	28.1
1993	4370	632	14.5	1208	27.6	1319	30.2
1994	4694	604	12.9	1231	26.2	1419	30.2
1995	4703	602	12.8	1230	26.2	1356	28.8
1996	3335	335	10.0	775	23.2	990	29.7
1997	3737	461	12.3	1038	27.8	1182	31.6
1998	3763	537	14.3	1001	26.6	1044	27.7
1999	3369	460	13.7	924	27.4	1054	31.3
2000	3040	492	15.6	806	25.6	918	29.2
2001	3058	455	14.9	750	24.5	929	30.4
2002	3149	481	15.3	782	24.8	930	29.5
2003	2712	459	16.9	677	25.0	767	28.3
2004	2650	500	18.9	714	26.9	695	26.2
2005	2731	564	20.7	742	27.2	689	25.2
2006	2779	565	20.3	726	12.8	686	24.7
2007	2937	822	28.0	965	32.8	984	33.5
2008	3314	769	23.2	862	26.0	826	24.9
2009	3425	892	26.0	928	27.0	812	23.7
2010	3518	919	26.1	982	27.9	827	23.5
2011	3587	980	27.3	921	25.7	852	23.7

续表

年份	合计	高级职称		中级职称		初级职称	
		人数	比例(%)	人数	比例(%)	人数	比例(%)
2012	3712	1073	28.9	1015	27.3	910	24.5
2013	3771	1128	29.9	992	26.3	912	24.1
2014	3825	1186	31.0	917	23.9	952	24.8

表 4-7 1990—2014 年广东农业不同部门科研与农技推广人员所占比例变化

年份	总人数	农业		林业		牧业		渔业		水利业		农林牧渔水服务业	
		人数	比例(%)	人数	比例(%)	人数	比例(%)	人数	比例(%)	人数	比例(%)	人数	比例(%)
1990	20319	9869	48.57	2734	13.45	677	3.33	256	1.26	4821	23.73	1961	9.65
1991	20131	9673	48.05	2639	13.11	752	3.74	276	1.37	4688	23.29	2104	10.45
1992	19944	9476	47.51	2545	12.76	826	4.14	295	1.48	4555	22.84	2248	11.27
1993	19757	9279	46.97	2452	12.41	898	4.54	314	1.59	4422	22.38	2391	12.10
1994	19569	9083	46.41	2361	12.06	968	4.95	334	1.70	4289	21.92	2535	12.95
1995	19231	9008	46.84	2315	12.00	922	4.80	304	1.58	4204	21.86	2478	12.89
1996	19616	9053	46.15	2357	12.00	1011	5.20	352	1.79	4300	21.92	2543	12.96
1997	19750	8618	43.64	2119	10.70	1310	6.60	446	2.26	3939	19.94	3318	16.80
1998	17953	7684	42.80	1796	10.00	1324	7.40	445	2.48	3384	18.85	3320	18.49
1999	18150	7745	42.67	1803	9.90	1357	7.50	452	2.49	3404	18.75	3389	18.67
2000	18259	7776	42.59	1804	9.80	1364	7.50	453	2.48	3412	18.69	3450	18.89
2001	18350	7815	42.59	1809	9.80	1382	7.50	456	2.49	3429	18.69	3459	18.85
2002	18497	7885	42.63	1818	9.80	1397	7.60	458	2.48	3453	18.67	3486	18.85
2003	17882	7313	40.90	1598	8.94	1534	8.58	508	2.84	3092	17.29	3837	21.46
2004	17695	7117	40.22	1520	8.59	1589	8.98	527	2.98	2959	16.72	3983	22.51
2005	17507	6920	39.53	1443	8.24	1643	9.39	547	3.12	2826	16.14	4129	23.58
2006	17320	6723	38.82	1367	7.89	1696	9.79	566	3.27	2693	15.55	4275	24.68
2007	17133	6527	38.10	1293	7.55	1746	10.19	585	3.42	2560	14.94	4422	25.81
2008	16945	6330	37.36	1220	7.20	1796	10.60	605	3.57	2427	14.32	4568	26.96
2009	16837	6543	38.86	1682	9.98	1834	10.73	618	3.61	2388	14.13	4366	26,78
2010	28303	5653	19.97	1731	6.61	1387	10.88	405	3.84	2398	13.33	4257	25.98

续表

年份	总人数	农业		林业		牧业		渔业		水利业		农林牧渔水服务业	
		人数	比例(%)	人数	比例(%)	人数	比例(%)	人数	比例(%)	人数	比例(%)	人数	比例(%)
2011	16723	5574	33.33	1517	6.78	1395	10.57	418	3.92	2261	13.56	4525	25.46
2012	21259	5753	27.06	1055	6.22	1594	11.03	467	4.02	2163	13.62	4674	26.47
2013	21846	5236	23.96	1583	7.83	1645	9.23	483	4.09	1736	13.12	4723	27.48
2014	18343	5683	30.98	1833	9.49	1305	8.57	501	4.11	1425	12.77	4771	27.63

资料来源：1991—2014年《广东农村统计年鉴》《广东统计年鉴》。

备注：个别年份数据根据灰色预测得出。

表4-6显示，1990—2015年期间：农业（种植业）的科研与农技推广人员所占比例减少了17.59%，减少幅度最大，但人数所占比例仍然占据着主导地位，达到了30.98%；林业科研与农技推广人员所占比例减少了3.96%；水利业科研与农技推广人员所占比例减少了10.96%。相反，1990—2015年期间，牧业、渔业以及农林牧渔水服务业的科研与科技推广人数所占比例却出现了一定程度的增加：其中农林牧渔水服务业科技人员数所占比例增加最快，达到了17.98%，占科技总人数的比重也位居第二；牧业的科技人员数所占比例也增加了5.24%；渔业的科技人员数所占比例虽然也有增加，但幅度非常的小，仅为2.85%，这也与广东渔业在第一产业所占的比重极其不相称。[①]

五、基础研究重视不够

从表4-8可以看出，总体上看，1990—2008年广东省的农业科研课题数以2002年为界限，可以划分为两个阶段。第一阶段，科研课题数逐年快速增加，从1990年的705项增加到2002年的2073项，增加了近3倍，平均每年增加22.6%。2002年以后，课题数急剧减少，2003年、2004年两年的课题总数都不如2002年，一直到2006年才开始出现缓慢增长，2008年达到1427项，但与2002年的2073项相比，还存在着不小的差距。

① 以2003年、2004年为例，广东省渔业总产值分别为432.7亿元、466.5亿元，分别占广东省农林牧副渔总产值的22.6%与21.6%。

表 4-8　1990—2008 广东农业科研课题数目构成(按研究类型分)

单位:项

年份	课题(项目)总数	开发研究		应用研究		基础研究	
		数目	比例(%)	数目	比例(%)	数目	比例(%)
1990	705	215	30	368	52	122	17
1991	879	259	29	482	55	138	16
1992	934	452	48	322	34	150	16
1993	992	485	49	344	35	163	16
1994	1044	514	49	366	35	164	16
1995	1097	527	48	396	36	174	16
1996	1150	533	46	432	38	185	16
1997	1284	578	45	501	39	205	16
1998	1425	628	44	568	40	229	16
1999	1559	698	45	620	40	241	15
2000	1685	754	45	670	40	261	15
2001	1859	818	44	762	41	279	15
2002	2073	931	45	847	41	295	14
2003	970	437	45	398	41	135	14
2004	954	420	44	382	40	152	16
2005	1046	460	44	418	40	168	16
2006	1073	483	45	429	40	161	15
2007	1277	575	45	524	41	178	14
2008	1427	641	45	548	38	238	17

资料来源:1991—2009 年《广东农村统计年鉴》《广东统计年鉴》。

备注:个别年份的数据根据灰色预测得出。

从结构上看,首先,在数量上,1990—2008 年,开发研究项目所占比例基本保持在 45%左右,应用研究项目所占比例保持在 40%左右,而基础研究项目所占比例保持在 15%左右。基础研究、应用研究、开发研究相互之间大致保持着 1∶2.7∶3 这个比例。

其次,在课题经费上,在广东农业研究与开发机构经费内部支出结构中,基础研究所占的比例为 5.04%,应用研究为 14.90%,试验发展为 80.07%,在一定程度上反映了广东轻基础研究,重开发研究与应用研究的现象。

在经费的内部支出上,以 2005 为例,广东省农林牧副渔业的经费内部支出为 14543 万元。其中,基础研究费用支出为 733 万元,基础研究的投入仅占农业研究与开发机构经费内部支出的5%,仅为发达国家15%~17%的三分之一,投入总量明显低于世界其他主要国家。若基础研究为1,2005年广东省农业研究与开发机构经费内部支出中,基础研究、应用研究、实验发展经费支出的比例为1∶3∶16,美国2000年为1∶1∶3,日本为1∶2∶5,这说明广东农业科研投入结构严重失衡。

第三节 广东农业技术推广投入变化

进入21世纪以来,广东在省人大《农科议案》规划的指引下,有步骤、有针对性地建立和完善农业科技推广体系:其中包括省良种引进与改良、省农作物种子质量监督检测、省土壤肥料质量监督检测、省林木种子质量监督检验中心等4个中心,4个省级杂交水稻亲本繁殖基地,10个省级区域性农作物种子、种苗和畜禽质量监督站,50个县级良种推广分中心,100个区域性乡镇良种推广中心站,19个省区域性农业试验中心,50个地级市区域性农业试验中心,100个县区域性农业试验中心,18个其他省级农业技术推广机构,55个市级农业科研机构和农业推广机构,逾900个县(市、区)农业技术推广机构,6650个乡(镇)农业技术推广机构,成立了各种类型的农业专业技术协会2500多个,初步建成了横向覆盖全省,纵向由省到乡镇的新型农业技术推广网络。

从经费上看,广东农业科研和技术推广活动经费从1990年的5094万元增长到2008年的43188万元(现价)(见图4-10),即使在扣除物价上涨因素后,仍增长超8倍,年均增长近40%。以1990年的不变价分析,从经费的各项来源上看,其他收入增长幅度最大,增长了近9倍;其次是银行贷款,增长了近7倍;再次是创收收入,增长幅度也超过了300%,而政府的财政拨款增长幅度最慢,19年时间仅增长了约10%,年均仅增长0.5%。

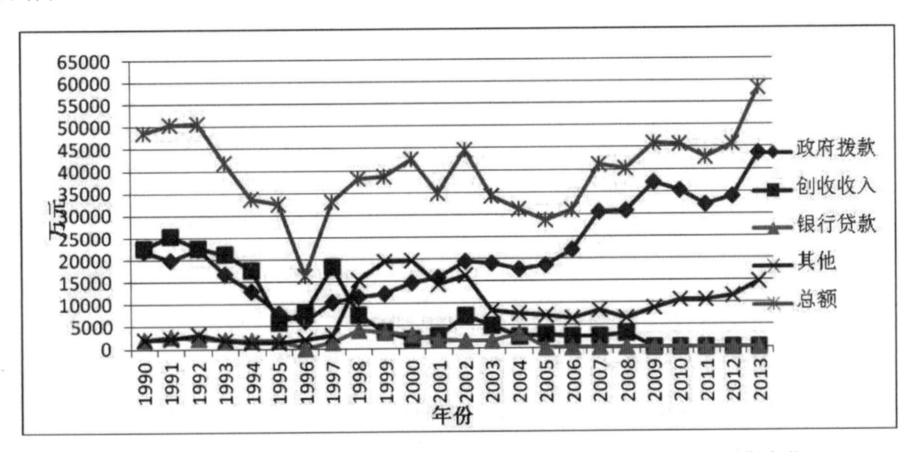

图4-10 1990—2008年广东农业科技推广总经费、各项来源经费变化

从人均经费看(见图4-11),1990年广东省农业科技推广人员的人均总经费仅有

0.25万元，平均每月近200元，人均财政经费更少，只有0.11万元，平均每月只有90多元。但到2008年的时候，农业科技推广人员的人均总经费达到1.18万元，平均每月达到983元，比1990年增长了近4倍；但人均财政经费却只有0.14万元，平均每月近120元，比1990年仅增长30%多一点。

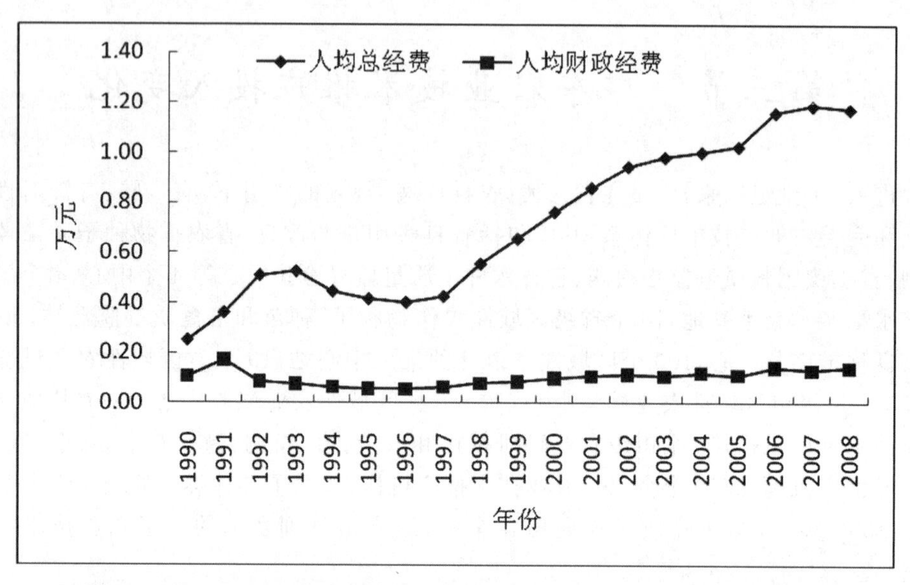

图4-11　1990—2008年广东农业科技推广人均总经费、人均财政经费变化

由上可知，不管是政府财政拨款总额，还是人均财政经费，其增长速度极为缓慢，与农业GDP的增长速度相差较大，急需要加大投入。

尽管广东的农业科技推广取得了一定的成绩，但纵观全省，还存在许多不容忽视的问题，这些问题如果不及时地加以解决，将会对广东农业的发展、农民的增收造成不可估量的影响。

1. 农业技术推广资金普遍不足

从农业科技推广的投入强度看，发达国家农技推广经费一般占农业总产值的0.6%～1.0%，广东省农业科研和农技推广经费只占农业总产值的0.3%左右，占总财政支出的0.2%左右，占农业财政支出的10%左右(见图4-12)，单纯农技推广经费更少，差距相当大。目前全省农技人员年基本工资收入人均只有5000～6000元，而且各地相差较大，财政状况好珠江三角洲地区可达8000～12000元，而粤东西两翼只有3000～4000元，财政状况较差的粤北部分县镇则还要低。就算处于较发达地区的广州，乡镇农技站每年的人头费才800～1500元。由于目前的推广体系行使政府职能，科技、信息推广成功与否很大程度上取决于政府的财政支持力。推广经费不足，直接影响了农业技术的推广，大多数推广服务部门较难开展工作。

2. 农业技术推广人员职称变化

从绝对数上分析(见表4-5)，农业技术推广人员高级职称人员数从1990年的342人增加到2014年的1186人，增加了近4倍；中级职称人员数减少了23.46%，从1990

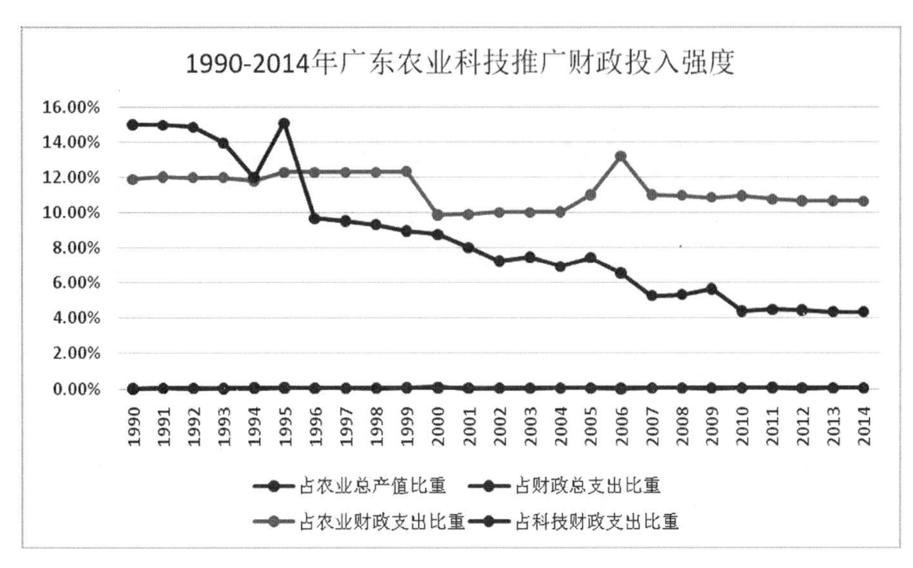

图 4-12　1990—2008 年广东农业科技推广财政投入强度

年的 1198 人降到 917 人；初级职称人员数从 1990 年的 6965 人减少到 2008 年的 4204 人，减少了近 40％；其他没有职称的人员增加幅度最大，从 1990 年的 2916 人增加到 15319 人，增加了 4 倍多。

从相对值上分析（见图 4-13），农业技术推广人员高级职称人员数占总数的比例增加并不高，从 1990 年的 2.84％增加到 2008 年的 3.06％，仅增加 0.22％；中级职称人员数的比例却有一定的下降幅度，从 1990 年的 15.10％下降到 2008 年的 8.99％，下降了 6.11％；初级职称人员数所占比例下降幅度最大，从 1990 年的 57.84％下降到 2008 年的 18.94％，下降了 38.9％；无职称的其他人员所占比例却出现大幅增长，从 1990 年的 24.22％增加到 2008 年的 69.01％，增加了 44.79％。

就 1990—2008 年整个统计期间分析，高级职称人员所占比例仅为 2.72％，中级职称人员仅占 10.05％，初级职称人员占 28.14％，无职称的其他人员却占到 59.04％。

通过以上分析可见：1990—2008 年，农业技术推广人员总数虽然从绝对数上看增长幅度较大，但高级职称人员所占比例没有变化，中级职称、初级职称这些掌握一定技术能力、年富力强的农技推广人员的数量流失与所占比例的下降，对当前特别是今后农业技术的推广工作与农业技术效率无疑会造成巨大影响。

3. 农业技术推广人员学历变化

首先，从绝对数上分析（见表 4-6），大专以上学历的农业技术推广人员数有了明显增加，其中，大学毕业及以上人员从 1990 年的 1848 人增加到 2008 年的 3145 人，增加了 70.18％，年均增加 3.7％；大专毕业的农技推广人员从 1990 年的 2025 人，增加到 2008 年的 2565 人，增加了 26.67％，年均增加 1.4％；而中专毕业的农技人员人数却从 1990 年的 3923 人减少到 2008 年的 2886 人，减少了 35.93％，年均减少 1.89％；中专以下的人数增加幅度较大，从 1990 年的 4245 人增加到 2008 年的 13899 人，增加

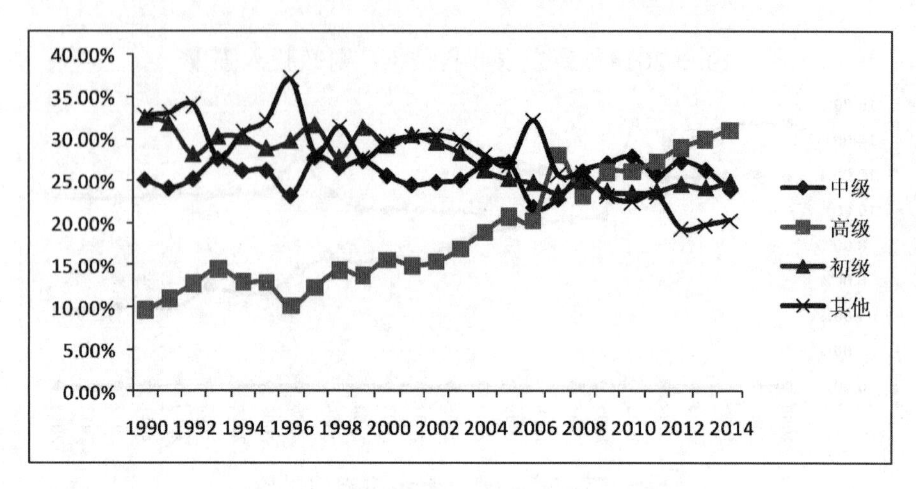

图 4-13 广东农业科技推广人员分布情况(按职称分)

了 2.27 倍，年均增加近 12%。

其次，从相对值(各学历程度人数占总人数的比例)上分析(见图 4-14)，我们却发现，无论是中专毕业人数，还是大专毕业和大学毕业及以上人数，均出现不同程度的下降，其中：大学及以上文化程度人员所占比例由 1990 年的 15.35%下降到 13.98%，下降了 1.37%；大专文化程度人数所占比例由 1990 年的 16.82%下降到 11.82%，下降了 5%；中专文化程度人数所占比例由 1990 年的 32.58%下降到 12.83%，下降幅度最大，达到 19.75%；与此相反，中专以下文化程度所占比例由 1990 年的 35.25%增加到 2008 年的 61.79%，增加了 26.54%。

就 1990—2008 年整个统计期间分析，大学及以上文化程度的农技人员占 13.10%，大专文化程度的农技人员占 11.82%，中专文化程度的占 17.68%，而中专以下文化程度的占到了 57.39%。

由以上分析可见：1990—2008 年，大学及以上文化程度与大专文化程度的农技人员数虽然从绝对数上看有一定程度的增长，但在农技人员总数中所占的比例却在逐年降低，再加上中专文化程度的农技人员数所占比例的大幅下降，可以说，整个农技推广人员的文化程度在下降，从事农技推广工作的多为中专以下学历的人员，他们对农业科技新知识、新技术的掌握，对农户进行推广沟通有着直接的影响。农技推广人员文化程度的下降，无疑对新技术的掌握与推广造成了不可估量的影响，从而影响农业技术效率的提升。

第四节 本章小结

本章主要从农业科研投入的总体变化、结构变化与农业科技推广投入的变化这三个层面对影响农业科技进步与技术效率的因素进行了宏观分析，通过分析，我们可以得出以下基本的结论。

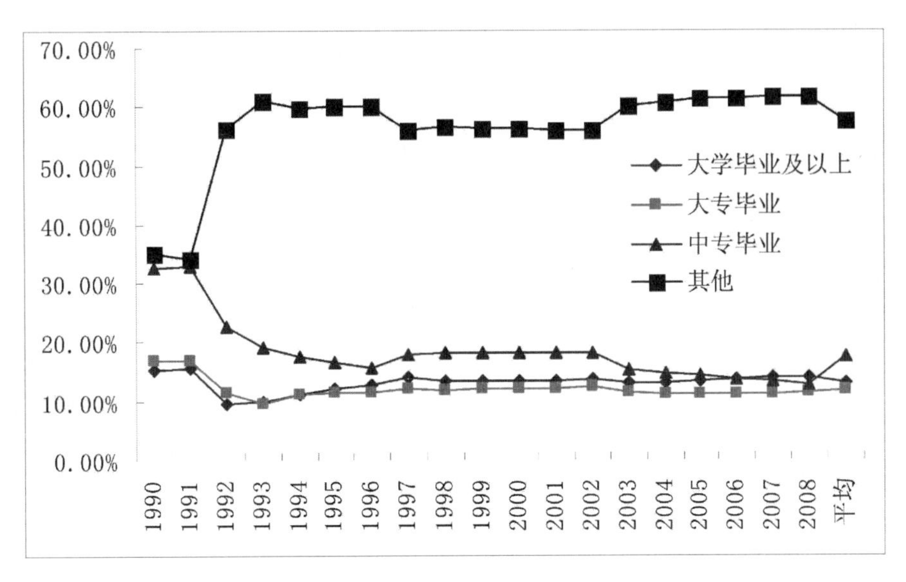

图 4-14　广东农业科技推广人员学历分布情况

1. 农业科研财政投入极其不稳定，银行贷款与其他收入停滞不前，事业性收入严重下降，总体投入难以为继

1990—2014 年，农业科研投入在“八五”期间出现恢复之后又开始下降，一直到 2007 年后才略有增长，但已经很难恢复到 20 世纪 90 年代初的水平：在农业科研投入中，政府的财政拨款投入年均增长率为 2.15%，但在 1993—1996 年期间与 2003—2005 年期间均出现不同程度的下降，投入的增长极其不稳定；银行贷款与其他收入等非政府财政拨款的农业科研投入亦开始出现徘徊与停滞不前的状况；在农业科研投入中，事业性收入无论是按现价还是按 1990 年不变价计算，总体上均呈现出逐年下降的趋势，且下降的趋势极为严重，表明进入 21 世纪以来广东农业科研单位开发创收收入的增长潜力已经受到影响。在银行贷款等非政府财政收入增长有限，事业性收入严重下滑且增长潜力受到影响的情况下，如果不继续增加政府的投资，不仅会影响到科研单位的自我发展的能力，而且会影响到农业科技创新与科技进步。

2. 农业科研投资强度逐年下降，远低于科研总投资强度

1990 年以来广东农业科研投入强度（农业科研投资占农业国内生产总值的比例）虽然在某个时期有起伏，但从总体上来看，不仅没有增加，反而呈现逐年下降的趋势。虽然 1990—1993 年这四年，农业科研投资强度高于科研总投资强度，农业科研政府投资强度也高于科研政府总投资强度，但自 1994 年以后，农业科研投资强度却远远低于科研总投资强度。

3. 农业科研财政支出在财政总支出、科研财政总支出和农业财政支出的比例在下降，份额在减少

农业科技财政支出在财政总支出和农业财政支出中的比例不但低，基本上在 10%左右徘徊，而且略有下降。在财政对农业的投入中，农业科研财政投入的比例也

出现明显的下降，基本保持在0.2%～0.3%之间，2004—2006年甚至低于0.2%，远低于全国平均水平。不但农业的政府财政投入不足和投入比例逐年下降，而且农业科研财政投入在已经不足和下降了的农业财政中所占的份额也在不断地下降。在政府财政对科研财政总支出中，农业科研所占份额也出现下降的趋势。1998年开始出现大幅度的下降，到2008年也只有5.37%，2005年与2006年这两年，甚至只占4%左右，这个比例远低于农业在国内生产总值中所占的比重。

4. 政府在农业科研投资中的主体地位不断强化

从总体上看，政府的财政拨款在农业科研投资中的主体地位逐渐增强，1990年仅占17.3%，但进入21世纪来，逐渐占到50%左右，2006年与2007年这两年，更是占70.4%和74.1%；科研单位自身的创收收入显著减少，特别是技术性创收大幅下降，非技术性创收收入所占比例趋于平稳，基本稳定在20%～26%之间，表明非政府财政拨款开始逐渐占据重要位置。

5. 经费支出结构失衡，与其在农业中的地位不符

农业科研经费的使用上，从所属行业看，种植业（农业）与林业、水利业均呈现出下降趋势，渔业所占份额增长速度极其缓慢，畜牧业所占的比例在逐年增加。农业科研单位经费支出大幅度下降，主要表现为工资与生产性支出的下降，特别是生产性支出的下降，势必在很大程度上对科研活动产生直接的影响，但可喜的是，科研业务支出经费支出增长迅速，有力地保障了科研活动的正常开展与今后的发展。在基础研究、应用研究、开发研究上，课题数量相互之间大致保持着1∶2.7∶3这个比例，经费支出上的比例为1∶3∶16，这表明对基础研究的重视不够。

6. 农业科研人数大幅下滑（传统的种植业、林业、水利业科研人员减少，而牧业、渔业以及现代农林牧渔水服务业的业内人员增加），但科研课题活动人数与高级职称人数所占比例增加

无论是职工总人数，还是农业科研人员数，1990年以来都呈现出大幅度下滑。但职工总人数与农业科研活动人员数的减少，并没有对科研课题活动的人数造成多大的影响，科研课题活动人数占农业科研人员的比例也在大幅上升，农业科研活动人员当中，高级职称的人员数也在增加，农业科研人员的质量不断上升。从农业科研人数的分布来看，农业（种植业）、林业、水利业科研与农技推广人员所占比例减少，牧业、渔业以及农林牧渔水服务业的科研与科技推广人数所占比例却出现了一定程度的增加，渔业的科技人员数所占比例虽然也有增加，但幅度非常的少，仅为2.21%，这也与广东渔业在第一产业所占的比重极其不相称。

7. 农业技术推广财政拨款增长缓慢，推广人员中职称较高、学历较高的人数所占比例不断下降

农业技术推广活动经费增长较快，从来源上看，依次是其他收入、银行贷款、创收收入，而政府的财政拨款增长幅度最慢，年均仅增长0.5%，导致人均财政经费增长速度也极为缓慢。由于目前的推广体系行使政府职能，科技、信息推广成功与否很大程度上取决于政府的财政支持力，财政推广经费增长缓慢，影响了农业技术的推广，大多数推广服务部门较难开展工作。

农业技术推广人员总数虽然从绝对数上看增长幅度较大，但高级职称人员所占比例没有变化，中级职称、初级职称这些掌握一定技术能力、年富力强的农技推广人员的数量流失与所占比例的下降，对当前特别是今后农业技术的推广工作与农业技术效率无疑会造成巨大影响。

大学文化程度与大专文化程度的农技人员数虽从绝对数上看有一定程度的增长，但在农技人员总数中所占的比例却在逐年降低，再加上中专文化程度的农技人员数所占比例的大幅下降，可以说，整个农技推广人员文化程度在下降，从事农技推广工作的多为中专以下学历的人员，他们对农业科技新知识、新技术的掌握，对农户进行推广沟通有着直接的影响。农技推广人员文化程度的下降，无疑对新技术的掌握与推广造成了不可估量的影响，从而影响农业技术效率提升。

8. 渔业科研投入与渔业在农业中的地位极不相符

广东是海洋大省，自古因海而兴，从秦朝开始，海洋就成为广东人与世界各地交往的通道，近代，广东更是领全国风气之先。改革开放以来，广东由一个经济比较落后的农业省份发展成为中国第一经济大省，其中一个重要因素就是得益于海洋。历史和现实都表明，广东的繁荣昌盛都与善于利用海洋、走向海洋密切相关。目前，广东省管辖的海域面积达42万平方公里，是陆域面积的2倍多，占全国海洋面积的14%；海岸线4114公里，居全国前列。得天独厚的海洋资源条件和优越的区位优势，为广东经济社会发展奠定了坚实的物质基础。至2008年，广东海洋生产总值（海洋GDP）达5825亿元，连续14年居全国首位，年均增长率高于同期全省经济增长速度。从图4-9可以看出，2003年以来，渔业在广东省的第一产业中占据着非常重要的位置，基本保持在40%左右。而与此形成鲜明对比的是，无论是在渔业科技投入经费、渔业科技人员数，还是渔业科研课题数方面，与渔业在第一产业的比重极其不相符合，渔业科研投入经费仅占1.3%，渔业科技人员数仅占2.5%，渔业科研课题数量只占6.9%（见图4-15）。

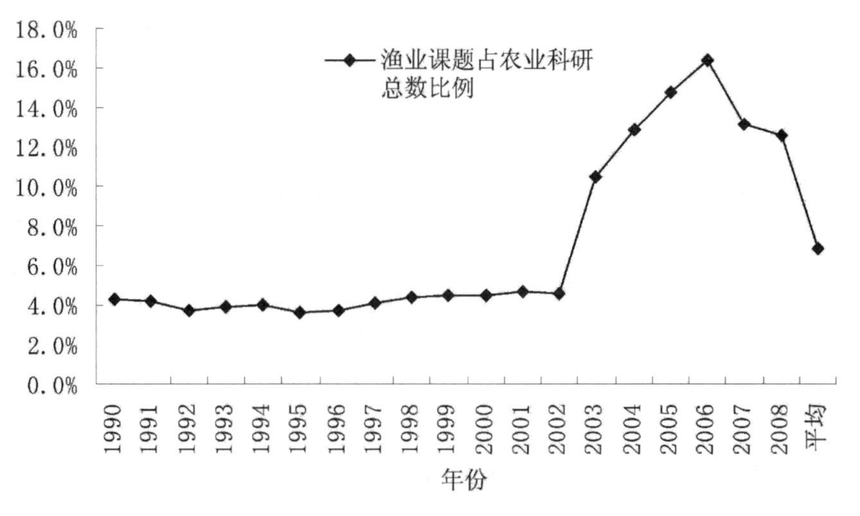

图4-15　1990—2008年广东渔业课题数占农业科研课题总数的比例

第五章

供给主体视角的农业技术进步、技术效率制约分析

第一节 农业技术推广供给主体、推广过程及其变迁

农业推广的含义随着时间、空间的变化在不同的历史时期，随着各国的国情、组织方式、实现目标不同而各异。但不外乎分狭义和广义两种。狭义的农业推广指对农业生产的指导，把大学或科研机构的研究成果，通过适当的方式传播给农民，使之获得新的知识和技能，运用到生产中，达到提高产量、增加收入的目的。而广义的农业推广，除单纯推广农业技术外，重点强调的是教育过程，包括教育农民、组织农民、培养农民、义务领导及改善农民实际生活质量等。中国农业大学高启杰认为：现代农业推广是指农业推广人员通过沟通等方式组织与教育农村居民，使其增进知识、提高技能、改变观念与态度，从而自愿改变行为，采用和传播农业创新，并获得自我组织与决策能力来解决其面临的问题，最终实现培育新型农民、发展农村产业、繁荣农村社会的目标。而1993年颁布实施的《农业技术推广法》将农业技术推广界定为"通过试验、示范、培训、指导以及咨询服务等，把农业技术普及应用于农业生产产前、产中、产后全过程的活动"。在传统农业向现代农业的过渡时期，农业推广的概念更倾向于广义上的概念。本书对广东农业推广的研究即采取《农业技术推广法》中这一广义的说法。

广义上的农业推广(现代农业推广，以下简称农业推广)具有如下三个方面的典型特征：首先，农业推广是一项政府运用政策促进农业发展的公益性活动；其次，农业推广是一项联系科研、推广和应用的系统工程；最后，农业推广人员通过沟通和其他相关方式组织教育和服务农户，使其增进知识、提高技能、转变观念和态度，从而自愿改变行为，获得自我组织与决策能力，促进农村社会经济发展，是一种特殊的社会教育活动和信息交流过程。

一、农业技术推广的过程及其变迁

对于农业技术推广的过程，学界有着一些独特的论述。Evenson(1997)提出，所

谓农业技术推广，就是将新技术信息以及好的农业生产经验和管理方法传递给农民的过程。[①] 而荷兰的 A. W. 范登班等(1990)却认为，农业技术推广是一种有意识的社会影响形式，是通过有意识的信息交流来帮助人们形成正确的观念和作出最佳的决策的过程。[②] 可见，在 Evenson 和 A. W. 范登班看来，农业科技推广更多的是信息、经验和意识的传播。

笔者认为，由农业科研院所、农业院校或国外引进的农业科研新品种、新技术，在被农户接受和采用之前需要一个过程，这个过程可称之为农业技术推广过程。换句话说，农业技术推广就是通过试验、示范、培训、指导以及咨询服务等把农业科研的新品种、新技术普及应用于农业生产，从而使农业增效、农民增收的过程。农业科研的新品种、新技术只有通过推广才能到达应用领域，被广大农户所使用，成为推动农业经济和农民收入增长的现实力量，从而实现科技价值。广东的农户从南到北、从东到西，文化程度、气候特征各异，农户分布广泛且分散，如何对他们进行有效的农业科技推广，是提高农业技术效率的关键。这其中就牵涉到采用什么载体进行推广的问题。不同农户受其经济条件、文化程度、传统习惯、气候特征的影响，对推广方式的接受程度是不相同的。

在实行改革开放之前，农业技术推广采取各级政府组织利用行政命令的方式对以生产队为基础的农民集体强制推行。

在改革开放后，家庭联产承包责任制的推行，使得农业技术推广主体所面对的目标群体变成了千家万户的小农，在目标群体扩大几十倍的同时，由于农业生产技术环节多、掌握难度大而导致推广主体的服务难度明显增大。因此，在推广的形式上，采取政府为主导、自上而下、单向的农业技术推广模式，其结果导致农技员对上级政府唯命是从，忽视农户的实际需求。在管理的体制上，各级农业推广机构接受农业行政部门和上级推广机构的双重领导，导致农业推广机构受行政干预的影响严重，系统内的管理弱化。由于农业推广机构在行政上接受同级政府农业行政部门的直接领导，人事权、财物支配权以及重大事项的决策权均由农业行政部门作出，因而农业推广部门的工作大多是围绕农业行政部门的工作来开展，对行政领导部门负责。上级农业推广机构对下级农业推广机构的领导因没有机制上的约束，只能是在业务上进行指导和建议，没有真正意义上的管理权，不能真正发挥作用。由于这种形式难以适应市场经济的发展需要，因此经常带来问题。最主要的问题有二：一是在农业技术推广中，农技员只是把农户简单地集中起来，开展技术培训就完事，缺乏足够的动力去深入田间地头与农户家庭，造成农业科技成果到户率、到田率低，技术到位率更低；二是在政府的号召下，农户种植某种作物或发展某种果树，但当这些作物或果树发展起来时，农民又遭遇销售难，造成损失。政府这种“好心”办“坏事”、好成果难以发挥好效果的现象，是行政命令式技术推广体制的最直接后果之一。

---

① Evenson R. W. ,Economic Impact Studies of Agricultural Research and Extension,*Working Paper*,*Yale University*,1997.

② A. W. 范班登、H. S. 霍金斯:《农技推广》,北京农业大学出版社 1990 年版。

在现阶段，上述这些农业技术推广方式已不能满足广大农户的需求，农户对农业科技推广提出了新的、更高的要求。2005年以后，为了切实解决农业科技成果转化与推广中“最后一公里”的问题，农业部开始实施“农业科技入户示范工程”，即以“科技人员直接到户、良种良法直接到田、技术要领直接到人”为基本理念，以构建“农业部首席专家—省首席专家—县专家组—技术指导员—科技示范户（每位指导员定点负责20户、每县1000户）—辐射带动户（每个示范户带动20户）”的科技成果转化通道为载体，以专家入户、技术入户、信息入户、资料入户、补贴入户为重点，大力推广主导品种、主推技术，广泛开展技术培训，农技员深入农户家中和田间地头，进行直接的技术指导。这种农业科技推广方式的试行，使得科技入户示范县的农业科技推广工作有了长足的发展。

以上充分说明，各个阶段的农业技术推广所形成的绩效是与当时的农业科技推广体制有着天然的联系的。根据黄季焜、胡瑞法、智华勇（2009）的研究，20世纪90年代以来，我国农业技术推广体制大致经历了四个时期，与全国的情况类似，广东的农业技术推广政策也有着相同的历史变迁。

1. 市场化初期和“三权”初次下放及人员精简期

20世纪80年代末90年代初，受庞大队伍带来的财政压力和各行业尝试市场化改革的影响，广东与全国一样，开始推广山东“莱芜经验”，将乡镇农技站的人、财、物管理权（以下简称“三权”）由县下放到乡。同时，国务院发布的《关于依靠科技进步振兴农业加强农业科技成果推广工作的决定》允许农技推广单位从事技物结合的系列化服务后，广东的农技单位均成立了自己的农业生产资料销售部门，从事农业生产资料的经营工作。这虽然可以部分解决农技部门当时业已出现的经费紧张的状况，但其负作用也极其明显。一些地方政府认为农技部门可以通过经营自己养活自己，从而给农技部门“断奶”，导致农技部门受到了较大的冲击。许多的县和乡农技站被减拨或停拨事业费，大量的农技员离开了推广岗位，基层农技推广体系开始出现“网破、线断、人散”的现象。

2. 市场化中期和“三权”首次上收及人员迅速膨胀期

这个时期基本涵盖了整个20世纪90年代。为了解决一些地方政府对农技部门“断奶”“断粮”对农技推广工作的影响，以及20世纪90年代初的粮食生产停滞不前等所带来的问题，国务院于1991年11月发布了《关于加强农业社会化服务体系建设的通知》，以巩固和加强农业社会化服务体系，稳定农技推广队伍。农业部、人事部也于1992年1月联合下发了《乡镇农技推广机构人员编制标准（试行）》，试图稳定乡镇农技人员队伍。此后，国务院及农业部，广东省委、省政府为加强农技部门的服务工作出台了一系列文件，在基层农技推广部门，特别是乡镇农技推广部门开展“定性、定编、定岗”的“三定”工作，同时将下放的“三权”又收回县农业局管理。“三定”政策使广东基层农技推广人员迅速增加。然而，由于上述政策的颁布并未得到财政部门的配合，从而导致政府的财政投入跟不上人员膨胀和工资增长的需求，不仅使农技部门的日常活动的开展更为困难，而且让农技部门不得不通过更多的开发创收来弥补投资的不足。

3. 市场化后期和“三权”再次下放及人员再次精简期

这个时期大体上以2003年为界限。2000年年底，中共中央办公厅和国务院办公厅联合下发《中共中央办公厅、国务院办公厅关于市县乡人员编制精简的意见》（中办发〔2000〕30号）文件，该文件要求乡镇事业单位在人员精简的基础上进行合并，并将乡镇事业单位的“三权”下放到乡政府管理。这一文件下达后，广东省的大部分县将乡镇农技推广单位的“三权”下放到乡镇政府管理。这一措施虽然减轻了县农业行政单位经费的压力，在一定程度上保障了乡镇农技人员工资的发放，却造成了县、乡两级农技推广部门的脱节，乡镇农技人员的工作由以推广工作为主转变为以乡镇“中心工作”为主，乡镇农技人员进一步减少。

4. 市场化改革与调整、“三权”再次上收及继续精减队伍期

这个时期从2004年开始一直到现在。2006年，国务院下发了《关于深化改革加强基层农业技术推广体系建设的意见》（国发〔2006〕30号），要求各地全面开展推进改革。广东省根据国务院的文件，积极探索，进行各种改革的尝试，建立了由政府领导、农业行政部门主管，基本形成市、县有研究所、推广中心，镇有“六站一会”，村有农技服务站和农民技术员的农业科技推广体系。在政府有关部门的组织指挥下，由专业户、农户参加的农业专业技术协会渐成规模，农业龙头企业以及一批涉农企业等农业产业化组织开展的农业技术推广服务活动也取得了一定成效，可以说，农业科技推广的供给主体呈现出多元化发展的格局。

很显然，不同管理体制下，政府进行农业技术推广的效果有着显著的不同，促进基层农业技术推广体制的改革有助于政府农业技术推广的效果，这一点已得到有关学者研究成果的印证（胡瑞法、黄季焜等，2004；智华勇等，2007）。而Marsh et. al（2004）对以农民技术需求为目标的新推广模式的研究表明，有效的农业技术推广应该是“科技需求拉动型”而非“科技供给推动型”。

二、农业技术推广供给的主体

农业科技推广供给的主体，在广东省，综合起来主要有以下几种。

1. 政府主导型或行政型农技推广供给

行政型农业技术推广组织指国家、地方（省市）、县、乡镇组织设置的，作为国家行政机构的组成部分，依照行政区域范围形成的有上下级关系的推广机构。这类主体的组织目标和服务对象十分广泛，推广的工作经费和人员大都由政府的行政体系安排，推广的内容大都来自公共部门（农业科研院所、农业大专院校）的研究成果，多属公益性事业，如对动植物病虫害的监测、通报和防治，新品种和新技术的引进和示范，多种形式的农业实用技术的宣传和培训。在推广的方式上，偏向于技术创新的单向传递，农技推广人员兼具行政和教育工作的双重角色。他们的行动计划是以政策型表现的，以知识性技术为主，但由于在政策上具有改变农民行为以实现综合农业发展的目标，故而部分组织包含操作性技术的内容。相对而言，上层农业科技推广机构，其知识性、技术性较为明显，主要以农业推广政策与计划的制订为主。行政型农业技术推广机构具有明显的科层结构，科研成果与技术采取自上而下的分段传播到达基层组织机构，这类供给主体的绩效主要由农村社会效益与经济效益指标来度量。

这种政府主导型的农技推广供给在广东省内各类技术推广供给中占据着绝对主导地位，主要服务于政府的农业宏观计划，对能够较好实现政府要求的农业生产目标并具有应用前景和良好社会效益的技术进行重点推广，且多以项目计划形式督促或引导农民采用新技术。

政府主导型农技推广供给普遍存在如下两个问题：一是行政式的推广方式剥夺了农民作为市场主体的权利，使农民只能被动地接受推广技术，造成技术推广效率低下；二是基层尤其是乡、村农技推广人员生活工作环境艰苦、待遇差，从而导致他们工作不积极，也造成了推广工作的效率低下。

2. 非政府型农业技术推广机构的供给

(1)教育型农业技术推广供给

教育型农业技术推广供给主体以农业院校、科研院所设置的农业科技推广机构为主，他们直接面向农户服务，工作目标具有教育性，承担对农村居民进行成人教育工作的职责。基于此，其技术以来自学校内的农业研究成果为主，在技术特性上表现为知识性技术。教育型农业技术推广供给主体是农业教育机构的一部分或附属单位，其组织规模由大学行政所能影响的范围而决定(相对而言，其规模通常要比行政型农业技术推广供给主体要小，为中等规模)，他们集农业教学、科研和推广为一体，农业技术推广人员本身就是农业教育人员，其工作职责就是进行教育性活动，农业技术推广经费受农业教育经费预算的影响，随着农业人员的变动而相应调整。

(2)科教结合型农业技术推广供给

与现行的主要由政府部门主导的农业技术推广供给与传统的教育型农业科技推广供给相比，教育型农业技术推广供给主体与农业科技园区相结合所形成的科教结合型农业技术推广供给有其突出的优势：首先，产业集聚性带动的外部规模效应。农业科技园区内布局合理的核心区、示范区和辐射区基础设施相对完善，聚集了大批农业科技先进企业，企业之间在科技开发和推广中可以形成明显的外部规模效应。其次，强大的科研支撑能力。农业科技园区与科研院所(校)长期保持着紧密的合作关系，有些园区的主建单位就是农业科研机构，这构成了园区强大的科技支撑能力。农业科技示范园(区)已经成为农业新品种、新技术的试验、示范基地，优良种子、种苗的繁育基地，农业科技培训基地和生产经营基地，在各地农业结构调整中发挥着示范带头作用。这种推广供给方式主要是在广州、深圳、珠海等珠三角地区得以施行，广州国家农业科技园，核心区主要是依托省农科院的中国农业科技华南创新中心，13 个专业研究所和区内 62 个研发和服务机构，负责农业科技成果的开发、引进、试验，以及农业重点项目的基础研究和农业科研人员的培养；示范区和辐射区负责优质农业科技成果的示范和推广。[①] 深圳市 2006 年起实施的《深圳市都市农业发展“十一五”规划》指出，未来 5 年深圳将要投资 88.2 亿元打造都市农业，主要采取农业园区为主的发展模式，建设各

---

① 广东科学技术厅：《广东区域体系创新建设研究报告》，2000 年 4 月 5 日。

类农业园区30个以上[1]；珠海市计划2007—2011年，市财政每年从预算中安排专项资金1000万元，用于补贴批准建设的4个市级农业园区的农业基础设施、农业机械化设施建设与农业技术推广。

这种推广供给的方式的实际困难是示范园的初期建设投资大，许多县、乡镇财政吃紧，而不能大规模或持续性地投资于示范园的建设和运作；示范园内许多科技人员科技素质不过硬，使无公害生产的推广技术往往难以落实。

(3)农村合作经济组织推广供给

农村合作经济组织是在家庭承包经营的基础上，遵循互助互利的原则，以科技示范户为骨干，以专业户为主体，以技术和利益为纽带，由从事同类产品生产经营的农户自愿组织起来，在技术、资金、信息、购销、加工、贮运等环节实行自我管理、自我服务、自我发展，以提高竞争能力、增加成员收入为目的的新型农村技术、经济合作组织。由此看来，农村合作经济组织是由农村中的能人牵头成立的组织，聚集了同专业的许多能工巧匠，他们不仅有吸收新思想、新技术的优势，而且有根据本乡、本土的实际情况，研究开发新技术的能力。这类组织主要包括农村专业技术协会、行业协会、专业合作社等。他们主要通过技术引进、开发、试验示范和培训指导农户安排生产，负责供应农用生产资料及销售农产品，具有更加贴近农民，灵活、实际、方便的特点。一般说来，这类供给主体的推广内容是由组织决定的，且常限于单项经济商品生产技术。农业推广中大都采用配套技术推广方式，即推广人员不只单独应用教育方法来促成农户生产技术的转变，同时也应用资源传递服务方法来为农户提供各类生产资料或资金，使农户能够较快地改进其生产条件，由于推广的技术、方法均由组织确定，因而较少考虑到服务对象的实际需要。在技术特征上，表现为实物性技术为主兼操作性技术，推广人员和推广经费较具弹性。在组织表现上，其绩效是以增进企业经营绩效的多少来进行衡量。这种推广供给方式主要在广东的广州、江门、湛江、肇庆等地区比较普遍。

在调查中，笔者也了解到这种推广供给方式存在如下问题：一是协会普遍缺乏资金支持，自我发展后劲不足；二是协会在普及技术、安排生产、进行社会化服务等方面均带有很强的盲目性，市场销售也存在很大风险和随机性。

(4)以产业化龙头企业为主体的推广供给

这种推广供给方式主要分布在粤东的潮州、汕头、汕尾等地区。这种推广模式中，公司和农民的关系是相互依存、互惠互利的利益关系。对于以农产品为加工原料来进行生产的公司，为了保证用优质的原材料满足公司的技术标准，则会加快对技术引进的步伐，积极向农民推广新技术并提供有关的技术培训和指导，而农民在追求自身利益的前提下也必然会积极参与到技术推广的过程中来，其结果是提高了技术推广的效率。

据当地的农户、公司以及科技推广的实践工作者介绍，这种供给方式也面临着诸多的实际困难：企业受追求盈利动机的驱使，常会使它们通过技术垄断来压低农产品采购价，使农民在采用新技术后收益不增或增幅很小，从而挫伤了农民接受新技术的

---

[1] 深圳农业(海洋)信息网，http://www.szagri.gov.cn/NewsView.aspx?id=4820，2006年4月26日。

积极性；由于农民法律意识淡薄，当农产品市场行情看涨时，他们容易毁约将农产品销往别的渠道，从而挫伤了公司推广技术的积极性。

当前，上述农业技术推广机构的主体地位已经有了制度保障，《广东省人民政府关于推进基层农业技术推广体系改革与建设的指导意见》（粤府〔2008〕24 号）中明确指出，广东省农业技术推广的总体目标在于通过明确职能、理顺体制、创新机制、优化布局、精减人员、提高效率、完善保障等一系列改革，逐步建立以农业技术推广机构为主导，农村合作经济组织为基础，农业科研、教育等单位和涉农企业广泛参与、分工协作，有效地适应现代农业发展和社会主义新农村建设要求的多元化基层农业技术推广体系。

第二节　政府主导型农业技术推广供给的现状调查

有研究者认为，影响农业技术推广机构运行的主要是农业技术推广机构的基础实验条件、基础设施条件及规模、财政投入、拥有的技术、农业技术推广方式、与其他机构的协作、研发工作、农业技术推广评价等八个因素（李学婷等，2013）。对第二次全国科技工作者调查数据的分析表明，我国农业技术推广队伍结构呈现出年龄高、教育水平低、职称低的“一高两低”特点，发展能力和潜力堪忧。广东省各市农业局[①]、各级农业科技推广中心（站）是开展农业技术推广服务、推动农业现代化建设的主体（杨璐等，2014）。为探寻农业技术推广过程中哪些因素阻碍了技术效率的提高，需要对广东省基层农业技术推广服务部门的现状、问题和发展制约因素、推广意愿进行实地调查与分析。为此，本书对广东省各市、县农业科技推广部门的工作人员设置问卷进行了调查，由部门负责人填写调查问卷，总计发放问卷 100 份，回收问卷 85 份，问卷回收率 85%；同时对部分大专院校、科研院所以及乡镇农业技术推广工作站人员进行了随机访谈，总计访谈 165 人。本次调查与访谈的农技人员来源结构如表 5-1、表 5-2 所示。

表 5-1　农业科技推广人员访谈样本来源层级、地区构成

特征		人数	所占比例
性别	男	107	64.85
	女	58	35.15
年龄	30 岁以下	41	24.85
	31～40 岁	56	33.94
	41～50 岁	50	30.31
	51～60 岁	14	8.48
	60 岁以上	4	2.42

① 由于大部制改革职能的合并与调整，各地对农业局的称呼不一，为书的需要，本书仍称农业局。

续表

特征		人数	所占比例
职称	无职称	17	10.30
	初级	38	23.03
	中级	79	47.86
	副高	20	12.12
	正高	11	6.67
工作类别	基础研究	2	1.21
	应用研究	5	3.03
	试验发展	13	7.88
	成果推广	145	87.88
来源地区	珠三角	28	16.97
	粤东	39	23.64
	粤西	53	32.12
	粤北	45	27.27
来源层次	大专院校	7	4.24
	科研院所	13	7.88
	乡镇农技推广站	145	87.88

可以看出,本次调查与访谈涵盖了农业技术推广供给主体中两个最为主要的主体,调查的范围遍及整个广东省,样本具有较强的代表性和可信度。调查的内容涉及农业技术推广部门的人员数量、文化程度构成、接受的培训、科技的来源、经费来源、推广方式、工作条件等。对大专院校、科研院所、乡镇农技人员的访谈包括农技人员的个人特征(包括性别、年龄、受教育水平、职称、从业年限)、环境特征(包括所在的区域、科研项目的类别)、认知特征(包括所在单位对推广的管理、推广绩效考核结果的运用、对推广技术的关注度)、推广的意愿等。

表 5-2　广东省市、县两级农技人员调查来源结构

来源层级	总计	珠三角	粤东	粤西	粤北
市级机构	17	5	3	6	3
县级机构	45	8	9	15	13
小计	62	13	12	21	16

一、农业技术推广部门人员的基本情况

1. 数量方面

近年来，广东农业技术推广服务体系在省、市、县、乡镇四级基本完善，但农业技术推广人员特别是乡镇农业推广人员却较为短缺，不同级别和地区之间的农业技术推广人员数量差别较大。广东省农业厅现设有农作物推广总站与畜牧技术推广总站，拥有农业技术推广专职人员近 20 人。而根据对市、县农业技术推广中心站负责人的调查显示，所调查的 17 个地级市农业科技推广中心站共有农业科技推广人员 139 人，平均每个市级机构拥有 8 名农技员，其中专职 6 人、兼职 2 人；所调查的 45 个县级农业技术推广机构中，共有 227 人，平均每个县级机构有农技员 5 名，其中专职人员 4 名、兼职人员 1 名；从调查的样本县提供的统计数据上看，45 个样本县所属的每个乡镇都建立了农业技术推广站[平均每县(区)14 个镇]，平均每个站有农技员 3 名、兼职农技员 1 人。这说明，农业技术推广组织体系在人员数量上呈现倒金字塔形，越是基层机构，人数越小，组织力量越薄弱，部分乡镇农业科技推广站仅有 1～2 名农业技术推广员，人员数量根本没法确保当地乡镇农业技术推广工作的有效开展。

根据《广东省人民政府关于推进基层农业技术推广体系改革与建设的指导意见》(粤府〔2008〕24 号)的规定，应确保在一线工作的农业专业技术推广人员不低于县(市、区)农业技术推广人员总编制的 2/3，专业农业技术推广人员占县(市、区)农业技术推广机构人员总编制的比例不低于 80%，并保持各种专业人员之间的合理比例。可见，从目前乡镇的农业技术人员的数量上看，离《意见》所规定的人数还有着不少的距离。

表 5-3　广东基层各层级农技员的人数分布

层级	农技员总数	最多	最少	平均	专职人数	兼职人数
地市级	139	12	5	8	6	2
县级	227	9	4	5	4	1
乡镇	635	7	1	4	3	1

2. 农业技术推广人员的文化程度

农业技术推广是农技员与农民进行交流和沟通以说服农民采用技术的过程，是农民认识技术、选择技术，并在技术采用过程中对技术进行应用、调试和改造的过程。这对基层农业技术推广人员的文化程度提出了较高的要求：既需要掌握农业生产专业知识与技术，又要懂得如何沟通、善于市场营销。对地市级、县区级农技推广部门负责人的调查表明，地市级农业技术推广部门的农技员的文化程度在大学本科及以上学历的占 52.38%，大专文化程度的占 37.35%；而县(区)级农技员以专科学历为主，占 65.24%，大学本科及以上学历的只占 8.97%；而乡镇级农技员的文化程度则以高中为主，占 75.38%，大专及以上文化程度的仅占 12.76%。就地区而言，珠三角地区的农技员的文化程度在大学本科及以上学历的比例上要高于粤东、粤西与粤北三个地区

5%以上。可见，广东省基层农业技术推广人员的文化素质总体水平并不高，市级机构的农技员的文化程度高于县(区)与乡镇两级机构，特别是与农户直接接触且联系最为频繁的乡镇农技员的文化素质与地市级、县(区)级还存在不小差距。而在地区方面，欠发达的粤北与粤西地区较之珠三角经济发达地区农技员的文化程度差距也较为明显。导致这种状况，很显然是由于广东省区域经济发展不平衡和经济发展程度不同的地区在人才引进的政策方面的不同所产生的。地市级和经济发达的珠三角地区的农技员较之其他层次与区域的农技员，有着良好的工作环境、经济待遇与社会环境，对人才有比较大的吸引力，而各县级、乡镇级与经济欠发达地区农业科技推广人员流失较为严重，缺乏高素质高水平的农业科技推广人才，这给所在地区的农业技术推广与农业经济的发展带来的影响是不可估量的。当前，一些乡镇农业技术推广站技术较为落后、农户需要他们解决的问题比较多，究其根源，主要是由于农技员的文化素质较低，对新技术的掌握与新品种指导种植的能力较差，致使大量的问题堆积。

表 5-4　广东不同层级农技员文化程度分布(%)

层级	大学本科及以上	大专	高中	初中及以下
地市级	52.38	37.35	7.05	3.22
县(区)级	8.97	65.24	20.27	5.52
乡镇	2.53	10.23	75.38	11.86

表 5-5　广东不同区域农技员文化程度分布(%)

区域	大学本科及以上	大专	高中	初中及以下
珠三角	17.47	42.61	37.74	2.18
粤东	12.15	38.53	43.85	5.47
粤西	11.79	36.68	46.37	5.16
粤北	9.54	35.49	48.56	6.41

3. 基层农业技术推广员的培训

农业技术知识是基层农业技术推广人员所必须具备的基本能力之一。对乡镇农业技术推广人员的调查显示，农业技术推广站均较为重视农技员的农业技术知识培训，接受过农业技术知识培训的农业科技推广人员达到95.17%。但作为一名直接服务于农户并与农户频繁接触的农业科技推广人员来说，仅仅进行农业技术知识的培训很显然不能满足他们服务于农户的需要，作为知识体系，乡镇农业科技推广人员还需要补充计算机运用知识、技术推广方法、市场营销、管理沟通、农业科技与“三农”政策等知识。调查显示，31.72%的农技员对计算机运用知识的培训有需求，而半数以上的农技员对市场营销学知识(主要是许多农业科技推广工作站兼从事一些农作物种子、农业生产用化肥、农药、地膜等生产资料的销售工作所致)、农业技术知识、农业技术推广方法、有关“三农”的政策有着强烈的需求。对农业技术推广方法的需求，更是达到了87.59%。这充分表明对基层农业科技推广人员的培训工作相对滞后，应该加强对基层农业科技推广人员各方面知识与技能的培训，改善基层农技员知识老化、储备不足、技术获取与沟通能力下降的现实状况，以提高技术效率。

表5-6 乡镇农技员接受过的培训与需要的培训

调查项目	人数	比例(%)
(一)近2年您接受过农业技术知识培训吗		
1. 接受过	138	95.17
2. 没有接受	7	4.83
(二)您觉得以下哪些知识您个人需要更新		
1. 计算机操作与运用	46	31.72
2. 市场营销学	91	62.76
3. 农业技术知识	104	71.72
4. 农业技术推广方法	127	87.59
5. “三农”政策	83	57.24

二、农业技术推广部门的工作条件和设备情况

表5-7是根据对各层级农技员的调查与访谈所罗列的基层农业技术推广机构的工作条件和设备情况。从调查与访谈的总体情况来看，各层级机构工作场所都拥有电话，超过80%的机构都拥有计算机、打印机，实现计算机上网；超过90%的机构有固定的办公场所。这说明各层级机构已具备必要的办公自动化设备，基本实现了网络互联，为开展农业技术推广奠定了相应基础。但也很清晰地看到，近六成的农业技术推广机构还没有专门的培训教室与培训设备以及扫描仪、速印机，没有能有效开展工作所需的仪器设备和专用汽车；有超过六成(61.35%)的农技员认为他所处的工作条件和设备不能满足工作的需要。如果仅仅考察直接为农户提供科技服务的乡镇农业技术推广机构，除所有乡镇的推广机构安装有电话外，其他办公条件较之地市、区县两级则更为恶劣：没有一个推广机构有速印机；只有15.86%、18.62%的乡镇推广机构有专用的汽车(主要是珠三角地区的乡镇)与扫描仪；只有不到三成的乡镇推广机构有专门的培训教室、培训设备和能有效开展推广工作的仪器设备；还有近35%的乡镇推广机构缺乏传真机、近30%的机构缺乏打印机；15%左右的机构缺乏计算机或不能上网；还有近15%的机构没有固定的办公场所。以上这些数据充分说明，基层农技人员主要还是靠一张嘴、两条腿的传统服务方式，下乡基本上靠走路、自行车，服务还是拿着一把尺子，缺乏简单的仪器设备。因此，有超过70%的乡镇农业科技推广机构的农技人员认为目前的工作条件和设备根本不能满足现代农业技术推广的要求。

表 5-7 广东各层级农业技术推广部门的工作条件和设备情况

工作条件和设备	地市级		县区级		乡镇		平均	
(一)您开展工作具备的设备和场所有	人数	比例	人数	比例	人数	比例	人数	比例
1. 有固定的办公场所	17	100	45	100	126	86.89	188	90.82
2. 有专门的培训教室与培训设备	13	76.47	33	73.33	32	22.07	78	37.68
3. 有能开展工作的仪器设备	15	88.24	31	68.89	43	29.66	89	43.00
4. 电话	17	100	45	100	145	100	207	100
5. 计算机	17	100	45	100	119	82.09	181	87.44
6. 打印机	17	100	45	100	107	73.79	169	81.64
7. 扫描仪	15	88.24	29	64.44	27	18.62	71	34.30
8. 速印机	5	29.41	13	28.89	0	0	18	8.70
9. 传真机	17	100	28	62.22	95	65.52	140	67.63
10. 专用汽车	13	76.47	19	42.22	23	15.86	55	26.57
11. 计算机上网	17	100	45	100	119	82.09	181	87.44
(二)您认为您的工作条件和设备能否满足工作需要								
1. 能	12	70.59	27	60	41	28.28	80	38.65
2. 不能	5	29.41	18	40	101	71.72	127	61.35

三、农业技术推广部门的推广经费来源

当前,省和地市级层次的农业技术推广机构为国家的全额财政拨款单位,并有一定的推广经费,所以办公和仪器设备比较完善(见表 5-7)。根据《广东省人民政府关于推进基层农业技术推广体系改革与建设的指导意见》的规定,只有县级派出到乡镇或区域农业技术推广机构的人员和业务经费才由县级主管部门统一管理,而对于在乡镇范围内组建的综合性农业技术推广工作机构等这种乡镇公益类事业单位来说,经费的来源却较为复杂,总的说来主要有三个来源:一是县级财政的固定经费;二是少量不确定的项目经费,一般来源于上级农业技术推广机构;三是各种方式的自我创收,主要是经营性收入和服务收费。

从对县(区)、乡镇两级机构调查所反映的情况来看,县级农业技术推广部门来自财政的实拨经费占应拨经费的比例平均在 70%左右,而乡镇层级来源于财政的固定经费却要少得多,仅仅只占 13.53%。在上级推广机构下拨的项目经费(县区层级机构与乡镇层级机构各只占推广经费来源的 8.25%、4.59%)更是杯水车薪的严峻现实环境下,县(区)层级机构,特别是乡镇层级机构只有另寻门路,通过在推广站销售农业生产资料与农作物种子,向农户收取少量的推广服务费用来维持机构的营运与人员的

生存：在县(区)农业技术推广站，自我创收的收入占到了推广经费来源的20.38%，其中经营性收入达到16.47%；在乡镇农业技术推广站，自我创收已经成为他们开展推广工作与维持生计的绝对来源，占推广经费总额的81.67%，其中经营性收入更是占到了77.16%，一旦经营业绩下滑，乡镇机构的营运与人员的生计将面临极大的风险。这也就解释了乡镇机构只有66.67%的在职人员工资费用能及时得到足额发放，以及47.54%的在职人员各种预报销的费用实际能得到报销的主要原因。

在这种严峻的现实下，大量的有一技之长的农技员纷纷跳槽到其他相对高薪而又有保障的行业，或应聘到一些农业龙头企业与农业科技园区，家中有背景的则依靠关系调离到乡镇其他部门，而留守下来的基本上是一些接近退休年龄的老农技员，基层农业技术推广将面临着人员青黄不接的严峻局面，阻碍了农业技术推广工作的有效开展与农业技术效率的提升。

表5-8 基层农技推广部门推广经费来源构成、工资与费用足额发放(报销)情况

调查项目	县(区)级	乡镇
(一)农业科技推广的经费来源构成(%)		
1. 财政固定经费	69.74	13.53
2. 上级推广机构的项目经费	8.25	4.59
3. 自我创收	20.38	81.67
(1)经营性收入	16.47	77.16
(2)服务收费	3.91	4.51
4. 非政府组织资助	1.63	1.21
(二)认为工资、费用能及时足额发放(报销)的人数所占比例		
1. 在职人员工资、费用能及时足额发放(报销)的人数所占比例	97.64	66.67
2. 在职人员各种应予报销的费用(实际报销所占比例)	95.29	47.54

四、农业技术推广机构的服务项目时间耗费

按照2003年农业部对县乡农业技术推广机构职能的界定(杜青林，2003)，县乡层级的农业科技推广机构的主要服务项目可列为四大类：①法律法规授权或者行政机关委托的执法和行政管理工作，如动植物检疫、畜禽水产品检验、农机监理等；②纯公益性工作，如动植物病虫害监测、预报和组织防治，无偿对农民的培训、咨询服务，新技术的引进试验、示范推广，对农药、动物药品使用安全进行监测和预报，参与当地农技推广计划的制订和实施，对灾情、苗情、地力进行监测和报告等；③中介性的工作，如农产品和农用品的

质量检测，为农民提供产销信息，对农民进行职业技能鉴定等；④经营性服务，例如农用物资的经营，农产品的贮、运、销，特色优质农产品的生产和品种的供应等。

此后，广东省为贯彻落实《国务院关于深化改革加强基层农业技术推广体系建设的意见》(国发〔2006〕30号)等文件精神，出台了《广东省人民政府关于推进基层农业技术推广体系改革与建设的指导意见》(以下简称《意见》)，《意见》明确指出，基层农业技术推广机构承担的公益性职能主要是：①开展先进实用技术、农业标准化等技术和新品种的引进、试验、示范和推广。②动植物重大病虫害的监测、预报、防治和处置。③农产品质量安全检测、监测和强制性检验；农业资源、生态环境和农业投入品使用的监测。④水资源管理和防汛抗旱技术服务。⑤农业公共信息服务、农民培训教育服务和农村可再生能源建设等。

可见，与2003年所界定的职能相比，除了农业、畜牧兽医、林业、渔业、水利的经营性服务由农业社会化服务组织承担外，其他的职能仍然保留了下来，只是没有进行系统的归类。虽然经营性服务工作从政策角度已经被取消，但在制度变迁的过程中，原有的制度在一段时间内仍然会沿袭下来，不会马上消失，在广东的乡镇农业推广站，经营性服务工作仍旧是推广站的主要职能之一。因此，为研究的方便，我们在此仍然按照2003年农业部所界定的职能开展调查。

由于在机构设置上，广东省的乡镇农业技术推广机构大多采用综合设置方式，而《意见》规定，在乡镇范围内组建的综合性农业技术推广工作机构，为乡镇公益类事业单位。由于乡镇的农业技术推广员大多由乡镇政府管理，农技员还经常被乡镇政府分派给一些非业务性的工作(如抓计划生育)，基于此，我们在调查中也将此项工作罗列出来。对于上述5个工作项目来说，执法和行政管理类的职能是农业科技推广机构以非行政机构的名义行使行政性的职能，带有很强的强制性，职能界限清晰、弹性有限，小部分伴有收费；对于中介性的服务工作来说，虽然不一定具有强制性，却是垄断性的，而且这种服务不是无偿的；经营性服务工作由于面临市场愈来愈激烈的竞争，早已脱去以往垄断的外衣；作为政府农业科技推广服务的主体性工作的公益性服务，其内容丰富，弹性最高。按照理想的设计，在县区层级，以上五项工作所耗费的时间排序应为：纯公益性工作、行政管理工作、中介性工作、经营性服务工作与非业务性的工作；乡镇层级的排序应为：纯公益性工作、中介性工作、行政管理工作、经营性服务工作与非业务性工作。

表5-9　基层农技部门工作项目所占工作时间比重

农业科技推广部门的工作项目	县区级	乡镇级
1. 行政管理工作	43.45	14.57
2. 纯公益性工作	37.12	46.76
3. 中介性工作	11.91	8.34
4. 经营性服务工作	5.63	25.81
5. 非业务性的工作	1.79	4.52

调查显示，在县区层级，农业科技推广部门花在执法与行政管理类工作上的时间最高（占43.45%），其他依次是纯公益性工作、中介性工作、经营性服务工作与非业务性的工作。在乡镇层级，虽然作为主要工作的纯公益性工作仍然排在首位（占46.76%），但一个明显的变化是经营性服务工作与行政管理工作过多地挤占了纯公益性工作的时间，此外，非业务性工作也时不时干扰着纯公益性工作的开展，而之所以出现这种状况，其主要原因还是乡镇农业推广机构经费不足。

五、农业技术推广部门技术推广方式的采用率

按照《农业技术推广法》对农业技术推广的界定，农业技术推广采取的方式主要为试验、示范、培训、指导以及咨询。但随着信息技术的发展，一些新的方式开始在基层农技推广部门之间运用，如通过手机短信的方式、通过建立专门的农业技术推广网站进行信息发布、通过建立免费农业专家智能语音服务系统提供咨询等。也有研究者提出，可组建以“大学专家＋政府农技推广员＋乡土专家”为主体的农业技术推广团队，通过“示范点”“乡土专家”“村级组织”三个嵌入点向农村推广技术，形成农技推广的“嵌入性”发展模式（陈辉、赵晓峰、张正新，2016）。

调查得知，通过电视广播进行宣传（91.11%）、编辑文字资料进行宣传（77.78%）、举办培训班（71.11%）为县（区）层级农技部门进行农业科技推广所采用的最为主要的方式，其次是进行试验和示范（40%）、田间指导（35.56%），而通过建立农信通给农户手机发布免费短信、建立专门的农业推广网站进行信息发布和提供农业专家智能语音服务系统的采用率则明显要低很多。在乡镇层级的农技推广站，进行田间指导成为所有乡镇农技推广员的首选，通过编辑文字资料进行宣传也为绝大多数乡镇农技推广机构所采用，通过试验和示范、电视广播宣传进行推广的采用率也相对较多。此外，由于一些乡镇建立了农业信息服务站，超过半数的乡镇通过信息服务站给农户免费发送手机短信进行宣传推广；由于较多的乡镇农技站没有专门的培训教室与培训设备，导致通过举办培训班进行推广的方式采用率并不高（40.69%）；通过建立农业推广网站提供推广服务的采用率为8.28%，即使建立了网站的乡镇，笔者发现，推广信息陈旧，长期没有更新，网站没有专人维护，更不用说开展互动式服务；在乡镇基层，还没有农技站采用农业专家智能语音服务系统提供推广服务。

表 5-10　县乡两级基层农技部门推广方式的采用率

推广方式	采用率			
	县区		乡镇	
	人数	比例	人数	比例
1. 进行试验和示范	18	40.00	105	72.41
2. 田间指导	16	35.56	145	100.00
3. 电视广播宣传	41	91.11	98	67.59
4. 文字资料宣传	35	77.78	136	93.79
5. 举办培训班	32	71.11	59	40.69
6. 农信通	11	24.44	74	51.03
7. 农业推广网站	9	20.00	12	8.28
8. 农业专家智能语音服务	5	11.11	0	0.00

以上说明，基层农业技术推广，无论是县区还是乡镇层级，传统推广方式仍然占主导地位，而传统的推广方式由于受到农技员技术的掌握、激励机制、工作条件和环境的制约，正面临巨大的威胁；新的、现代化的农业科技推广方式又受制于资金、人才与农户文化程度、经济条件的限制，采用率非常低下。传统与现代推广方式所遭受的困境，使得基层农业技术推广正遭受着前所未有的挑战。正因为如此，有研究者认为，由于我国农民文化水平普遍不高，技术技能较差，人际网络半径小，接受新技术以模仿别人为主，相比传统自上而下官僚化的组织传播，网络化互动参与式的体验传播更适合我国的农业技术推广（邵腾伟、吕秀梅，2013）。

六、基层农业技术推广机构的技术来源

由于县（区）、乡镇这两个层级的技术直接服务于农户，他们的技术来源途径是关系到农户采用此技术后收入能否提高的关键。根据对地市级与县区级农业技术推广机构的负责人的调查与对乡镇农技员的访谈，县（区）、乡镇这两个层级的技术推广机构其技术主要来源渠道有：农业科研院所与大专院校、科技光盘、计算机网络、政府部门文件、广播电视、书籍报刊以及其他推广供给主体（如农业专业技术协会、农业科技示范园区等）。

调查显示，对于县（区）层级的农业技术推广机构来说，其技术来源主要是计算机网络（96.52%）与书籍报刊（90.87%），其次是广播电视（76.63%）与科技光盘（72.74%），还有超过一半的农技员认为来自政府部门的文件，而认为来自科研院所与其他推广供给主体的农技员的比例则较少。对于乡镇层级的农业技术推广机构，在主要来源上，除了来自政府部门的文件远高于县（区）层级之外，其他渠道基本较为接近，只是直接来源于科研院所与其他推广供给主体的比例进一步减少。这说明，报刊书籍、电脑网络、广播电视、科技光盘与政府部门的文件等传统渠道在农业技术推广中发

挥着重要作用。但农业技术推广机构的技术来源仍然利用不足，特别是作为科技成果与技术的重要产生源泉的农业科研院所与农业大专院校还没有被广大基层农业科技推广机构与人员所重视和利用；农业科技示范园区与农民合作组织这些农业科技推广供给主体的技术也未能得到有效利用，利用空间还比较大。

表 5-11　基层农业技术推广部门的技术来源渠道

技术来原渠道	县(区)层级		乡镇层级	
	人数	比例	人数	比例
1. 科研院所	12	26.38	23	15.82
2. 科技光盘	33	72.74	89	61.26
3. 网络	43	96.52	141	97.47
4. 政府部门文件	26	58.46	124	85.57
5. 广播电视	34	76.63	105	72.36
6. 书籍报刊	41	90.87	133	91.57
7. 其他推广供给主体	17	36.91	46	31.75

七、简短的结论

通过以上分析，我们可以得到这样的结论：农技人员数量缺乏、文化素质较低且培训滞后，工作条件和设备不能满足现代农业技术推广的要求，推广经费的缺乏，职能界限的不清晰，推广方式传统，技术来源不足，这些因素严重制约着农业技术效率的进一步提高与发展，必须引起政府相关职能部门的高度重视。

第三节　农业技术推广供给的博弈分析

虽然农业科技成果与农业技术属于农业科研当中的应用研究，不是纯公共产品，但它们介于纯公共产品和俱乐部产品之间，在不同程度上具备一般公共产品的两大特性：农业生产大多属于生物产品的生产，生物产品的自我繁殖特征使它具有一般公共产品的非排他性；同时，农业科技成果与农业技术一旦形成，某些农户对某种成果或技术的采用不会限制其他农户对该技术的采用，这就使它具有一般公共产品的非竞争性特性。一方面，农业科技成果与技术的这种一般公共产品特性，决定了政府在农业科技推广供给中的主体地位。即使是在市场经济高度发达的西方国家，农业科研投资中政府的财政支出依然保持着绝对地位(如法国，其经费 90%左右来源于政府拨款；再如日本，国立农林水产科研机构经费的 99%来自农林水产省，都道府县农林水产研究机构经费的 93%来自当地政府)。另一方面，农户农业科技需求的多样性也为不同市场主体参与到农业技术推广供给提供了较大的可用空间。当前，基层农业技术推广体系存在农业科研、教育和推广缺乏良性协作机制、推广机构对推广工作创新不够、推广队伍供给与务农劳动者需求偏差大、推广体系缺乏政府长期稳定支持、推广工作法律法规有待完善等问题(郑红维等,2011)。

毋庸讳言,农业技术推广供给的主体是各层级政府,特别是作为与农户接触最频繁、联系最为紧密的县(区)政府与乡镇政府的派出机构农业技术推广机构,但同时又要清醒地认识到包括科教结合型的科技示范园区、农村合作经济组织、以产业化为龙头的农业企业等非政府组织这些技术推广供给主体在其中所起到的协作与补充作用。作为政府的农业技术推广机构,它的目标是实现农业科技化、现代化与社会效益的最大化,推动农业经济增长、农村发展和农户收入水平的提高;而非政府农业技术推广机构的核心目标,是通过科技的推广使自身获得更大的利润;对农业科技成果与技术有需求的农户的目标,则是通过科技成果与农业技术的低成本采用来实现自身经济效益的最大化。因此,政府的农业技术推广机构、非政府的农业技术推广机构、农户,三者之间存在着博弈关系。

博弈论可以划分为合作博弈(cooperative game)和非合作博弈(non-cooperative game),经济学谈到的博弈论,一般指的是非合作博弈,很少指合作博弈。[①] 非合作博弈强调的是个人理性、个人最优决策,其结果可能是有效率的,也可能是无效率的。从参与人行动的先后顺序角度看,博弈可划分为静态博弈(static game)和动态博弈(dynamic game),如参与人同时选择行动或虽非同时但后行动者并不知道先行动者采取了哪些具体行动,这就叫静态博弈;反之,则是动态博弈。从参与人对有关其他参与人(对手)的特征、战略空间(什么时候选择什么行动规则)、支付函数(从博弈中获得的效用水平)是否获得准确的了解角度看,博弈可分为不完全信息博弈(没有准确的了解)和完全信息博弈(有准确的了解)。

将上述两个角度的划分结合起来,就可得到四种不同类型的博弈模型,即完全信息静态博弈、完全信息动态博弈、不完全信息静态博弈、不完全信息动态博弈。

为方便起见,本书主要从基层政府农业技术推广机构的管理和非政府农业技术推广机构的服务质量这两个方面讨论对农业技术推广过程的影响,从而揭示影响农业技术推广发展的主体互动。无论是政府型农业技术推广主体还是非政府型农业技术推广主体,在与农户的博弈中,他们总是先于农户一步采取行动,取得博弈中的主动,而农户只能被动地听从推广供给主体的指令作出接受与不接受的选择。因此,他们之间的博弈都属于动态博弈类型。

一、基层政府农业技术推广机构与农户的博弈

基层政府对农业技术推广的扶持和引导[②]是影响农户采用科技成果与农业技术的重要因素,而当这些初始条件皆具备后,基层政府农业技术推广机构的管理状况仍

---

① 张维迎:《博弈论与信息经济学》,上海三联书店、上海人民出版社2004年版。

② 包括提供推广经费、完善办公设施与办公条件、对农户进行教育与培训、政策引导与激励、财政补贴等。

然迎合农户科技成果与技术的采用趋向。

1. 不完全信息动态博弈模型

该模型中存在以下几个基本的假设：

(1)只有基层政府(县区政府或乡镇政府)农业技术推广机构和农户两个博弈参与者。

(2)基层政府和农户均为理性人，双方都是以自身收益最大化为目标。

(3)农户对基层政府农业技术推广机构拥有的信息不完全，不了解基层政府真实的成本收益，不能确定基层政府能否搞好农业技术推广工作。

(4)农户对科技成果或技术本身以及相关配套投入具备相应的筹资能力，受益水平能接受。

(5)基层政府是否对农业技术推广工作进行扶持和引导为其首选，农户根据对基层政府行动的判断，选择是否采用科技成果或技术。

根据以上五个假设，可以建立博弈树(见图 5-1)。此树图可分为四个阶段：

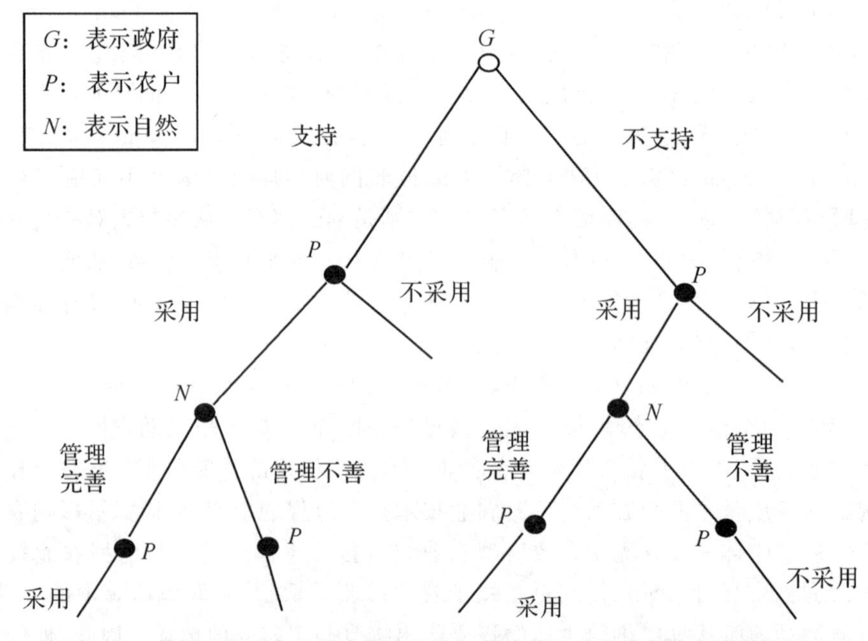

图 5-1 基层政府型农业技术推广机构与农户的不完全信息动态博弈模型

第一阶段：基层农业技术推广机构先行动，选择是否支持某项农业科技成果获技术的推广。

第二阶段：基层农业技术推广机构作出决策之后，农户选择采用还是不采用某项农业科技成果或技术。

第三阶段：由自然(N)选择基层农业技术机构对农业科技成果或技术的后续管理与指导是否完善。

第四阶段：农户在观察到或感受到基层政府农业技术推广机构对科技成果或技术的后续管理与指导状况之后，决定是否继续采用该项成果或技术。

表 5-12　不完全信息条件下基层政府型农业技术推广机构与农户的博弈路径

路径	政府支持	农户采用	自然管理	持续采用
1	否	否	—	—
2	是	否	—	—
3	否	是	否	否
4	是	是	否	否
5	否	是	是	是
6	是	是	是	是

路径一:基层政府型农业科技技术机构选择不推广,农户选择不采用,则农业科技成果或技术不能推广。

路径二:基层政府型农业技术推广机构选择推广,农户选择不采用,则农业科技成果或技术不能推广。

路径三:基层政府型农业技术推广机构选择不予推广,农户选择采用,农业科技成果或技术能得到推广,之后,由自然选择农业技术推广管理状况,管理不善则农户在第二次选择不采用,农业科技成果或技术不能继续推广。

路径四:基层政府型农业技术推广机构选择愿意推广,农户选择采用,农业科技成果或技术能得到推广,之后,由自然选择农业技术推广管理状况,管理不善则农户在第二次选择不采用,农业科技成果或技术不能继续推广。

路径五:基层政府型农业技术推广机构选择不予推广,农户选择采用,农业科技成果或技术能得到推广,之后,由自然选择农业技术推广管理状况,管理完善则在以后能吸引农户选择采用,农业科技成果或技术能继续推广。

路径六:基层政府型农业技术推广机构选择愿意推广,农户选择采用,农业科技成果或技术能得到推广,之后,由自然选择农业技术推广管理状况,管理完善则吸引农户在第二次选择继续采用,农业科技成果或技术可以持续推广。

由上述分析可知,在以上六种博弈路径中,农户在前两种选择不采用,农业科技推广因缺少农户的参与而无法实现;在第三种、第四种路径中,农户选择采用,农业科技成果或技术能够得到推广,但因自然选择管理不善,农户采用不可持续,农业技术推广也无法继续下去;在第五种、第六种路径中,农户选择采用,自然选择管理完善,农户采用可以持续,农业科技成果或技术也能持续得到推广。

2. 完全信息动态博弈模型

与不完全信息动态博弈模型比较起来,完全信息动态博弈模型在假设上还存在以下两点不同:①基层政府型农业技术推广机构与农户都具有完全信息,都完全知晓对方所选行动的不同组合以及这样的组合所带来的收益。②政府型农业技术推广机构对农户采用成果与技术的引导和扶持可量化。

根据前述与以上两点假设，可建立博弈树如图 5-2 所示。

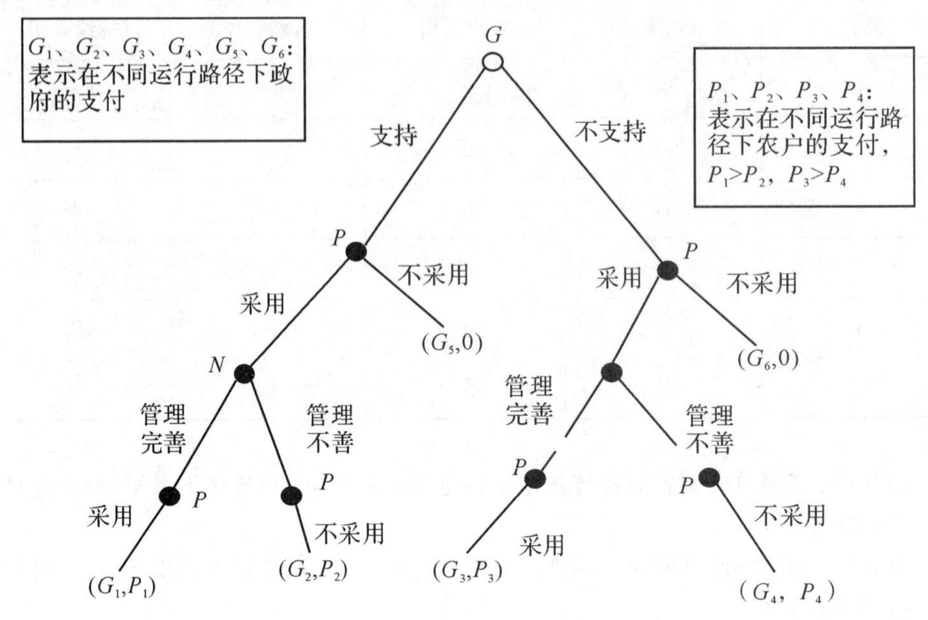

图 5-2　基层政府型农业技术推广机构与农户的完全信息动态博弈模型

图 5-2 中，每一个决策原点都可看作是一个信息集，因此，如要求解，反向归纳法最为合适。可以将 P 看作最终的决策点，农户根据基层政府型农业技术推广机构管理是否完善来决定是否继续采用成果或技术；可以将 G 看作是次决策点，基层政府型农业技术推广机构管理是否完善取决于该机构的收益状况，即 $G=I-C$。式中，I 表示该推广机构的毛收益（包括推广所取得的政绩、上级的奖励、农户的认可所带来的满足感）；C 表示该推广机构开展农业科技推广的成本（包括组织、管理、补贴的花费）；G 表示该推广机构的纯收益。

若该推广机构无论管理完善还是不完善，都有 I_W（管理完善毛收益）$=I_b$（管理不完善毛收益），由于 $C_W>C_b$（因管理完善需花费更高的成本），故有 $G_W>G_b$。在此情形下，基层政府型农业技术推广机构必定会选择管理不完善来降低成本以获取最高的纯收益。但若该推广机构认为完善管理可以获得额外的收益 G'，使得 $I_W=I_{b+}G'$，则当且仅当 $I_W-C_W>I_{b-}C_b$时，该基层政府型农业技术推广机构才有可能选择对管理进行完善。在信息充分，农户对该推广机构的成本与收益全部了解的情形下，利用反向归纳法可得出如表 5-13 所示的结果。

表 5-13　完全信息条件下反向归纳推广机构与农户的博弈

类型	纯收益条件	阶段	阶段选择	均衡收益
Ⅰ	$I_W - C_W < I_b - C_b$ $I_W = I_b, G_W < G_b$	3	推广机构管理完善收益小于管理不完善收益，故选择管理不完善	推广机构不支持，农户不采用，支付为(0,0)
		2	农户知晓阶段3推广机构的管理将不完善，故选择不采用	
		1	推广机构了解阶段2农户不采用，故选择不支持	
Ⅱ	$I_W - C_W > I_b - C_b$ $I_W = I + G', G_W > G_b$	3	推广机构管理完善收益大于管理不完善收益，故选择管理完善	推广机构支持，农户采用，支付为(G_1, P_1)
		2	农户知晓阶段3推广机构的管理将完善，故选择采用	
		1	推广机构了解阶段2农户将采用，故选择支持	
Ⅲ	$I_W - C_W = I_b - C_b$ $I_W = I_b, G_W = G_b$	3	推广机构管理完善收益等于管理不完善收益，随机选择管理是否完善	推广机构不支持，农户不采用，支付为(0,0)；推广机构支持，农户采用，支付为(G_1, P_1)
		2	农户根据阶段3推广机构的管理完善与否，相应作出采用决定	
		1	推广机构根据阶段2农户采用与否，相应作出支持决策	

由表5-13可知，在完全信息条件下，农户是否继续采用科技成果或技术主要取决于该农户对基层政府型农业技术推广机构成本与收益类型的判断：

(1)若农户认为推广机构的成本收益为$G_W < G_b$，农户将不予采用，推广机构也不会支持，均衡支付为(0,0)，科技成果或技术不能够得到持续推广。

(2)若农户认为推广机构的成本收益为$G_W > G_b$，农户将采用，推广机构也会支持，均衡支付为(G_1, P_1)，科技成果或技术能够得到持续推广。

(3)若农户认为推广机构的成本收益为$G_W = G_b$，农户采用与推广机构支持都是随机的，科技成果或技术能不能够得到持续推广具有不确定性。

二、非政府型农业技术推广机构与农户的博弈

科教结合型的科技示范园区、农村合作经济组织、以产业化为龙头的农业企业等非政府组织这些科技推广供给主体在农业技术推广中的地位和作用与基层政府型农业技术推广组织是存在较大差距的，它们在其中主要起到的协作与补充作用，又由于非政府型机构不同主体给农户提供的补偿机制不同，故而它们在与农户的博弈中的地

位和作用也出现不同程度的差异。虽然如此，但毕竟它们同属于非政府组织机构，均为农户获取科技成果或技术的重要来源，在农业技术推广中起着桥梁作用，连接着农户和市场，与农户的关系就好比市场中企业与顾客间的关系，它们的服务质量直接制约着农户对科技成果与技术的采用；同时，它们和政府型机构保持着双向关系，在政府制定的政策、制度和提供的平台上向政府反馈各自的推广成果、提供基层农业科技推广的解决方案。此外，它们的成本收益结构比较接近，行为取向大致相似。基于此，为便于讨论，笔者在博弈模型中将这些主体假设为一个博弈方。

1. 不完全信息动态博弈

对于不完全信息动态博弈，非政府型农业技术推广机构与农户之间的博弈存在着基层政府型农业技术推广机构与农户之间博弈完全相同的假设，只是博弈的一方由基层政府型机构改换成非政府型机构而已。但在博弈模型图上，却存在较大区别，如图5-3所示。

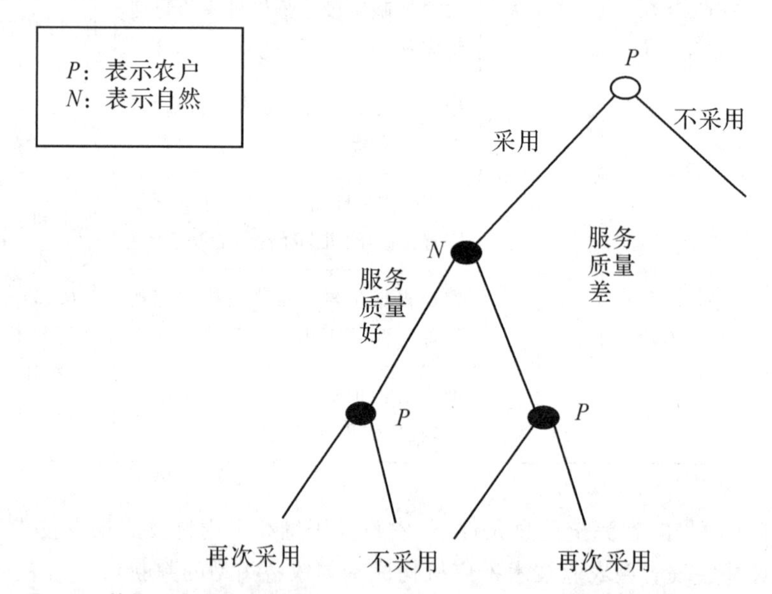

图 5-3　基层政府型农业技术推广机构与农户的不完全信息动态博弈模型

从图5-3可以看出，在不完全动态信息条件下，非政府型农业科技推广机构与农户的博弈可从三个阶段来进行理解：

首先，农户率先对要不要采用某项农业科技成果或技术作出选择；

其次，由自然(N)针对非政府型农业技术推广机构的服务质量的好坏作出选择；

最后，农户针对非政府型农业技术推广机构的服务质量的好坏，修正之前对该机构的不完全信息，决定下次是否选择继续采用该机构推广的成果或技术。若自然选择推广机构的服务质量好，农户下一次会选择继续采用，反之，则不选择。由此可见，在不完全动态信息条件下，自然所作出的选择是整个博弈过程的关键。

2. 完全信息动态博弈

非政府型农业技术推广机构与农户的博弈遵循着基层政府型农业技术推广机构

与农户博弈的相同假设，只是博弈的一方由政府型改换成非政府型，博弈的信息由服务质量的好坏替代成本收益。基于此，可建立如图5-4所示的博弈模型。

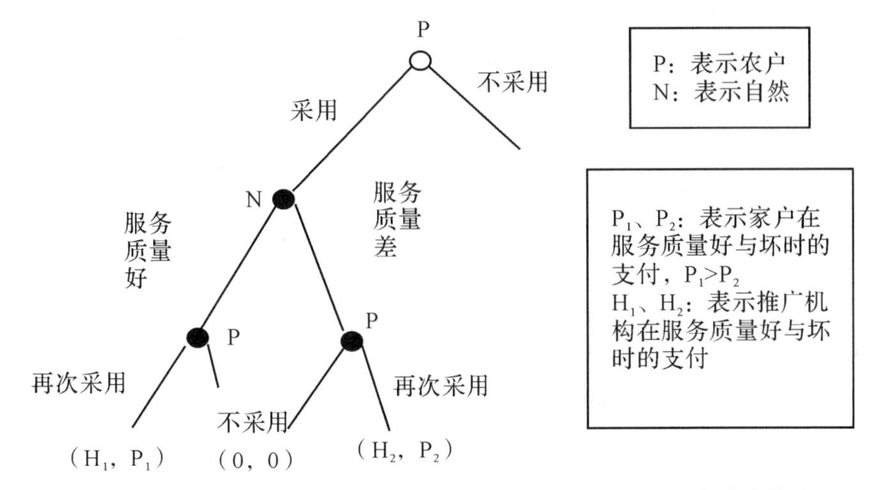

图5-4　基层政府型农业技术推广机构与农户的不完全信息动态博弈模型

假设非政府型农业技术机构的收益函数为 $H=I_h-C_z-C_j$。其中 H 为非政府农业技术推广机构的纯收益，C_z 为该机构进行技术推广的直接成本，C_j 为该机构进行技术推广的间接成本（主要指继续拥有推广服务资格的费用、因服务质量原因可能遭受的惩罚、信誉损失等预期损失）。

若对 C_z 与 C_j 进一步细分：用 C'_z 代表该机构服务质量好时的直接成本，C_z^2 代表其服务质量差时的直接成本，则有 $C'_z>C_z^2$；用 C'_j 表示该机构为拥有推广服务资格所花费的费用，C_j^2 表示因服务质量的不好而可能遭受的惩罚、信誉损失等成本。则 $H_1=I_h-C_z^1-C_j^1$，$H_2=I_h-C_z^2-C_j^2$。

由此，非政府农业技术推广机构与农户的博弈可分为表5-14中的三种类型。

表5-14　完全信息下非政府机构与农户的动态博弈类型

类型	机构纯收益	机构的选择	农户的选择	成果或技术的推广
Ⅰ	$H_1>H_2$	服务质量好	继续采用	可以持续推广
Ⅱ	$H_1<H_2$	服务质量差	不再采用	不能持续推广
Ⅲ	$H_1=H_2$	随机选择	随即采用	随机持续

很显然，在完全信息环境下，农业技术推广取决于农户对非政府机构成本与收益类型的判断，若农户认为 $H_1>H_2$，农户会选择继续采用，农业科技成果或技术可以得到持续的推广；若农户认为 $H_1<H_2$，农户会选择不再采用，农业科技成果或技术不能得到继续推广；若农户认为 $H_1=H_2$，农户是否会选择持续采用具有较大的随机性，农业科技成果或技术持续的推广也会是随机的。

三、结论

由上可知，针对不完全信息环境，农户在不知晓基层政府型推广机构和非政府型推广机构确切的意图和成本收益的情形下，只能根据自身成本收益和对基层政府型与非政府型机构的先验类型判断并决定是否采用。农户采用科技成果或技术后通过自己的观察不断修正对推广机构成本收益的判断，若发现管理完善、服务质量良好，能使自身收益增加并有保障，则会选择持续采用成果或技术，否则将会选择退出。因此，基层政府型机构的管理状况和非政府型机构的服务质量对农业科技成果或技术的推广起着最为关键的作用。

在完全信息环境下，农户对基层政府型推广机构和非政府型推广机构的管理是否完善、服务质量是否优良的各情形下的成本收益有着详尽的知晓，若农户认为基层政府型推广机构管理完善的纯收益大于管理不完善的纯收益、非政府性推广机构有着良好的服务质量的纯收益高于服务质量较差的纯收益，农户就会选择持续采用科技成果或技术，这时农业技术推广的持续发展就会达成。因此，面对完全信息环境，基层政府型推广机构和非政府型推广机构的成本收益是影响农业科技推广的关键，而管理的完善和优良的服务质量对吸引农户持续采用科技成果或技术具有决定性意义。农户对基层政府型推广机构和非政府型推广机构的先验类型的判断，将对科技成果或技术的持续推广起着决定性。

当基层政府型推广机构由于受到特定激励而大力推广科技成果或技术时，由于农户对基层政府型推广机构的信息拥有不完全，这个时候的农户大多是抱着试试看的心理来采用成果或技术，如果他发现基层政府型推广机构管理不完善从而导致自身收益下降时，下一次将决定不再选择采用，农业科技的推广将不能持续。若农户通过信息的长期积累对基层政府型推广机构具有相对完全的信息时，农户的选择则由其对基层政府型推广机构类型的判定来决定。当前，虽然许多基层政府在农业科技推广的设备设施提供上有了一定程度的改善，建立了乡镇甚至村级推广服务站、个别地方开通了智能语音系统、配备了小汽车等先进的仪器与交通工具，但许多农户对基层政府型推广机构始终不太信任，采用成果或技术的热情不高，这完全可以理解成是完全信息条件下农业科技推广供给博弈的结果。

当前，非政府型机构农业技术推广的领域还比较狭窄，主要分布在农产品的商品化程度与价值比较高，注重规模化生产的农业领域，一般的自给自足性生产与一般的大田粮食生产所需的技术推广服务，由于农户对技术的需求较弱，非政府型机构获利的可能性较少，非政府机构一般不予介入，尤其是对小农户。在这种情况下，不提供优良的科技服务往往也不会导致间接成本增大。这样，即使这些非政府型机构服务质量较差，但凭借推广高价值农产品及其技术、向种养栽大户推广科技成果或技术，同样可以实现盈利，不会退出技术推广行业。而大量的小农户则会因为这类机构的存在不愿持续采用成果或技术，造成农业科技推广有效供给不足。

推广机构与农户博弈支付不是一成不变，而是动态发展的。农户和推广供给主体之间不仅相互博弈，而且在博弈的过程中还会促进双方的改进，从而使得下一次博弈的支付集合发生变化，促进博弈结果不断优化。博弈的重复性决定了适应市场需求，能够给农户带来经济效益的科技成果与技术最终会被农户所接受。

第四节　农业技术推广人员的推广意愿及其影响因素

有学者认为，在农业技术进步中，起关键作用和发挥主要推动功能的是农业技术推广机构和人员，他们是农业技术进步的重要保证。[①] 但当前，农业推广的形式却不容乐观，综合一些学者的定性研究，主要认为：政府型农业科技推广供给主体由于物质激励手段单一，收入不合理，精神激励流于形式而出现“政府失灵”与“市场失灵”，寄希望于具有第三部门属性的农业高等院校，而农业高等院校的科研人员在当前的绩效考核体制的制约下，重教学科研轻推广的现象比比皆是（刘怀，2005；姚晓霞，2006）。这种状况导致了政府型专职农业科技推广机构与农林院校兼职推广人员大大缩减，推广的积极性严重受挫。此外，基层农业技术推广的经费保障制度、工作设计制度、人员管理制度、对外合作发展制度对农技员技术推广行为有显著影响；不同制度设计对农技员技术推广行为的影响差异较大，较关注农技员切身利益、技能培训及技术推广过程管理的制度对农技员技术推广行为有重要影响；农技员的技能、工作经验与工作保障条件等对农技员技术推广行为的影响也比较明显（王建明等，2011）。分别从考核主体、考核内容、考核方式、对考核结果的利用（激励模式）、与考核结果挂钩的紧密程度以及考核项目构成6个方面来分析考核激励机制安排对农技推广人员推广行为和推广绩效的影响的研究结果显示，考核激励机制对农技推广人员的推广行为和推广绩效均有显著影响（申红芳、王志刚、王磊，2012）。也有研究者提出，编制、三权管理等管理体制和农技员的从业年限、学历、职称等个人特征对农技推广参与度有显著影响（申红芳等，2012）。基于此，有研究者从系统动力学角度，提出了合作农业推广这一说法，认为利益驱动、技术带动、政府推动和市场拉动是合作农业推广的四大动力来源，提出了推广物品属性、交易成本和合作协同三大动力原理（高启杰、姚云浩、马力，2015）。

由于从事农业技术推广的主要为基层农技人员，因此，与上述学者的研究不同，本节主要通过对基层农业技术推广人员的实地调查与访谈，在掌握第一手微观资料的基础上，对基层农业科技推广人员的推广意愿进行统计性描述，在此基础上，建立计量模型，进一步分析影响其推广意愿的影响因素。

一、样本统计性描述

本节所用的数据在本章第二节介绍政府主导型农业科技推广供给的现状调查时，已经从来源的层级与层次、性别、年龄与职称构成、研究的类别、来源的地区分布等角

---

① 戴思锐：《农业技术进步过程中的主体行为分析》，载《农业技术经济》1998年第1期。

度做过详细介绍，在此不再赘述。

在165个农业科技推广人员当中，有131个愿意参与农业技术推广，占样本总数的79.39%，总的来说，参与推广的意愿并不低。为更全面、深入地了解农业科技推广人员的意愿情况，下面分别从个人的性别、年龄、职称、文化程度、科研年限等个人特征变量；从来源的层级、层次、科研项目的类别等环境变量；从对所在机构推广的管理、对推广技术的关注、推广绩效考核结果的运用等推广的认知变量等三个大的方面来描述农业科技推广人员的推广意愿。

1. 个人特征方面考察

(1)性别

由于农业科技推广很多时候需要在田间开展现场工作，对推广人员的身体素质提出了较高的要求，而男性特别是成年男性的身体素质普遍要优于成年女性。因此，在推广意愿方面，男性的推广意愿达到了78.5%，女性只有63.79%，男性较之女性要高出近15%。

(2)年龄

对于农业技术推广工作来说，随着年龄的增长，从事研究的科研人员拥有的科技成果会越多，从事专职推广的人员推广经验会越丰富、对技术的掌握程度也越精湛，他们是农业科研创新与科技推广的主要力量。此外，由于年龄的增长以及长期从事这方面的工作，他们要想改换工作也会遇到不少行业障碍。因此，年龄在41～60岁之间的农技人员，他们的推广意愿是最高的，达到了84%～85.71%。

表5-15　农业技术人员的个人特征与科技推广意愿

个人特征		人数	比例
性别	男	84	78.50
	女	37	63.79
	小计	121	73.33
年龄	30岁以下	25	60.98
	31～40岁	41	73.21
	41～50岁	42	84.00
	51～60岁	12	85.71
	60岁以上	1	25.00
职称	正高	14	82.35
	副高	16	80.00
	中级	59	74.68
	初级	25	65.79
	无职称	7	41.18

续表

个人特征		人数	比例
受教育水平	大学本科及以上	14	63.64
	大专	13	68.42
	高中或中专	24	82.76
	初中	65	77.38
	初中以下	5	45.45
从事农业科研或科技推广的工作年限	15 年以上	47	87.48
	10—15 年	35	83.75
	5—10 年	21	75.16
	1—5 年	11	62.53
	1 年以下	7	53.69

(3)职称

职称是教育程度高低、工作年限、工作技能与工作态度的综合集成的反映，从表中可以看出，职称越高，农技人员参与农业科技推广的意愿就越强。正高、副高、中级、初级以及没有职称的农技员的推广意愿分别是 82.35%、80%、74.68%、65.79% 与 41.18%。

(4)受教育水平

农业技术推广强调农技人员对技术的掌握与沟通，而对于技术与沟通来说，与文化程度的高低并没有直接关系，而是与一个人的动手能力、性格有着一定关系。表5-15就显示了这种状况，推广意愿最强的为高中或中专学历的农技员，达到了82.76%，其次是初中文化程度的农技员，也有 77.38%。相反，大专以及大学本科及以上文化程度的农技员，他们的推广意愿分别只有 63.64%与 68.42%。

(5)从事农业科研或技术推广的工作年限

工作年限越长的农技人员，其科技推广的工作经验越丰富、科技创新的成果也越多，而在当前大力倡导“产学研”一体化思想的指导下，这些科技人员的推广意愿也越高。正如表 5-15 所示，工作年限在 15 年以上的农业科技人员，其推广的意愿达到了87.48%；工作年限在 10～15 年的为 83.75%；工作年限在 1 年以下的，其推广的意愿最低，仅为 53.69%。

2. 环境特征方面考察

农业技术人员的所处的环境特征与其推广的意愿的构成如表 5-16 所示。

表 5-16　农业技术人员的环境特征与其推广意愿

环境特征		人数	比例
所在区域	珠三角	16	57.14
	粤东	25	71.79
	粤西	42	79.25
	粤北	38	84.44
工作类别	基础研究	0	0
	应用研究	2	40.00
	试验发展	8	61.54
	成果推广	111	76.55

(1)所在区域

表 5-16 显示，珠三角、粤东、粤西与粤北四个不同农业生态区的农业技术推广人员的推广意愿分别为 57.14%、71.79%、79.25%、84.44%，呈递增趋势。可见，经济越欠发达的地区的农技员，其推广的意愿越强，这可能是因为作为经济欠发达地区的农技员来说，他的就业可选范围相对狭窄，而能够拥有这么一份工作相对来说还是比较体面和有保障的。

(2)工作类别

基础研究的本质在于通过建立复杂的数学模型，对现象和可观察事实进行量化，从而得出相应的基本原理或产生新的理念、思维等新知识而进行的多次实验性和理论性工作，为应用研究与试验发展提供一个支撑平台，而不在于获取应用成果，故相对于应用研究、试验发展、成果推广转化及其他科技研究面向应用的研究而言，从事基础研究的农业科研人员推广意愿不大。应用研究与试验发展的科技人员相对于专职从事成果推广的人员来说，其意愿也比较低，分别只有 40%与 61.54%。

3. 认知特征方面考察

(1)所在单位对推广的管理

如果农技推广人员认为所在单位对推广的管理好，让农技人员感觉到前途与希望，他就受到较大的激励，其推广的意愿就强。调查显示，认为所在单位推广管理“非常好”的农技员，其意愿达到了 89.71%，认为“好”的农技员，其意愿为 81.54%，而对所在单位推广管理评价为“很差”与“差”的农技员，推广的意愿还不到 60%，分别为 58.74%和 50.69%。推广管理差，推广的意愿不强，农户对农业科技成果或技术的采用选择就会低，这也从侧面印证了笔者在论证农户与基层政府型科技推广机构进行博弈时农户所作出的选择。

(2)推广成果在绩效考评中的体现

当农技人员与自己过去的推广绩效、与从事同样的工作的同事的推广绩效、与其他推广机构的农技员的推广绩效、与其直接上司和其他领导的推广绩效相比较，感觉自己得到了公平、公正的待遇时，就会认为其推广成果在绩效考评中得到了体现，其推广的意愿就会越高。调查显示，认为其推广成果在绩效考评中体现得“很充分”“充分”“一般”“不充分”和“很不充分”的农技员，推广意愿所占比例分别为92.81%、85.24%、76.93%、60.17%和44.65%。这充分说明，有效的激励机制在农业科技推广过程中的效果与作用。

(3)对推广技术的关注度

若农技员对推广的技术所产生的效果不断地进行跟踪分析与矫正，不断地吸收新技术与新知识，了解技术前沿面，就认为他对推广技术的关注度高。调查同样显示，对推广技术关注程度高的农技员，其推广的意愿就强，如果用“十分关注”“关注”“一般”“不太关注”“很不关注”来描绘农技员的关注度，则各关注度下的农技员的推广意愿分别为90.11%、86.34%、71.58%、56.43%、47.72%，对推广技术“很不关注”的农技员，其推广的意愿明显低了许多。

表5-17 农业科技人员的认知特征与其推广意愿

认知特征		人数	比例
对所在单位推广管理认知	非常好	13	89.71
	好	25	81.54
	一般	31	73.38
	差	23	58.74
	很差	19	50.69
对所在单位推广成果在绩效考评中的体现认知	很充分	9	92.81
	充分	23	85.24
	一般	61	76.93
	不充分	17	60.17
	很不充分	11	44.65
对推广技术的关注度	正高	11	90.11
	副高	29	86.34
	中级	43	71.58
	初级	18	56.43
	无职称	10	47.72

二、农业技术推广人员推广意愿的影响因素分析

1. 模型的选择及变量的说明

农业技术推广人员在进行技术推广意愿选择时，作为理性人，笔者假设他遵循当前普遍认可的社会价值观，能够自主地选择自己的意愿。于是，可以构建一个农业科技人员技术推广意愿的简单模型。

$Y=F(PC,EC,CC)+u$

其中：

Y 指农业技术人员技术推广的意愿

PC 指农业技术人员个人特征变量①

EC 指环境特征变量②

CC 指认知特征变量③

u：指随机误差项

要研究定性变量与其影响因素，Multinamial log*it* 模型是较为有效的工具。对农业科技人员的推广意愿进行研究，很显然，这是一个二元选择的问题，拟采用二元的 Multinamial log*it* 模型进行分析。被解释变量为 Y，解释变量为 PC、EC 与 CC 这三大类，各被解释变量与解释变量定义如表 5-18 所示：

表 5-18　模型变量定义及取值

模型变量	取值	变量含义
被解释变量		
推广意愿(Y)	0,1	0＝不愿意，1＝愿意
解释变量		
(1)个人特征变量(PC)		
性别(XB)	0,1	0＝女，1＝男
年龄(NL)	0,4	0＝30 岁以下，1＝31～40 岁，2＝41～50 岁，3＝51～60 岁，4＝60 岁以上
受教育水平(JY)	0,4	0＝中专，1＝大专，2＝本科，3＝硕士，4＝博士
职称(ZC)	0,4	0＝无，1＝初级，2＝中级，3＝副高，4＝正高
工作年限(NX)	0,4	0＝1 年及以下，1＝1～5 年，2＝5～10 年，3＝10～15 年，4＝15 年以上
(2)环境特征变量(EC)		
所在区域(QY)	0,4	0＝珠三角，1＝粤东，2＝粤西，3＝粤北

① 包括性别(XB)、年龄(NL)、受教育水平(JY)、职称(ZO)与工作年限(NX)，其中性别为虚变量，以女性为参照。

② 包括地区的不同(QY)、来源层次的不同(LC)与工作类别(XL)的差异，地区以珠三角为参照，工作类别以基础研究为参照，来源层次以大专院校为参照，均为虚变量。

③ 包括个人对所在单位推广管理的评价($\dot{A}/A$)、对推广成果在绩效考核中体现的评价($=\dot{Q}/Q-W_K.\dot{K}/K-W_L.\dot{L}/L$)、对推广技术的关注程度($W_K=\frac{\partial Q}{\partial K}.\frac{K}{Q}$，$W_L=\frac{\partial Q}{\partial L}.\frac{L}{Q}$)。

续表

模型变量	取值	变量含义
来源层次（LC）	0,2	0=大专院校，1=科研院所，2=乡镇推广站
工作类别（XL）	0,4	0=基础研究，1=应用研究，2=试验发展，3=成果推广转化
(3)认知特征变量（CC）		
所在单位推广的管理（DT）	0,4	0=很差，1=差，2=一般，3=好，4=非常好
推广成果在绩效考评中的体现（GX）	0,4	0=非常不充分，1=不充分，2=一般，3=好，4=非常好
推广信息的关注度（XG）	0,4	0=很不关注，1=不太关注，2=一般，3=关注，4=十分关注

设 $Y=1$ 的概率为 p，则 y 的概率分布函数为：

$f(Y)=p^{y}(1-p)^{(1-y)};Y=0,1$　　(1)

(1)式中的概率由农业技术人员的特征所决定，其关系服从 *Logistic* 函数，可采用最大似然法对回归参数进行估计，则二元 *Logit* 模型可以写成如下形式：

$$p_i=F(\alpha+\sum_{i=1}^{n}\beta_i x_{ij}+\mu) \qquad (2)$$

其中 p_i 为农业科技人员技术推广意愿的概率，为避免由于个人特征变量职称与受教育程度之间、年龄与工作年限之间可能存在相关性导致模型计量结果的多重共线性问题，因此在模型计量时本书将可能存在共线性的变量分开，分别设置四个不同的模型，分别为：

$$p_1(i)=\frac{1}{1+e^{-(X_1XB+X_2NL+X_3JY+X_4QY+X_5LC+X_6GL+X_7DT+X_8GX+X_9XG)}}$$

$$p_2(i)=\frac{1}{1+e^{-(X_1XB+X_2NL+X_3ZC+X_4QY+X_5LC+X_6GL+X_7DT+X_8GX+X_9XG)}}$$

$$p_3(i)=\frac{1}{1+e^{-(X_1XB+X_2JY+X_3KY+X_4QY+X_5LC+X_6GL+X_7DT+X_8GX+X_9XG)}}$$

$$p_4(i)=\frac{1}{1+e^{-(X_1XB+X_2ZC+X_3KY+X_4QY+X_5LC+X_6GL+X_7DT+X_8GX+X_9XG)}}$$

2. 回归结果及分析

运用 Eview 6.0 对上述四个模型分别计量并进行逐步回归，提出其中的不显著或不相关的变量，所求的结果如下：

表 5-19　二元 *Logit* 模型逐步回归结果

	变量	Coefficient	Std. Error	z—Statistic	Prob.
模型 1	XB	0.324956	0.380328	0.854408	0.3929
(p_1)	XG	0.45401	0.102825	4.41536	0
模型 2	XB	1.093863	0.441359	2.478399	0.0132

续表

	变量	Coefficient	Std. Error	z—Statistic	Prob.
(p_2)	XL	−0.961479	0.238329	−4.034248	0.0001
	XG	1.236355	0.228288	5.415763	0
模型 3	XB	1.093863	0.441359	2.478399	0.0132
(p_3)	XL	−0.961479	0.238329	−4.034248	0.0001
	XG	1.236355	0.228288	5.415763	0
模型 4	XB	1.093863	0.441359	2.478399	0.0132
(p_4)	XL	−0.961479	0.238329	−4.034248	0.0001
	XG	1.236355	0.228288	5.415763	0

从表 5-19 可以看出，模型 2、3、4 回归的结果完全一致，因此模型计量的结果可以写成如下形式的方程：

$$p(i)=\frac{1}{1+e^{-(1.09386277526*XB-0.961478706513*XL+1.23635472447*XG)}}$$

从回归的结果可以看出：

(1)农业技术人员的性别变量系数达到 1.093863，与推广的意愿呈显著的正相关，表明男性的技术推广意愿比女性的要高，这与前面调查所反映出来的结果完全一致。

(2)农业技术人员工作类别的变量系数为−0.961479，与推广的意愿呈显著的负相关，根据前文对变量的定义及取值可知，从事基础研究、应用研究、试验发展研究与技术推广研究的不同类别的农业科技人员，他们的推广意愿依次降低，这也符合前面的调查所得出的结论。

(3)农业技术人员对推广技术的关注程度这个变量的系数为 1.236355，与推广的意愿呈显著的正相关，这表明，农业技术人员对推广技术的关注程度越高，其推广的意愿就会越强烈。

三、简短的结论

调查的结果表明，广东省的农业技术人员参与技术推广的意愿总体上来说还是比较高的，达到了 73.33%，说明当前农业部对农业科研体制的调整和农业技术推广体系的一系列改革举措取得了初步的成效，得到了农业技术人员的支持。虽然调查的结果同时表明，农业科技人员的推广意愿受到个人、环境和认知等这些特征变量的影响，但计量分析的结果却显示，只有农业科技人员的性别、农业科技人员对推广技术的关注程度与他们推广的意愿呈正相关关系，而农业技术人员的工作类别与其推广意愿呈显著的负相关。

因此，要提高农业技术效率，对于广东这个经济发展程度不平衡的地区来说，关键在于如何通过政策来吸引女性科技人员、从事基础研究与试验发展的科技人员更多地参与农业科技推广工作。此外，如何创新农业科技成果，提高农业科技成果的质量，吸引更多的农业科技推广人对科技成果与技术的关注，也是相关部门在制定农业科技政策时所需重点考虑的迫切问题。

第五节　本章小结

本章主要从农业技术推广供给主体的视角对制约农业科技进步、技术效率的因素进行了分析。通过分析，可以得出以下基本的结论：

1. 农业技术推广形式与体制发生了重要变迁，推动了农业技术效率的提高

农业技术推广供给主体从推广资金的来源可以划分为政府型农业技术推广供给主体与非政府型农业技术推广供给主体(包括教育型、科教结合型、农村合作经济组织型、农业产业化龙头企业为主体的供给等形式)。在改革开放之前，农业科技推广基本上采取各级政府组织利用行政命令的方式对以生产队为基础的农民集体强制推行。在改革开放后，由于家庭联产承包责任制的推行，在推广的形式上，采取政府为主导、自上而下、单向的农业技术推广模式；在管理的体制上，各级农业推广机构接受农业行政部门和上级推广机构的双重领导。这种推广的形式与管理的体制难以适应市场经济的发展需要，造成政府“好心”办“坏事”、好成果难以发挥好效果的现象，严重制约了农业技术效率的提高。2005年以后，农业部开始实施“农业科技入户示范工程”，这种农业技术推广方式的试行，使得科技入户示范县的农业技术推广工作有了长足的发展。

2. 对农业技术推广部门的问卷调查表明，基层农业技术推广部门存在以下问题：

(1)农技人员数量缺乏、文化素质较低而培训滞后

在人员数量上，农业技术推广组织体系呈现倒金字塔形，越是基层机构，人数越小、组织力量越薄弱，部分乡镇农业技术推广站仅有1～2名农业技术推广员，人员数量根本没法确保当地乡镇农业科技推广工作的有效开展。农技员的文化素质较低使得一些乡镇农业技术推广站技术较为落后，对新技术的掌握与新品种指导种植的能力较差，而农户需要他们解决的问题比较多，致使大量的问题堆积。在基层农业技术推广人员的培训工作又相对滞后的情况下，基层农技员知识老化、储备不足、技术获取与沟通能力下降。

(2)工作条件和设备不能满足现代农业技术推广的要求，推广经费的缺乏

有超过70%的乡镇农业技术推广机构的农技人员认为目前的工作条件和设备根本不能满足现代农业技术推广的要求。工作条件和设备的不足，使得基层农技人员主要还是靠“一张嘴、两条腿”的传统服务方式，下乡基本上靠走路、自行车，服务还是拿着一把尺子，缺乏简单的仪器设备。推广经费的缺乏与工资费用得不到保障使大量的有一技之长的农技员纷纷跳槽到其他相对高薪而又有保障的行业，或应聘到一些农业龙头企业与农业科技园区，家中有背景的则依靠关系调到乡镇其他部门，留守下来的基本上是一些接近退休年龄的老农技员，基层农业技术推广将面临人员青黄不接的严

峻局面，阻碍了农业技术推广工作的有效开展与农业技术效率的提升。

（3）职能界限的不清晰，推广方式传统，技术来源不足

在乡镇层级，虽然作为主要工作的纯公益性工作仍然排在首位，但一个明显的变化是经营性服务工作与行政管理工作过多地挤占了纯公益性工作的时间。此外，非业务性工作也时不时地干扰着纯公益性工作的开展。在推广的方式上，调查表明，无论是县区层级还是乡镇层级，传统的推广方式仍然占着主导地位，而传统的推广方式由于受到农技员技术的掌握、激励机制的不足、工作条件和环境的制约，正在面临着巨大的威胁；而在新的、现代化的农业技术推广方式又受制于资金、人才与农户文化程度、经济条件，采用率却非常低下。传统与现代推广方式所遭受的困境，使得基层农业技术推广正遭受着前所未有的挑战。在技术的来源上，报刊书籍、电脑网络、广播电视、科技光盘与政府部门的文件等传统渠道在农业科技推广中发挥着重要作用，而作为科技成果与技术的重要产生源泉的农业科研院所与农业大专院校还没有被广大基层农业技术推广机构与人员所重视和利用；农业科技示范园区与农民合作组织这些农业技术推广供给主体的技术也未能得到有效利用，利用空间还比较大。

农技人员数量缺乏、文化素质较低而培训滞后，工作条件和设备不能满足现代农业技术推广的要求，推广经费的缺乏，职能界限的不清晰，推广方式传统，技术来源不足，这些因素严重制约着农业技术效率的进一步提高。

3. 供给主体的管理状况、服务质量、成本收益对技术的推广起着关键作用，影响着农业技术效率的提高

对农业科技推广供给主体与农户的博弈分析表明：

（1）在不完全信息环境下，基层政府型机构的管理状况和非政府型机构的服务质量对农业科技成果或技术的推广起着最为关键的作用。

（2）在完全信息环境下，基层政府型推广机构和非政府型推广机构的成本收益是影响农业科技推广的关键，农户对基层政府型推广机构和非政府型推广机构的先验类型的判断，将对科技成果或技术的持续推广起着决定性。

4. 农业技术人员的性别、对技术的关注程度、工作类别影响着他们的推广意愿，从而对农业技术效率的提高有着影响

虽然调查的结果表明，农业技术人员的推广意愿受到个人、环境和认知等这些特征变量的影响，但计量分析的结果却显示，只有农业技术人员的性别、农业技术人员对推广技术的关注程度与他们推广的意愿呈正相关关系，而农业技术人员的工作类别与其推广意愿呈显著的负相关。因此，如何通过政策来吸引女性科技人员、从事基础研究与试验发展的科技人员更多地参与到农业技术推广工作中来和吸引更多的农业技术推广人对科技成果与技术的关注，这是提高农业技术效率的重要因素。

第六章

农户需求视角的农业技术进步、技术效率制约分析

第一节　数据来源与样本农户描述

一、问卷调查设计

从农户角度来研究农业技术进步和技术效率问题，需要通过实际的农户调查数据和科学的数据分析来进行。通过农户调查获取数据是进行农户经济行为分析的重要手段。农户调查问卷设计的正确性、科学性，对调查数据的质量、调查的结果以及实证计量结果有着直接的影响。马庆国(2005)认为，正确设计问卷包括三方面：一是根据研究目标和调查对象的特点设置问卷题目。二是避免设置得不到诚实回答的问题项。三是对于有可能得不到诚实回答而又必须了解的数据可通过变换问题的提法或设置相互验证的题目获得相关数据。[①] 依据这些要求，调查小组成员进行了初步的问卷设计。

我们首先通过与周围农户的商讨和阅读大量文献资料，设计出问卷初稿。根据拟订的初稿，调查组对珠海斗门地区的农户进行了试调查，根据他们的意见修改了问卷，力求问卷语句通俗易懂，调查内容完整，得出的调查数据真实可靠。再通过与相关研究专家的咨询讨论进行进一步的修改，确定调查问卷。正式调查之前，课题组负责人集中对问卷调查小组成员进行了培训，要求两人一组，一人负责对调查问卷提问、讲解以及与农户沟通，另一人进行记录，以确保农户充分理解题意，拉近与农户的距离，对农户的信息进行全面记录，确保数据的准备与全面，减少不必要的误差。

最终问卷主要由两个部分构成：农户自身特征和农户的需求。农户自身特征具体包括农户的基本特征(如户主年龄、所受教育情况、身体素质状况等)、家庭收入、是否继续从事农业生产、种植面积等。对这个部分进行调查，目的在于掌握农户的总体概况，进而了解样本的基本特征。作为问卷的主体部分的农户需求主要包括农户对农业

---

① 马庆国：《管理统计：获取数据、统计原理 SPSS 工具与应用研究》，科学出版社 2005 年版。

生产科技的需求情况和对农业教育培训的需求。

本书所需要的数据主要来自2010年1月至3月调查小组对广东省农村地区的实地问卷调查。在实施问卷调查之前，本书根据经济发展程度的不同，将广东省分为三大农业生态区域，即粤北、粤东西和珠江三角洲，分别代表广东省欠发达地区、发展中地区和发达地区。考虑到样本的代表性，笔者在每个区域选择2个镇进行调查(实际调查选择的区域详见表6-1)。共发放调查问卷330份，收回调查问卷330份，问卷的回收率为100%，剔除出现明显错误信息以及漏填重要信息的问卷，实际收回的有效问卷为311份，问卷的有效回收率为94.5%。

表6-1　本研究实地调查的区域分布表

项目	地区												合计
	粤北				粤东西				珠三角				
	韶关市仁化县		从化市温泉镇		揭阳市曲溪镇		电白县根子镇		珠海市斗门镇		广州市海珠区		
	周田镇	扶溪镇	宣星村	石海村	华林村	西湖村	下石村	元坝村	王保村	南街村	台涌村	土华村	
农户数	24	25	21	28	32	35	30	31	20	20	27	19	311
比例	7.69	8.01	6.73	8.97	10.26	11.22	9.62	9.94	6.41	6.41	8.65	6.09	100

二、样本农户家庭情况的总体分析

本书对回收的有效问卷利用EXCEL统计软件进行了录入和处理，如表6-2所示。

表6-2　资源禀赋不同的农户的户数及所占比例

农户资源禀赋		户数	比例
性别	男性	231	74.04
	女性	81	25.96
是否是户主	是	195	62.50
	否	117	37.50
是否在务农	是	213	68.27
	否	99	31.73
身体状况	强壮	135	43.27
	一般	168	53.85
	差	9	2.88

续表

农户资源禀赋		户数	比例
文化程度	小学及以下	102	32.69
	初中	108	34.62
	高中或中专	57	18.27
	大专及以上	45	14.42
家庭人均纯收入	低收入户	246	78.84
	中等收入户	36	11.54
	高收入户	30	9.62
非农收入占家庭收入的比例	30%以下	108	34.61
	30%～50%	57	18.27
	50%～70%	54	17.31
	70%以上	93	29.81
农户类型	粮食种植	69	22.12
	水产养殖	6	1.92
	果树栽培	15	4.81
	家禽家畜养殖	6	1.92
	蔬菜种植	36	11.54
	兼业户	138	44.23
	其他	42	13.46

从表6-2中可以看出，调查农户样本中男性占较大比例，为74.04%，女性则仅有25.96%。这与当前农村中男性户主占有较重要地位的现实情况相符合。男性在家庭中的地位也说明了在农业生产中，男性起着主要的作用，他们的决定行为更能代表农户的决策，这方面也间接说明调查的样本是具有说服力的。

表6-3　样本农户家庭的基本情况

基本情况	最小值	最大值	平均值	方差	标准差
户主年龄	20	78	45.6	161.4	12.7
农户是否是村干部	0	1	0.096	0.087	0.29
家庭人口数	2	12	5.5	3.31	1.82
家庭非农就业人口数	0	9	2.34	3.63	1.91

根据研究的需要与农村劳动力生产的实际，本文将不同年龄段的农户划分为青年、壮年与老年三个层次。青年是指年龄在18～40周岁的农户，壮年是指年龄在41～

60 周岁的农户，老年是指 60 周岁以上的农户。从表 6-3 样本农户年龄构成上看，受访农户的平均年龄为 45.6 岁，以壮年农户为主。这表明此次调查样本农户大多正处于精力最为旺盛的阶段，是最为主要的劳动力和家庭价值创造的主要源泉，他们的需求代表整个农户的需求。

在农村，虽然实行了村民自治，但有不少地方的农村村干部依然是由当地镇政府派出的，而不是由村民民主选取产生的，他们在经济上、制度上、行为上依赖于镇政府。从表 6-3 样本农户主是否村干部来看，样本农户中是村干部的只是极少数，平均值只有 0.096。这表明，调查样本中的绝大多数农户，他们的需求行为没有受到镇政府及相关领导对他们行为决策的干扰，他们的需求选择是真实有效的。

就“家庭人口数”和“家庭非农就业人口数”这两项内容的调查数据来看，调查地区的样本农户家庭人口平均为 5.5 人，说明此次调查的样本农户家庭大多属于大型农户家庭；家庭非农就业人口数为 2.34 人，说明家庭中平均有超过 60％的人口是家庭中的农业劳动力人口，只有少部分家庭成员在从事农业生产以外的工作。这一点在表 6-2 中也得到了印证，仍然在务农的样本农户占到了 68.27％，而且其中是户主的比例接近 90％。一般而言，若农户仍然在务农或农户身为户主，则该农户对当前农业生产的基本情况较为了解和熟悉，能为本次调查提供更加清晰而又准确的回答。反之，若农户已经不再从事农业生产或不是户主，则该农户对当前的农业生产不太关心或他的选择不具有说服力。表 6-2 的结果表明，68.27％的农户依然在务农，农户对当前农业生产的基本情况与需求状况较为了解和熟悉。而 62.5％的农户是户主则表明在家庭劳动中，他们的决策与选择能代表整个家庭，能为本次调查提供详尽的数据。

受地理、制度与生产方式的影响，中国农户大多依然是分散的家庭经营与生产，农业机械化并不普及。体力与身体状况如何，对于处于传统农业向现代农业过渡时期的广大中国农户来说有着极为重要的意义，它在很大程度上直接决定了农户的家庭生产力。从表 6-2 样本农户身体状况构成中可以看出，本次调查中绝大多数受访者（占样本比例 97.12％）的身体状况良好，这也与表 6-3 中多数受访者正处于精力充沛的年龄阶段有直接关系。

从表 6-2 的农户受教育程度构成上看，他们的文化程度集中在小学及以下和初中，共占 67.31％，其次是高中或中专，占 18.27％，但仍有 14.42％的农户有大专及以上的文化水平。总体上看，农户所受的教育程度普遍比较低。

根据研究的需要，本书同样将不同人均纯收入的农户界定为低收入户、中等收入户与高收入户。低收入户是指人均纯收入在 6000 元以下（不含 6000 元）的农户，中等收入户是指人均纯收入在 6000～8000 元的农户，高收入户是指人均纯收入在 8000 元以上（不含 8000 元）的农户。由表 6-2 可知，调查农户人均纯收入在 6000 元以下的家庭占了 78.84％，而 2009 年广东农村人均纯收入为 6970 元，很显然，超过 7 成的农户家庭人均纯收入在平均线以下。非农收入是指除从事第一产业以外的产业收入，从表 6-2 中 50％左右的家庭非农收入占家庭收入的比例低于 50％可以说明超 7 成的样本农户人均纯收入在平均线以下的原因。这也表明此次调查样本农户家庭收入中的农业收入是家庭收入的主要组成部分，大部分农户以农业生产为生计，符合调查研究样本的需要。

从表6-2可以看出农户类型分布，从事兼业型的农户占了很大一个比例，其次是粮食种植户，其比例为22.12%，蔬菜种植户也在农村占了一定的比例，相比之下，从事养殖和果树栽培的农户相对较少，这说明调查农户以种植业为主，同时兼营多种农事活动，这体现了农户生产的多元化。

表6-4　样本农户耕地面积、水田面积和有效灌溉面积

农户耕地	特小户		小户		一般户		大户		规模户	
	户数	比例	户数	比例	户数	比例	户数	比例	户数	比例
耕地面积	78	25%	168	53.8%	42	13.5%	18	5.8%	6	1.9%
水田面积	159	51%	105	33.7%	36	11.5%	9	2.9%	3	0.9%
有效灌溉面积	150	48.1%	114	36.6%	36	11.5%	6	1.9%	6	1.9%

根据耕地面积的大小与广东农户所拥有耕地面积的实际情况，可以把样本农户分为特小户、小户、一般户、大户和规模户。[①] 从样本农户的耕地面积可以看出，样本农户中小户所占比例最多，占样本总数的53.8%，这说明广东省农户的耕地面积相对偏小，即使在粤北地区和粤东西地区，农户家庭的耕地面积一般在3亩左右，而在珠三角地区则更低，大多在1亩以下，属于特小户。通过对"水田面积"的调查发现，特小户农户所占的比例最多，占样本总数的51.0%，这表明很多其他户型的农户的农田被农户转作其他用途，真正用作种植水稻的水田面积相对较小，农户从单纯的粮食种植户转变为兼业户。就"有效灌溉面积"的统计分析发现，有效灌溉农田在1亩以下的特小户农户家庭最多，占样本总数的48.1%，这说明样本地区的灌溉情况并非良好，农户对水田的有效灌溉较为困难。

三、农户农业生产技术需求、农业教育与培训需求计量模型选择

1. 研究假设与变量的确定

按照舒尔茨(T. W. Schultz)农户行为理论观点，只有所需要的农业生产技术或开展的教育培训能给农户家庭带来效用最大化他才愿意进行选择。[②] 可用数学式 $D(R)=P\{(E-C)>R\}$ 进行表达。其中，E 为农户选择农业生产技术或教育培训的预期收益，C 为农户选择该项(或几项)科技而放弃其他技术、选择该项教育培训而放弃其他教育培训的机会成本，R 为农户当前收益，$D(R)$ 为农户农业科技需求或农业教育培训需求意愿的决策函数。该模型表明只有当预期收益扣除选择的机会成本后的净收益大于目前收益，农户才会作出需求选择决定。

---

① 特小户是指耕地面积小于1亩的农户；小户是指耕地面积为1～3亩的农户；一般户是指耕地面积3～6亩的农户；大户是指耕地面积6～10亩的农户；规模户是指耕地面积在10亩及以上的农户。

② 西奥多·W. 舒尔茨：《改造传统农业》，梁小民译，商务印书馆，1987年版。

根据前述假设，模型特引入以下解释变量：①农户个人特征变量：是否是户主(X_1)、性别(X_2)、年龄(X_3)、身体状况(X_4)、是否是村干部(X_5)、是否仍然在务农(X_6)以及文化程度(X_7)；②农户家庭特征变量：家里的人口数(X_9)、非农就业人口(X_{10})；③农户农业生产特征变量：家庭中非农收入占家庭收入的比重(X_8)、耕种面积(X_{11})、水田面积(X_{12})、有效灌溉面积(X_{13})，相关变量定义、单位见表 6-5。

表 6-5　相关变量定义、单位以及计算公式

变量名	定义及单位
是否是户主(X_1)	是＝1；否＝2
性别(X_2)	男＝1；女＝2
年龄(X_3)	年龄(周岁)
与同龄人相比，身体状况(X_4)	强壮＝1；一般＝2；差＝3
否是村干部(X_5)	是＝1；否＝2
是否仍然在务农(X_6)	是＝1；否＝2
文化程度(X_7)	小学以下＝1；小学＝2；初中＝3； 高中或中专＝4；大专以上＝5
非农收入占家庭纯收入的比例(X_8)	非农业收入/总收入
家里的人口数(X_9)	人口数(口)
非农就业人口(X_{10})	非农业人口数(口)
耕种面积(X_{11})	耕地面积(亩)
水田面积(X_{12})	水田面积(亩)
有效灌溉面积(X_{13})	有效灌溉面积(亩)

2. 模型的选择

Logistic 回归模型是研究定性变量与其影响因素之间关系的有效工具之一。为了检验农户农业科技需求、农户农业教育与培训需求的影响因素，进一步明确其影响程度和显著性，本书建立了需求意愿影响因素的多元选择模型，应用 312 个农户样本进行分析。假设 Z 是以上解释变量的线性组合，则 Logistic 回归模型用表达式可以表述为：

$$Z=B_0+\sum B_iX_i+u$$

其中：Z 为农户的需求意愿；X_i 为农户需求意愿的影响因素；u 为残差项。

为说明农户在选择某类农业技术、农业教育培训时影响其决策以及作用方向、作用程度的因素，因此运用逐步回归方法剔除模型中最不显著的影响因素，依次下去，直至模型中所有变量都显著为止(模型变量估计值在 5%的水平下显著)。

第二节　农户农业技术需求及其影响因素

农业发展离不开农业技术进步，农户对农业技术的依赖程度随现代农业科学技术的发展愈来愈高。农业科技已经成为农户农业经济增长的重要推动力。然而，当前农业科技创新成果的平均转化率仅有35%左右，其中能成规模的尚不足20%。农业科技成果转化率低、对农业生产的贡献不足问题成为农村、农业现代化建设的重要障碍。而了解农户的需求意愿是高效开展农业科技推广的基础。只有了解和掌握了农户农业生产技术的供需状况和影响因素，才能更好地促进农业科技成果的转化，更好地推进农业现代化建设。

一、文献综述

近年来，我国学术界对农户的农业技术需求给予了较多的关注，涌现出了不少有价值的研究成果。

1. 农业技术需求不足的原因及对策方面的研究

如张永坤(2008)从农业技术有效需求不足的现状出发，在分析农业技术需求不足的原因的基础上，提出要扩大农业技术需求，须从提高农业比较效益、提高农户的素质。增加农业科技投入出发，优化“三农”政策。鄢万春、李飞(2008)等认为农户农业技术需求不足主要是由于农业技术推广机构供给不足、供需脱节的矛盾造成的，建议推动农业科技推广体系改革，加大政府对科研与科技推广机构的投入，为农业技术服务的供给营造良好的软环境等。吴江、卿锦威(2004)进一步分析了农业科技供给的不足，主要是由于农业科学技术的研究无视农户的技术需求，而农业技术推广脱离农户的技术需求；而导致农户技术需求不足则主要是农户缺乏利益机制的激励、文化素质低产生的对技术认识上的不足、农户生产组织化程度低，难以承担应用新技术的风险。因此，他们建议按需供给，刺激农户的需求，促成科技与农户的有效对接。

2. 农户技术需求优先序的研究

廖西元、陈庆根(2004)等通过对江苏等八个省10个县(市)的调查，得出农户在水稻生产中需要的前十项技术分别为：高产品种、高产与优质兼顾品种、优质品种、病虫害精准预报、病虫害精准防治、复合肥、生物农药、有机肥、平衡施肥技术、肥料减施技术，并建议加强对水稻新品种、新农药、新肥料、生产机械及栽培技术的研究。陈风波、丁士军(2007)在对江苏与湖北省两个省调查数据的基础上，通过对水稻生长的投入产出状况分析，探讨不同地区水稻成本收益情况及不同生产投入要素对产量的影响，从而得出稻农水稻生产技术的需求方向：新品种、病虫害防治技术和省工技术成为稻农最关注的技术，在品种技术中，稻农最关注的是产量，其次是稻米品质，最后是品种抗逆性。关俊霞、陈玉平等(2007)通过对安徽、江苏、湖北与贵州等四省五县(市)的农户的调查，也得出了农户对新品种、省工技术和病虫害防治技术的需求比较大的类似结论。

3. 农户技术需求行为及其影响因素的研究

当前，这方面的研究成果最为丰硕。有代表性观点主要有：①农户自身特征的影响。20 世纪 80—90 年代的研究者，如国外的 Feder、Ervin、Kaliba、Dong、Shiferaw、Holden 等，国内的林毅夫、宋军、胡瑞法等分别证明了农户的年龄、性别、受教育程度、职业、从事农业的经验、身体状况，以及农户的其他特征[①]，这些因素都有可能影响农户的技术选择行为。常向阳、姚华锋(2005)利用 2002 年的统计年鉴的数据，通过计量分析表明：农业技术选择主体主要根据自身拥有要素的实际情况并以自身利益最大化为根本出发点决定采用劳动力节约型技术还是土地节约型技术。苟露峰、高强(2016)的研究结果也表明，农户耕地面积、农户的文化程度、农业技术的培训及农业技术的营利性对农户采用农业技术行为具有积极影响；然而，订单农业的签订，加入农业专业合作社对农户采用农业技术行为具有消极影响。②技术诱导因素的影响。技术诱导因素主要包括农户的家庭收入、耕地禀赋、劳动禀赋等。林毅夫、袁飞、朱希刚、宋军、胡瑞法、黄季焜等知名学者认为，农户的收入、耕地的多少、劳动力的多少均对农户的技术有着程度不同的影响。徐金海(2009)通过对江苏四个县(市)的调查表明，农民年龄、文化程度与农民家庭收入水平、农户兼业化程度和种养规模化程度政府农业科技服务供给体制、区域工业化水平等因素影响农民的农业科技服务需求。③风险因素的影响。在这方面，国外学者的研究可谓成果颇丰。比较典型的有 O'Mara(1980)、Smale、Kebede (1992)、Baidu－Forson(1999)、Isik 和 Khanna(2002)、Belknap 和 Saupe(1988)，他们普遍认为对于那些风险偏好的农户，他们往往会愿意采用新技术。国内学者对风险因素的影响的研究也有所涉及，如汪三贵等(1996)认为，影响农户技术采用决策的主观风险是由于信息不完备造成的，即不能正确估计新技术的产出水平和投入水平，结果往往是因为高估边际成本和低估边际产出而使技术采用量下降。朱明芬(2001)的实证研究结果表明：采用新技术最有积极性的是农业专业大户，最没有积极性的是非农兼业户。张舰等(2002)利用 Probit 模型进行估计，结果表明，户主从事非农业程度与农户采用大棚技术呈负相关关系，即户主从事非农业工作月数越长，采用大棚技术的概率越小。④信息变量的影响。与信息有关的变量主要分成两类：获得信息的成本(如受教育程度)和获得信息的激励机制(如农场规模的大小)。国外的学者 Warner(1974)、Hoiberg 和 Huffman(1978)、Jamnick 和 Klindt(1985)、Wozniak(1987)、Wozniak(1993)、Ficher 等(1996)、Baidu-Forson(1999)等分别采用不同的研究方法对不同的信息变量对农户的技术选择行为的影响进行了研究。朱希刚等(1995)选用了变量“农户与农技推广机构联系的次数”来考察农业技术推广系统在农户采用杂交玉米中的作用。该研究结果表明，与农业技术推广机构联系次数多的农户采用杂交玉米的概率较大。汪三贵等(1996)选用了与乡镇距离的远近、家中有无大众传播媒介、有无技术推广人员指导作为信息传播变量，研究结果表明这三个因素都影响农户是否选择地膜玉米覆盖技术。高启杰(2000)采用 Probit 模型进行分析，

---

① 如农户在当地的地位，在中国经常用农户是否村干部来衡量农户在当地的地位。

结果表明农户与推广人员接触的频率、大众媒介的使用频率、农户拥有的农业科技书籍与农户的技术采用行为呈正相关关系。左喆瑜(2016)利用条件价值法,以山东省宁津县为例,研究了华北地下水超采区农户对节水灌溉技术的支付意愿,结果显示,样本农户表现出对现代节水灌溉技术的需求,但农业较低的比较收益及农户较低的风险承受能力直接限制了其对节水灌溉技术的支付能力。

学者们的研究,在方法上主要以调查所得数据为基础进行实证分析,在研究内容上,20 世纪 90 年代以分析影响因素的居多,21 世纪以后,则侧重于对需求的优先序的研究及需求不足的原因与对策的探讨,在研究的区域上,既有国外与国内跨省的研究,也有着重于一省几个典型地区的分析。可以说,国内外学者们的研究为本书提供了许多的思路与方法借鉴,本书也主要是从对农户的调查出发,在对调查数据进行统计分析的基础上,对农户的农业科技需求行为及其影响因素进行全面分析。与前述学者不同的是,本书调查所选取的样本覆盖经济发达、经济正在发展与经济欠发达三个不同的农业生态区的农户,比较在三个发展程度不同的农业经济生态区农户的科技需求选择行为的差异,以期针对不同的生态区,政府部门、农业科研部门与农业科技推广机构能有的放矢地施行其政策。

二、农户农业技术需求的优先序

为研究的需要,本书将农户的农业技术需求划分为 8 种类型,它们分别是:①播种技术;②栽培(养殖)技术;③施肥技术;④病虫害防治技术;⑤省工技术;⑥节约资金的技术;⑦灌溉技术;⑧高产技术。在可供选择的这 8 项农业生产技术中,农户要选出最需要的技术,并对其进行排序。

1. 农户农业技术需求的总体情况

在三个地区的农户中,农户对农业技术需求的优先序是:栽培(养殖)技术＞播种技术＞病虫害防治技术＞节约资金技术＞高产技术＞施肥技术＞省工技术＞灌溉技术(见表 6-6)。这说明,在广东地区,农户的农业技术需求还停留在层次比较低的传统的种养栽培和播种技术这些操作性技术上,而不是与产量联系密切的高产技术和施肥技术等物化技术上。对操作性技术需求意愿较大,主要是由于农户劳动力过剩,愿意投入劳动力要素。对这些操作性技术需求强烈的主要是水产养殖户,家禽、家畜养殖户,蔬菜种植户与果树栽培户(这四类农户占调查样本总数的 20%以上,如果再加上一部分兼业户,比例会更大)。随着人们生活水平提高,蔬菜等经济作物以及果树需求量增大。另外,广东粤北、粤东西山多,山地气候各异,适合种植一些譬如香蕉、荔枝、龙眼等特产水果,故对这样的农业技术需求意愿强烈。同时,受亚热带气候的影响,这一地区自然灾害较为频繁,农作物受到病虫害的影响比较严重。由于存在农业富余劳动力,农户对省工技术的需求不太关心也就很正常了。对灌溉技术的需求不足,一方面可能是由于广东年降雨量比较充足,农户农业生产中很少发生干旱现象,另一方面也可能是农户认为灌溉不需要什么技术可言。

表 6-6　农户对农业科技需求的总体情况(%)

技术类型	播种	栽培(养殖)	施肥	病虫害防治	省工	节约资金	灌溉	高产
户数	76	108	18	39	12	29	6	24
比例	24.36	34.62	5.77	12.50	3.85	9.29	1.92	7.69

2. 不同地区农户的需求

不论哪个地区的农户,栽培(养殖)技术都是农户最需求的农业生产科技,所占比例均超过 1/3,在粤北地区更是达到 55.56%。同时播种技术也是比较需要的技术。除此以外,珠三角和粤东西地区农户更需要病虫害防治技术,主要是由于在珠三角和粤东西,调查样本所在的乡镇大多靠近南海,气候潮湿特别严重,再加之每年夏季的台风肆虐,为病虫害的滋生提供了很好的土壤。而欠发达的粤北地区更需要高产技术(见表 6-7),一方面,与农业生产的家庭目标的一致有关,农业生产目标之一是解决家庭口粮问题,也就是生存问题。生存问题是人的第一需要,在人均可耕地不到 1 亩的粤北农村,选择高产量的农业技术无疑是符合舒尔茨的农民理性论的内容。另一方面,在农业技术选择问题上,农户是规避风险型的,高产技术预期收益明显,采用高产技术就能得到实惠。

表 6-7　不同地区农户需要的前 5 位技术类型及需求程度

次序	珠三角			粤东西			粤北		
	技术	户数	比例(%)	技术	户数	比例(%)	技术	户数	比例(%)
1	栽培(养殖)	18	35.29	栽培(养殖)	75	32.05	栽培(养殖)	15	55.56
2	病虫害	12	23.53	播种	63	26.92	高产	6	22.22
3	播种	9	17.65	病虫害	27	11.54	播种	4	14.81
4	节资金	6	11.76	节资金	21	8.97	节资金	2	7.41
5	施肥	3	5.88	高产	18	7.69			

3. 不同年龄农户的需求

从表 6-14 中可以看出,青年农户对播种技术的需求最为强烈,其次是栽培(养殖)技术,这主要是由于年轻一代总是希望能够生活得好一点,从而对小康型的新品种、优质品种等播种技术的接受能力较强,并表现出较为浓厚的兴趣。而对于壮年与老年农户来说,对栽培(养殖)技术的需求最为强烈,其次分别是播种技术和病虫害技术。这可能是由于年龄比较大的农户一般都经历过较为艰苦的年代,对发生在我国的粮荒情景记忆犹新,脑子里仍残留着对饥荒时代的畏惧,对技术的选用仍停留在温饱型的栽培养殖技术和病虫害技术上。除此以外,青年农户比较需要施肥技术,而其他年龄段的农户更需要节约资金技术(见表 6-8)。

表 6-8　不同年龄段的农户对农业科技需求的前五位及程度

次序	青年			壮年			老年		
	技术	户数	比例(%)	技术	户数	比例(%)	技术	户数	比例(%)
1	播种	18	35.29	栽培(养殖)	69	29.87	栽培(养殖)	15	50.00
2	栽培(养殖)	10	19.61	播种	42	18.18	病虫害	6	20.00
3	施肥	8	15.69	病虫害	30	12.99	播种	5	16.67
4	高产	6	11.76	节资金	24	10.39	节资金	4	13.33
5	病虫害	3	5.88	高产	14	6.06	灌溉	3	10.00

4. 不同教育程度的农户的需求

不同教育程度的农户，栽培(养殖)技术和播种技术是最需要的两种技术。这说明，尽管受教育程度不同，但农户对于栽培(养殖)技术和播种技术的需求是一致的。除此以外，小学及小学程度以下的农户更需要病虫害防治技术，这可能是由于这部分农户文化程度低而对如何消除病虫害无法从农业技术书籍上学到，而对朋友与邻里传授的这方面技术也很难掌握所致，而大专以上文化程度的农户也表现出对病虫害技术的需求则显得难以理解；初中文化程度的农户更需要节约资金技术，主要是由于文化程度不高导致这部分农户无论在农业还是非农产业上的收益不高，对于资金较为缺乏；高中或中专程度的农户急需高产技术主要是由于这部分农户由于具备一定文化程度，对粮食市场与农产品市场较为关注，市场对粮食与农产品需求总量的增加诱导这部分农户对高产技术的需求，同时，他们也深刻地认识到由于人均耕地在不断减少，只有提高产量才能确保他们在农业方面的收益。

表 6-9　不同教育程度的农户对农业科技需求的前五位及程度(%)

次序	小学及以下			初中			高中或中专			大专以上		
	技术	户数	比例	技术	户数	比例	技术	户数	比例	技术	户数	比例
1	栽培(养殖)	51	50.00	栽培(养殖)	30	27.78	栽培(养殖)	18	31.58	栽培(养殖)	15	33.33
2	播种	27	26.47	播种	21	19.44	播种	12	21.05	播种	12	26.67
3	病虫害	12	11.76	节资金	18	16.67	高产	9	15.79	病虫害	9	20.00
4	省工	6	5.88	病虫害	11	10.19	病虫害	6	10.53	高产	4	8.89
5	节资金	3	2.94	高产	9	8.33	节资金	4	7.02	节资金	3	6.67

5. 不同人均年收入的农户的需求

从表 6-10 可以看出，在不同人均年收入下，栽培(养殖)技术和播种技术都是最迫切需要的技术。同时，家庭人均年收入在 0.5 万元以下的农户与家庭人均年收入在 0.5～1 万元的农户在病虫害技术上也表现出较为强烈的需求，而家庭人均年收入在 1

万元以上的农户则表现在对节约资金的技术的需求上。这说明，栽培（养殖）技术和播种技术作为农业生产的两项最为基本的技术，不管农户家庭人均年收入如何，都是必不可少而且最为需要的。而家庭人均年收入在1万元以上的农户表现在对节约资金的技术的需求令调查组感到意外，这可能是由于这部分农户主要从事非农产业，需要更多的资金用于非农产业的运作。

表6-10 不同人均年收入下的农户对农业科技需求的前五位及程度(%)

次序	0.5万以下			0.5万～1万			1万以上		
	技术	户数	比例(%)	技术	户数	比例(%)	技术	户数	比例(%)
1	栽培(养殖)	57	26.03	栽培(养殖)	30	41.67	栽培(养殖)	12	57.14
2	播种	51	23.29	播种	12	16.67	播种	6	28.57
3	病虫害	33	15.07	病虫害	9	12.50	节资金	3	14.29
4	节资金	21	9.59	高产	6	8.33			
5	高产	18	8.22	节资金	3	4.17			

6. 不同经营规模农户的需求

无论经营面积的多小，栽培（养殖）技术都排在第一需求的位置。同时，随着经营规模的增长，播种技术的需求呈上升趋势，而病虫害防治技术的需求反而降低。3亩以下的农户需要病虫害防治技术，3～6亩、6亩及以上农户都迫切需要播种技术，这可能是由于农户耕作面积的增加，如果没有掌握足够的播种技术，有可能对所有的农田与土地造成减产的影响，而这是农户所不愿发生的。

表6-11 不同经营规模的农户对农业科技需求的前五位及程度

次序	3亩以下			3～6亩			6亩及以上		
	技术	户数	比例(%)	技术	户数	比例(%)	技术	户数	比例(%)
1	栽培(养殖)	27	36.00	栽培(养殖)	51	35.42	栽培(养殖)	42	45.16
2	病虫害	18	24.00	播种	30	20.83	播种	30	32.26
3	播种	12	16.00	节资金	21	14.58	节资金	9	9.68
4	高产	9	12.00	病虫害	12	8.33	高产	6	6.45
5	施肥	6	8.00	高产	9	6.25	病虫害	3	3.23

7. 按不同类型的农户分

从表6-12可以看出，不管是什么类型的农户，最迫切需求的技术都是栽培（养殖）技术。除此以外，蔬菜种植户、水产养殖户更需要病虫害防治技术，由于蔬菜种植过程中，水分的充足与否与病虫害的多少直接影响到蔬菜的生产，因而蔬菜种植户对病虫害技术的需求较为强烈也就不难理解了；而对于水产养殖户来说，由于病害对于水产品具有极大的传染性，往往造成整个池塘的水产品全军覆没，因而水产养殖户对于病虫害技术的需求较为强烈也在情理之中。粮食种植户、兼业户及其他类型的农户更需要播种技术也主要是由这些类型的农业生产所固有的特点所决定的。而果树栽培户、家禽畜养殖户的需求单一，可能是样本农户数目较少的缘故。

表 6-12　不同类型的农户对农业科技需求的前五位及程度

次序	粮食			蔬菜			兼业			其他		
	技术	户数	比例（%）	技术	户数	比例（%）	技术	户数	比例（%）	技术	户数	比例（%）
1	栽培（养殖）	21	30.43	栽培（养殖）	15	41.67	栽培（养殖）	48	34.78	栽培（养殖）	12	28.57
2	播种	18	26.09	病虫害	12	33.33	播种	33	23.91	播种	9	21.43
3	施肥	12	17.39	节资金	9	25.00	病虫害	24	17.39	高产	7	16.67
4	节资金	9	13.04	省工	6	16.67	节资金	15	10.87	节资金	5	11.90
5	高产	6	8.70	高产	3	8.33	高产	10	7.25	省工	3	7.14

次序	水产			果树			家禽畜		
	技术	户数	比例	技术	户数	比例	技术	户数	比例
1	养殖	4	66.67	栽培(养殖)	15	100.00	养殖	6	100.00
2	病虫害	2	33.33						

三、影响因素计量结果及分析

根据前一节样本农户的个人特征、家庭特征与农业生产特征以及本节农户农业生产科技需求的优先序分析，农户农业生产技术需求各解释变量的具体统计数据可由表 6-13 给出。

表 6-13　各解释变量的具体统计数据

变量	栽培养殖技术		播种技术		病虫害防治	
	平均值	标准差	平均值	标准差	平均值	标准差
是否是户主	1.4444	0.50395	1.4444	0.50395	1.1538	0.37553
性别	1.3056	0.46718	1.3056	0.46718	1.2308	0.43853
年龄	46.3333	13.95093	46.3333	13.95093	49.0000	12.15182
身体状况	1.5556	0.55777	1.5556	0.55777	1.7692	0.43853
否是村干部	1.9167	0.28031	1.9167	0.28031	1.8462	0.37553
是否仍然在务农	1.3333	0.47809	1.3333	0.47809	1.2308	0.43853
文化程度	2.8889	1.08963	2.8889	1.08963	3.2308	1.09193

续表

变量	栽培养殖技术		播种技术		病虫害防治	
	平均值	标准差	平均值	标准差	平均值	标准差
非农收入占家庭纯收入的比例	2.4722	1.25325	2.4722	1.25325	2.7692	1.23517
家里的人口数	5.4444	1.91899	5.4444	1.91899	5.7692	1.92154
非农就业人口	2.1389	1.88457	2.1389	1.88457	1.6154	1.55662
耕种面积	4.2722	8.11780	4.2722	8.11780	1.8385	0.90787
水田面积	3.2583	8.21526	3.2583	8.21526	0.8538	0.78168
有效灌溉面积	3.5500	8.16776	3.5500	8.16776	1.2192	0.92501

按照本章第一节所设立的Logistic计量模型，通过逐步回归分别找出影响农户选择栽培养殖技术、播种技术与病虫害防治技术的因素，并比较它们的异同。

1. 农户优先选择栽培（养殖）技术的影响因素分析

从上文农户对农业生产技术需求的优先序可知，栽培（养殖）技术是样本农户当中需求最为强烈的。对所有可能影响农户优先选择栽培（养殖）技术需求行为的因素进行逐步回归，依次剔除了一些不显著的变量，最终确定了4个变量：农户个人是否是村干部（X_5）、农户个人的文化程度（X_7）、农户家里的人口数（X_9）、农户家庭的耕种面积（X_{11}）。

农户个人是否是村干部与农户的选择呈显著的负相关，说明农户是否是村干部与其对栽培（养殖）技术的需求呈负相关，即有村干部家庭的农户较之没有村干部家庭的农户对栽培（养殖）技术的需求要弱。可能的原因是在广东农村，村干部大多由村里的“政治精英”“老板村干部”与当地“旺族代表”来担任，他们的家庭较少从事农业生产，对他们来说，当村干部只是自己实现身份转化的途径与手段或工具，并不是目的，他们只能是村庄利益的“弱监护人”或“撞钟者”，他们孜孜以求的是农民身份的转变，因而他们对农作物病虫害防治信息的需求不强也就不足为奇了。

农户个人的文化程度与农户对栽培（养殖）技术的选择呈正相关，文化程度越高的农户，对栽培（养殖）技术的需求越强烈。Saha（1994）等人通过实证分析认为，教育程度高的农户对新技术有更强的采用能力；Lin（1991）也认为受教育程度对技术的采用具有正向效应；刘路（2008）基于湖北襄樊、枝江两市的调查与计量分析也表明，农户文化程度越高，越倾向于采用新的种植与养殖技术；但陈玉萍等（2010）学者通过引入双槛模型，对滇西南山区农户的实证分析却表明农户受教育年限对农户改良陆稻技术采用决定和采用程度决定没有显著影响。

农户个人的文化程度与农户对栽培（养殖）技术的选择呈正相关，其实质就是要验证农户个人受教育程度与应用栽培（养殖）技术的风险承受能力是否正相关。农户应用栽培（养殖）技术可能会面临以下风险：①市场风险，担心运用新的栽培（养殖）技术生产出来的产品消费者不接受，没有销路。②技术风险，对栽培（养殖）技术本身的可靠性较为担心。③政策风险，担心政府对农业产业结构的调整与惠农政策的改变所导致的风险。④能力风险，担心自己的文化知识达不到掌握技术的要求、担心投资太大不能承受。⑤担心培训方式不适合等。

对于这五项风险因素，笔者要求农户按重要程度排序，评为第 1 位的给 5 分，第 2 位的给 4 分，第 3 位的给 3 分，第 4 位的给 2 分，第 5 位的给 1 分，再利用下面模型分别计算出各风险要素的重要程度：

$$S_i=\sum_{j=1}^{n}B_jN_{ij} \qquad i=1,2,\cdots,m \tag{1}$$

$$K_i=\frac{S_i}{M\sum_{j=1}^{n}j} \qquad i=1,2,\cdots,m$$

其中：

m：参加比较的风险项目个数；　S_i：第 i 个风险项目的总得分；

K_i：第 i 个风险项目的得分比重（$\sum_{i=1}^{m}K_i=1$）；n：要求排序的等级数目；

B_j：排在第 j 为的得分；M：对此问题作出回答的人数；

N_{ij}：赞同第 i 个风险项目应排在第 j 为的人数（$\sum_{i=1}^{m}N_{ij}=M$）。

对于选择栽培（养殖）技术的 108 个农户来说（小学以下：35 人；初中 37 人；高中：20 人；大专以上：16 人），他们的选择如表 6-14 所示。

表 6-14　选择栽培（养殖）技术的小学及小学以下文化程度的农户对风险的排序

风险项目	小学及以下文化程度农户的排位				
	B1	B2	B3	B4	B5
1. 市场风险	15	9	8	3	0
2. 技术风险	11	8	5	7	4
3. 政策风险	4	6	7	8	10
4. 能力风险	3	7	7	8	10
5. 培训风险	2	5	8	9	11

以小学文化程度为例，则 $S_1=4\times5+7\times4+8\times3+7\times2+9\times1=95$

$$k_1=\frac{95}{35\times(1+2+3+4+5)}=0.18$$

表 6-15　选择栽培（养殖）技术的初中文化程度的农户对风险的排序

风险项目	初中文化程度农户的排位				
	B1	B2	B3	B4	B5
1. 市场风险	6	10	9	7	5
2. 技术风险	7	9	8	8	5

续表

风险项目	初中文化程度农户的排位				
	B1	B2	B3	B4	B5
3. 政策风险	2	3	8	12	12
4. 能力风险	13	9	5	5	5
5. 培训风险	9	6	7	5	10

表 6-16　选择栽培(养殖)技术的高中文化程度的农户对风险的排序

风险项目	高中文化程度农户的排位				
	B1	B2	B3	B4	B5
1. 市场风险	4	7	2	3	4
2. 技术风险	3	5	3	4	5
3. 政策风险	1	2	4	4	9
4. 能力风险	5	4	6	4	1
5. 培训风险	7	2	5	5	1

表 6-17　选择栽培(养殖)技术的大专以上文化程度的农户对风险的排序

风险项目	大专以上文化程度农户的排位				
	B1	B2	B3	B4	B5
1. 市场风险	1	2	4	3	6
2. 技术风险	2	2	5	4	3
3. 政策风险	0	1	4	7	4
4. 能力风险	6	5	2	1	2
5. 培训风险	7	6	1	1	1

运用同样的方法，笔者可计算出 $k_2 \sim k_5$ 的值以及初中文化程度、高中文化程度、大专以上文化程度的 k 值，结果如表 6-18 所示。

表 6-18　不同文化程度农户对承担不同风险的能力程度

文化程度	K1	K2	K3	K4	K5
小学及以下	0.28	0.24	0.18	0.17	0.15
初中	0.23	0.21	0.15	0.24	0.20
高中	0.21	0.19	0.14	0.24	0.23
大专及以上	0.15	0.18	0.14	0.25	0.27

从上表中可以看出，农户的文化程度与农户承担市场风险、技术风险、政策风险之间呈负相关，而与自身的能力[选择应用栽培（养殖）技术的能力]正相关。这就充分说明了文化程度较高的农户在选择应用栽培（养殖）技术时，对自己的能力状况是有较高把握的，而对选择应用培（养殖）技术可能带来的市场风险、技术风险、政策风险由于他们了解的技术较多，投资的机会与途径相对广泛，对机会成本因素考虑较为周到，导致他们决策较为迟缓，对这些风险的心理承受能力不太强。相反，文化程度低的农户虽对自己的实力没有把握，但由于文化程度的限制使他们对风险的内涵缺乏足够的了解，他们凭借自己的直觉来对各种风险作出判断，决策果断，具有较强的风险心理承受能力。

除此之外，农户个人的文化程度与农户对栽培（养殖）技术的选择呈正相关，可能的原因是传统的农作物栽培劳动强度极大、费工费时、生产效率低下，农产品质量普遍低劣，由于质量的差距，难以形成知名的品牌，缺乏竞争力。而现代栽培需要合理搭配农作物生长所必要的氮、磷、钾、钙、镁、锌等 16 种营养元素供农作物生长，而搭配的不合理会直接影响到农作物的产量、成熟期与品质。文化程度高的农户，由于对于专业的栽培技术较之普通农户易于掌握，特别是对于时下流行的无土栽培技术，需要掌握营养液的配制与自动设施的掌控等，没有一定文化程度是不可能掌握这些专业知识与技术的，因而文化程度低的农户对栽培（养殖）技术需求不强也就可以理解了，而文化程度高的农户由于从栽培（养殖）技术的掌握所带来收入提高中品尝到了普通农户品尝不到的喜悦，在这种诱致下对栽培（养殖）技术的需求越发强烈。

农户家里的人口数、耕种面积与农户对栽培（养殖）技术的选择呈正相关，即农户家里的人口越多、耕种面积越大，农户对栽培（养殖）技术的需求越强烈。这可能是因为人口多、耕种面积大的农户大多是属于家里有老人和多个未成年的小孩组成的家庭，这样的家庭非农收入所占比例不高，农业收入成了农户生产资料与生活资料购买的主要来源，一旦栽培（养殖）技术欠缺掌握或技术失误，导致农作物的产量下降、成熟期延长或缩短与品质下降，最终会造成农户农业收入的减少，将直接影响农户家庭的生产与生活，因为农户家庭规模越大意味着更多的粮食需求。因此，这两类农户对农作物栽培（养殖）的需求强烈也就顺理成章了。

表 6-19　农户优先选择栽培（养殖）技术的影响因素计量结果

Variable	Coefficient	Std. Error	t-Statistic	Prob. *
X_9	0.599504	0.163264	3.671992	0.0009
X_{11}	0.25359	0.043517	5.827315	0
X_5	−2.064582	0.58383	−3.536275	0.0013
X_7	0.951864	0.273001	3.486674	0.0014

2. 农户优先选择播种技术的影响因素分析

科学的播种技术，须严格遵循相应规范，但科学的播种技术不仅能节省种子，还能促进农作物增产，以免耕播种机械化技术（指小麦收获后不经耕地、使用玉米播种机直接播种玉米的一项栽培技术）为例，该技术要求小麦留茬的高度、所选用的播种机械、根据土壤墒情选择的播种深度、播种的行间距、播种前的试播均有严格要求。而采用这种技术，不仅能增产与节省种子，而且由于秸秆覆盖地表增加了土壤肥力、减少了水分蒸发、控制了杂草生长而适宜培养出优良品种。

优先序分析表明，选择播种技术作为农业生产科技第一需求的农户占了样本农户的 24.36%，逐步回归的计量结果显示：农户个人的年龄（X_3）、农户家庭非农就业人口（X_{10}）与家庭耕种面积（X_{11}）与农户的选择有着一定程度的正相关。

年龄越大的农户，对播种技术需求越强。可能的原因在于年龄隐含着经验的因素，而经验与主观风险函数成正相关（孔祥智、方松海，2002），即年龄越大经验越丰富的农户，主观上能承受风险的能力越强。农户舍弃一种播种技术而选择另外一种，由于对新技术的掌握能到什么样的程度对于农户来说是未知的，因而具有较大风险。但年龄大的农户，由于其丰富的播种经验，这种抗风险的能力较之年轻的农户要强得多。除此之外，年龄大的农户比年纪小的农户更愿意留在家中从事农业生产，他们更愿意花时间去了解如何播种。

一般而言，非农就业人口越多的农户家庭，人均收入较高，随着人均收入的增加，农民对高产技术的需求下降，在这种前提下，农户生产的农产品有相当大一部分留着自用，从而导致对优质农产品的选择，而科学的播种技术恰恰适宜培育出优良品种，这完全吻合需求诱导技术创新所采用的理论（Griliches，1957；Schmooker，1966）。由于耕地与劳动之间存在互补关系，而与资金之间存在相互替代的关系，因而农户家庭的有效灌溉面积越多，在单位耕种面积上投入的资金就会越少，一般的农作物品种的收成的高低取决于物质资源的投入多少，而掌握科学的播种技术，在资金投入有限的情况下，耕种面积较多的农户家庭通过对科学、先进的播种技术的掌握来达到少投入多产与优产的目的，对于耕种面积较多的农民过户来说无疑是最为理性的。

表 6-20 农户优先选择播种技术的影响因素计量结果

Variable	Coefficient	Std. Error	t-Statistic	Prob. *
X_{13}	0.215801	0.036237	5.95525	0
X_{10}	0.282827	0.1169	2.419391	0.0243
X_3	0.017137	0.008154	2.101647	0.0473

3. 病虫害防护技术模型

选择病虫害防护技术的农户占样本农户的 12.5%，逐步回归计量分析的结果显示：身体状况（X_4）、有效灌溉面积（X_{13}）对样本农户的选择有影响，且呈正相关。

在定义变量时，笔者的假设是：强壮＝1；一般＝2；差＝3，从这个定义以及逐步回归分析的结果可知：身体状况越不好的农户，对病虫害防护技术的需求越强。可能的原因是：①当前，在农村从事农业生产的多为妇女和老人（调查样本中显示，女性占了近26%，农户的平均年龄在45岁以上），他们大多体力弱、受教育程度不高，难以适应现阶段由于生态环境恶化、全球气候变暖、农作物种植方式改变、化肥农药等农业投入增加、病虫抗药性增强等因素影响所导致的农作物病虫害暴发频繁、防治劳动强度加大、技术要求增高的形势。②目前病虫害防治的大量任务是由手动器械来承担，近年来手动器械质量低劣，多为回收废料加工制成，跑冒滴漏现象十分普遍，导致农药的利用仅为30%左右，不仅防治效率低、防治效果差，而且易造成环境污染，农户在施药后也容易造成身体伤害。③施药方法不当。主要表现为田间无水层用药、早晨带露水用药、喷粗雾、随意加大用药量等。农户的这些习惯性思维，不但影响防治效果，带来农药成本的增加和农药药害现象的产生，也导致了对环境的污染与对农户身体的伤害。基于以上三点，身体状况本身就不够好的妇女、老人和部分农户对病虫害防护技术的需求较之身体状况好的农户强烈也就不难理解了。

有效灌溉面积，是指具有一定水源、地块比较平整、灌溉工程或设备已经配套、在一般年景下能够进行正常灌溉的耕地面积。农户家庭有效灌溉面积越多，对病虫害防护技术的需求越强。可能的原因是能够进行有效灌溉的耕地，也是病虫害容易滋生的地方，农户对病虫害防治技术的了解也更深。此外，有效灌溉面积较多的家庭的农户，大多是属于家里有老人和多个未成年的小孩组成的家庭，这样的家庭非农收入所占比例不高，农业收入成了生产资料与生活资料购买的主要来源，一旦发生病虫害导致农业收成降低或歉收，将直接影响农户家庭的生产与生活，因此，这两类农户对农作物病虫害防治技术的需求强烈也就顺理成章了。

表6-21　农户优先选择病虫害防护技术的影响因素的计量结果

Variable	Coefficient	Std. Error	t−Statistic	Prob. *
X_4	0.539653	0.148116	3.643455	0.0039
X_{13}	0.355224	0.178544	1.989562	0.0721

四、结论

通过上述农户对农业生产科技的需求的分析，可以得出以下结论：

1. 农户对农业生产科技需求的行为符合舒尔茨的农民理性论，由于小农户农产品商品化低，家庭经营农业的首要目标是解决口粮问题，这与日本学者速水佑次郎和弗农·拉坦提出的诱致性技术创新理论前提似乎不相符合，这可能需要进一步的研究和解决。

2. 农户农业技术需求受当地经济发展程度、性别、年龄、受教育程度等多种因素的制约：珠三角地区农户急需病虫害防治技术，而粤北地区更需要高产技术；男性农户比较需要节约资金技术，而女性农户更看重省工技术；播种技术的需求与年龄增长呈反向趋势，栽培（养殖）技术和病虫害防治技术的需求与年龄增长呈现正向趋势。同时，青年农户比较需要施肥技术，而其他年龄段的农户更需要节约资金技术；小学以下程度的农户更迫切需要播种技术；随着农户家庭年收入的增长，高产技术的需求反而呈下降趋势；随着经营规模的增长，播种技术的需求呈上升趋势，而病虫害防治技术的需求反而降低；蔬菜种植户、水产养殖户更需要病虫害防治技术，而粮食种植户、兼业户及其他类型的农户更需要播种技术。

3. 总体上看，栽培（养殖）技术、播种技术、病虫害防治技术是农户当前最需要的技术。农户对栽培（养殖）技术的需求受到农户个人是不是村干部（X_5）、农户个人的文化程度（X_7）、农户家里的人口数（X_9）与农户家庭的耕种面积（X_{11}）的影响；农户对播种技术的需求受到农户个人的年龄（X_3）、农户家庭非农就业人口（X_{10}）与家庭耕种面积（X_{11}）的影响；农户对病虫害防治技术的需求与农户的身体状况（X_4）、有效灌溉面积（X_{13}）呈显著的正相关。

第三节　农户农业技术需求对其收入及其分配的影响

一、引言

山区发展的核心问题是如何实现农户生计可持续发展。广东山区城市化水平低，农业是山区经济的主导产业，80%以上的家庭从事着以农业为主的生计活动。与珠三角地区相比，山区农户生计面临着严峻的“环境脆弱性”以及由此所引发的“社会脆弱性”。近年来，广东山区农业基础设施投入严重不足，农业生产一遇水旱等自然灾害就大面积减产，生产风险巨大。据统计，2000 年以来，广东主要农作物播种面积由 515 万 hm^2 下降到 440 万 hm^2，有效灌溉面积由 148 万 hm^2 下降到 128 万 hm^2，受灾面积由 63 万 hm^2 增加到 139 万 hm^2，自然灾害给农户造成的损失由 38.2 亿元增加到 369 亿元。山区位置偏僻、生产条件差、劳动强度大、种植成木高，产出效益低的“高田”“脊背田”大量存在，年轻力壮劳动力大量外出，体力和技能太差的老弱病残留守人员只能“望土兴叹”，农民撂荒严重，即使耕种也是种“应付庄稼”。由此造成山区作物单产、总产低下，粮食缺口较大。以水稻为例，2008 年以来，广东水稻总产和单产均呈现出下降趋势，稻谷的自给率为 52.9%，未来几年，广东稻谷的供需缺口将达到 870 万吨。

为增加粮食产量，缓解山区贫困，近年来，由广东省农科院研制出的高产优质的系列超级稻品种“天优 122”平均亩产达到了 600kg，丰产性好，高抗稻瘟病，中抗白叶枯病；“天优 998”平均亩产达到 660kg，该品种熟期适中，产量高，米质优；“合美占”平均亩产量在 550kg，该品种熟期较晚，抗寒性较弱，适合晚稻种植，米质特优。

已有研究表明，农业技术有利于提高农产品的产量或品质，从而达到为农户增收的目的（曾凡慧，2005）。技术的采用可以提高农业生产率，从而节省出土地与劳动力投入到其他作物的种植或者其他家庭经济活动中，增加农户家庭的收入（陈玉萍、吴海涛，2010）。国外的一些研究也表明，新技术的采用增加了农户收入，特别是在自然条件恶劣和少数民族聚集的山区(Pender,2000)。但也有研究认为,技术进步导致产量增加,国内农产品价格出现下降,短期收益逐渐被农产品价格下降所抵消,从而导致农业劳动者收入下降,技术采用对农户收入没有实质性影响(黄祖辉、钱锋燕,2003)。技术的变化并不意味着降低所有农户收入,只是降低那些没有采用新技术农户的收入(周衍平、陈会英,1998)。农户资源禀赋不同,对技术的采用程度也不同,因而对其收入及其分配的改变也会有区别。因此,对不同资源禀赋的农户不同程度采用新品种以改变其收入进行研究与总结,这对于农业技术政策的制定与引导农户合理采用农业技术,深入理解和认识农户经济行为和缓解山区农村贫困具有重要的理论和实践意义。

二、生计资本的测算与农户的分类

1. 农户生计资产的测算

根据"可持续性生计资产"的相关理论,农户所拥有的生计资产被划分为自然资本、金融资本、物质资本、人力资本和社会资本五种(李小云、董强,2007)。本书借鉴李小云关于生计资产的测算方法,结合调查地区的实际,确定生计资产的测算方法如下。

(1)赋值

根据家庭成员的劳动能力、受教育程度、农户住房的类型及房间数、能否得到借贷款、参加社会组织数及能否从社会组织获得帮助等指标,分别赋值如表6-22所示。

表6-22　农户资产赋值

资产	指　　标	类　　别	赋值
人力资产	农户家庭人口劳动能力	儿童(小学,年纪太小而不能劳动)	0
		工作的儿童(初中,可以做些清扫等简单家务)	0.3
		成人的助手(高中或中专,可以下地工作)	0.6
		成人(能够完成全部的农务)	1
		老年人(由于体力下降只能从事较少的农务)	0.5
		残疾人、长期患病者(无法从事劳动)	0
	农户家庭受教育程度	文盲	0
		小学	0.25
		初中	0.5
		高中	0.75
		大专及以上	1

续表

资产	指标	类别	赋值
物质资产	住房类型	混凝土房	1
		砖瓦房	0.75
		砖木房	0.5
		土木房	0.25
		草房	0
	房间数	五间及以上	1
		四间	0.75
		三间	0.5
		二间	0.25
		二间以下	0
金融资产		从银行获得的贷款	有＝1
		从亲戚朋友获得借款	无＝0
		从高利贷处获得借款	
社会资产	过去一年中参加社会组织的数量	4个或者以上	1
		3个	0.75
		2个	0.5
		1个	0.25
	获得的帮助数量	能同时从社会组织中获得金钱或者物质援助	1
		只能获得金钱或者物质援助	0.5
		不能获得援助	0

(2)标准化处理

所谓标准化处理是以1作为最大值，通过赋值所求得大于1的指标值按指标值/4.0得出指标度量值。如农户家庭人口的劳动力指标值，标准化处理见表6-23，同理可求得自然资产、物质资产、社会资产标准化后的指标度量值。

表6-23　家庭人口劳动能力指标标准化方法

数据指标(家庭整体劳动能力单位)	度量值
最大值4.0	1
3.6	0.9
……	……
0.5	0.125
最小值0	0

(3)确定权重与测算模型

根据Sharp(2003)的指标设定比例，同时考虑到中国农户家庭劳动能力对农户家庭人力资产的作用，本书在计算时分别给予这三个指标以0.5∶0.25∶0.25的权重，以这个权重进行加总，便可以得到：人力资产＝农户家庭的劳动能力/2＋男性成年劳动力/4＋家庭劳动力受教育程度/4。

把自然资产的人均拥有耕地面积与人均实际耕种面积标准化值按照0.5∶0.5的权重进行分布，可得出：自然资产＝人均拥有耕地面积/2＋人均实际耕种面积/2。

农户的物质资产标准化后，按照住房情况与家庭资产0.6∶0.4的权重来进行分布，则物质资产＝住房情况×0.6＋家庭资产×0.4。

农户的金融资产标准化后，按照农户获得现金信贷的机会、获得现金援助的机会与家庭现金收入(包括银行存款)0.25∶0.25∶0.5的权重来进行分布，由于样本中获得现金信贷的机会与获得现金援助的机会的农户所占比例仅为2%左右，因此，本书的金融资产＝家庭现金收入/2。

农户的社会资产标准化后，按照农户参与社会活动和组织、资金帮助、劳动力帮助各占1/3的权重来进行分布，则农户的社会资产＝(参与社会活动和组织＋资金帮助＋劳动力帮助)/3。

2. 农户的分类

(1)样本农户的选取

考虑到农户的经济状况变化是一个动态过程，因此，在问卷的设计上，以农户现有生计资产为主线，意图通过分析2007年、2009年、2011年间农户采用新品种前后其种植面积、农业劳动力、收入等方面的变化来研究资源禀赋不同农户在农业技术不同程度的采用下对其收入所形成的影响。

在广东省农科院研究人员与调查地区农技推广站的支持下，本书选取“天优”系列“合美占”系列等超级稻品种进行大面积重点推广的梅州兴宁市与五华县、河源的龙川县以及推广程度较为薄弱的清远英德市、清新县，有效调查农户共计456户。调研的方法与样本的选取列于表6-24中。

表6-24　调研的方法与样本的选取

调研地点		调研时间	样本数	调研方法
广东清远	英德白沙镇	2011年7月	65	根据已有问卷2人一组(1人记录，1人发问)进村入户访谈
广东河源	清新山塘镇		70	
广东梅州	龙川县鹤市镇	2011年12月	157	
	兴宁福兴镇	2012年2月	76	
	五华长布镇		88	

(2)农户的分类

根据农户2007年的生计资产指标，将农户划分为富裕户、一般户与贫困户。按照农户耕地面积中超级稻的种植面积所占的比例，进一步将农户划分为采用户、部分采用户与非采用户。划分标准与农户类别分布列于表 6-25、表 6-26 中。

表 6-25　按生计资产划分的农户类型及样本区域各类型农户的比例

地区	富裕户（生计资产≥2）	一般户（1≤生计资产＜2）	贫困户（生计资产＜1）
广东清远	8.60%	61.80%	29.60%
广东河源	7.50%	68.70%	23.80%
广东梅州	8.20%	55.10%	36.70%

表 6-26　按种植面积比重划分的农户类型及样本区域各类型农户的比例

地区	完全采用户（种植面积/耕地面积＝1）	部分采用户（种植面积/耕地面积＜1）	非采用户（种植面积/耕地面积＝0）
广东清远	22.20%	24.40%	53.40%
广东河源	55.10%	26.20%	18.70%
广东梅州	47.00%	38.70%	14.30%

按照这两个划分标准，样本农户可以形成 9 大类型，分别是：完全采用富裕户、部分采用富裕户、非采用富裕户、完全采用一般户、部分采用一般户、非采用一般户、完全采用贫困户、部分采用贫困户与非采用贫困户。

三、农户资源禀赋、超级稻采用对其收入的影响的统计性描述

1. 富裕户

由表 6-27 可知，在三个区域，金融资产增加的幅度都呈现出完全采用户＞部分采用＞非采用户这一特征。在梅州与龙川地区，随着时间的推移，采用户（完全采用户与部分采用户，下同）金融资产增加的幅度逐渐减弱，超级稻的采用对富裕户的收入增加效应是递减的；从人力资产的分配情况来看，富裕采用户的人力资产均呈现出增加，同时，富裕采用户当中的部分采用户的自然资产也在增加。这表明，梅州与龙川富裕采用户的收入效应递减，可能的原因在于人力、自然等资产要素投入的增加所引致的，这也符合经济学上的要素报酬递减规律。

表 6-27　富裕户超级稻采用程度对其收入的影响

区域	广东梅州			广东河源			广东清远		
采用程度	完全	部分	不采	完全	部分	不采	完全	部分	不采
合计资产	2.72	2.25	2.30	2.59	2.51	2.19	2.45	2.37	2.34

续表

区域		广东梅州			广东河源			广东清远		
金融资产	2007	0.65	0.45	0.41	0.44	0.54	0.32	0.60	0.48	0.43
	2009	0.78	0.52	0.44	0.53	0.62	0.34	0.65	0.51	0.46
	变幅	20.00%	15.56%	7.32%	20.45%	14.81%	6.25%	8.33%	6.25%	6.98%
	2011	0.89	0.58	0.48	0.61	0.68	0.37	0.72	0.57	0.50
	变幅	14.10%	11.54%	9.09%	15.09%	9.68%	8.82%	10.77%	11.76%	8.69%
	总计	34.10%	27.10%	16.41%	35.54%	24.495	15.07%	19.10%	18.01%	15.67%
人力资产	2007	0.55	0.68	0.84	0.45	0.67	1.23	0.85	0.77	0.78
	2009	0.61	0.74	0.78	0.50	0.73	1.11	0.89	0.81	0.76
	变幅	10.91%	8.82%	−7.14%	11.11%	8.96%	−9.76%	4.71%	5.19%	−2.56%
	2011	0.66	0.79	0.75	0.54	0.79	0.99	0.95	0.76	0.73
	变幅	8.19%	6.76%	−3.85%	8.00%	8.22%	−10.81%	6.74%	6.17%	−3.95%
	总计	19.10%	15.58%	−10.99%	19.11%	17.18%	−20.57%	11.45%	11.36%	−6.51%
自然资产	2007	—	0.23	0.93	—	0.32	0.44	—	0.27	0.32
	2009	—	0.25	0.90	—	0.41	0.41	—	0.28	0.28
	变幅	—	8.69%	−3.23%	—	28.13%	−6.82%	—	3.70%	−12.50%
	2011	—	0.26	0.85	—	0.44	0.40	—	0.32	0.27
	变幅	—	4.00%	−5.56%	—	7.32%	−2.44%	—	14.29%	−3.57%
	总计	—	12.69%	−8.79%	—	35.45%	−9.26%	—	17.99%	−16.07%

从表 6-27 还可观察到，清远地区的采用户的金融资产增加的幅度要显著地低于梅州与龙川地区。与梅州与龙川地区不同，清远地区的采用户的金融资产却随着时间的推移逐渐增加，同时人力资产与部分采用户的自然资产也在增加。这可能是清远地区并不是超级稻的重点推广地区，农技员对超级稻及其配套技术没有或很少对农户进行指导，因此，农户对超级稻的种植技术的掌握需要一段较为长的时间才能达到重点推广地区农户所拥有的水平。由于要素的投入并没有达到相应规模，因此继续增加要素的投入并没有出现梅州与龙川地区的那种金融资产的增加逐渐减弱的趋势。

与采用户相反，随着时间的推移，非采用户的金融资产呈现出逐渐增强，而人力资产与自然资产的分配则逐渐减少。可能是由于非采用户减少了种植面积，投入的劳动力也随之减少，减少的劳动力更多用于非农产业，从而导致收入增加。

2. 一般户

与富裕户相同的是：(1)在梅州与龙川地区，随着时间的推移，一般采用户金融资产增加的幅度也是逐渐减弱的，超级稻的采用对一般采用户的收入增加效应也是递减的。从人力资产的分配情况来看，一般采用户的人力资产均呈现出增加，同时，一般采用户当中的部分采用户的自然资产也在增加。这表明，梅州与龙川一般采用户的收入增加效应递减，与富裕采用户的收入增加效应递减可能存在相同的原因，即由于人力、自然等资产要素投入的增加导致要素报酬递减。(2)清远地区的采用户的金融资产却随着时间的推移逐渐增加，同时人力资产与部分采用户的自然资产也在增加，原因前文已阐述。

表 6-28　一般户超级稻采用程度对其收入的影响

区域		广东梅州			广东河源			广东清远		
采用程度		完全	部分	不采	完全	部分	不采	完全	部分	不采
合计资产		1.44	1.81	1.34	1.60	1.25	1.51	1.63	1.74	1.51
金融资产	2007	0.21	0.36	0.41	0.33	0.23	0.37	0.34	0.30	0.39
	2009	0.22	0.39	0.42	0.35	0.25	0.39	0.35	0.31	0.40
	变幅	4.76%	8.33%	2.44%	6.06%	8.69%	5.41%	2.94%	3.33%	2.56%
	2011	0.23	0.40	0.43	0.36	0.26	0.40	0.37	0.33	0.41
	变幅	4.55%	2.56%	2.38%	2.86%	4.00%	2.56%	5.71%	6.45%	2.50%
	总计	9.31%	10.89%	4.82%	8.92%	12.69%	7.97%	8.65%	9.78%	5.06%
人力资产	2007	0.63	0.77	0.44	0.26	0.36	0.29	0.55	0.76	0.58
	2009	0.65	0.77	0.48	0.29	0.37	0.32	0.61	0.81	0.64
	变幅	3.17%	0.00%	9.09%	11.54%	2.78%	10.34%	10.91%	6.58%	10.34%
	2011	0.72	0.84	0.61	0.33	0.39	0.37	0.62	0.82	0.67
	变幅	10.77%	9.09%	27.08%	13.79%	5.41%	15.63%	1.64%	1.23%	4.69%
	总计	13.94%	9.09%	36.17%	25.33%	8.19%	25.97%	12.55%	7.81%	15.03%
自然资产	2007	—	0.24	0.32	—	0.39	0.58	—	0.22	0.30
	2009	—	0.24	0.33	—	0.43	0.60	—	0.25	0.28
	变幅	—	0.00%	3.13%	—	10.25%	3.45%	—	13.64%	−6.67%
	2011	—	0.25	0.35	—	0.45	0.63	—	0.29	0.27
	变幅	—	4.17%	5.71%	—	4.65%	5.00%	—	16%	−3.57%
	总计	—	4.17%	8.84%	—	14.90%	8.45%	—	29.64%	−10.24%

与富裕户不同的是：(1)在三个区域，金融资产增加的幅度呈现出部分采用户>完全采用户>非采用户这一趋势，可能的原因在于部分采用户由于采用程度不高，所投入的劳动力与耕地比完全采用户要少，剩余的耕地用于种植价值更高的经济作物、剩余的劳动力用于非农产业，从而导致金融资产的增加幅度比完全采用户还高。而部分采用富裕户之所以金融资产增加的幅度少于完全采用富裕户，就在于对于部分采用富裕户来说，由于生计资产禀赋较高，无须将剩余的耕地用于种植价值更高的经济作物、

剩余的劳动力用于非农产业。(2)清远地区部分采用一般户的金融资产增加的幅度要显著地高于梅州与龙川地区，可能是由于清远地区相对于其他两地而言离珠三角更近，转移的剩余劳动力所创造的非农收入要高于其他两地。(3)与采用户相反，随着时间的推移，非采用一般户的金融资产虽然与非采用富裕户一样呈现出逐渐增强，自然资产的分配也逐渐减少，但投入的人力资产却与非采用富裕户不同，不是减少而是逐渐增加，这可能就是导致非采用一般户的金融资产增加的幅度要低于非采用富裕户的原因。

3. 贫困户

与富裕户相似的是：(1)在三个区域，贫困户金融资产增加的幅度也遵循完全采用户＞部分采用户＞非采用户这一特征。(2)清远地区贫困采用户的金融资产增加的幅度要少于梅州与龙川地区的贫困采用户。

表 6-29　贫困户超级稻采用程度对其收入的影响

区域		广东梅州			广东河源			广东清远		
采用程度		完全	部分	不采	完全	部分	不采	完全	部分	不采
合计资产		0.90	0.85	0.82	0.78	0.91	0.76	0.83	0.76	0.70
金融资产	2007	0.16	0.13	0.25	0.19	0.12	0.14	0.21	0.17	0.21
	2009	0.18	0.14	0.26	0.21	0.13	0.15	0.23	0.18	0.22
	变幅	12.50%	7.69%	4.00%	10.53%	8.33%	7.14%	9.52%	5.88%	4.76%
	2011	0.21	0.16	0.28	0.25	0.15	0.16	0.26	0.20	0.24
	变幅	16.67%	14.29%	7.69%	19.05%	15.38%	6.67%	13.04%	11.11%	9.09%
	总计	29.17%	21.98%	11.69%	29.58%	23.71%	13.81%	22.56%	16.99%	13.85%
金融资产	2007	0.25	0.21	0.35	0.18	0.32	0.33	0.20	0.34	0.23
	2009	0.28	0.22	0.33	0.19	0.34	0.32	0.22	0.35	0.23
	变幅	12.00%	4.76%	−5.71%	5.56%	5.88%	−3.03%	10%	2.94%	0.00%
	2011	0.30	0.24	0.32	0.22	0.37	0.30	0.24	0.37	0.20
	变幅	7.14%	9.09%	−3.03%	15.79%	8.82%	−6.25%	9.09%	5.71%	−13.04%
	总计	19.14%	13.85%	−8.74	21.35%	14.70%	−9.28%	19.09%	8.65%	−13.04%
自然资产	2007	—	0.32	0.18	—	0.17	0.19	—	0.14	0.16
	2009	—	0.35	0.19	—	0.22	0.17	—	0.16	0.17
	变幅	—	9.38%	5.56%	—	29.41%	−10.53%	—	14.29%	6.25%
	2011	—	0.39	0.19	—	0.24	0.18	—	0.19	0.17
	变幅	—	11.43%	0.00%	—	9.09%	5.88%	—	18.75%	0.00%
	总计	—	20.81%	5.56%		38.50%	4.65%		33.04%	6.25%

与富裕户、一般户不同的是，随着时间的推移，三区域的贫困采用户金融资产增加的幅度却逐渐增加，超级稻的采用对贫困户的收入效应是递增的，这表明，贫困采用户收入增加的递增效应的时间要长于富裕户与一般户，从表6-29可观察到，贫困采用户的人力资产也呈现出增加，同时，贫困采用户当中的部分采用户的自然资产也在增加，但并没有出现如富裕户与一般户那样的收入增加效应递减现象。

与采用户相反，随着时间的推移，非采用贫困户的金融资产也如同非采用富裕户、非采用一般户一样呈现出逐渐递增，但与非采用富裕户不同的是，非采用贫困户的自然资产的分配是增加的，与非采用一般户不同的是，非采用贫困户的人力资产分配是减少的，这说明，对于非采用贫困户来说，虽然增加了种植面积，但投入的人力却并没有增加反而减少，将从农业中抽离的劳动力更多地用于非农产业，导致非采用贫困户收入的增加，且增加的幅度要高于非采用一般户。

比较前述几个表还可以看出，资源禀赋不同、采用程度相同、农业技术推广重视程度与距离珠三角的远近相同的同一区域农户，金融资产增加的幅度呈现出富裕户＞贫困户＞一般户这样的特征，说明农户农业技术的采用对于富裕户与贫困户的效果要强于一般户。

四、计量分析

1. 理论基础和模型

为了对农业技术效应进行精确的评估，需在农业技术从其他影响农户金融资产的社会经济因素中独立出来的前提下，找到一组和采用户特征相似的非采用户进行收入水平的比较，将两者的差异归功于农业技术的贡献。基于此，本书引入非参数的倾向得分匹配法(PSM)来进行考察，其模型如下：

$$\tau\frac{PSM}{ATT}=E_{P(X)|T=1}\{E[Y(1)|T,P(X)]-E[Y(0)|T=0,P(X)]\}$$

其中 ATT 表示平均技术效应，$E[Y(1)|T,P(X)]$ 表示技术采用户的收入效应，$E[Y(0)|T=0,P(X)]$ 表示非采用户的收入效应。

上述模型基于两个假设而存在：(1)条件独立分布假设。即假设在一组不受技术采用影响的可观测的协变量 X 下，潜在的福利独立于技术的选择，在给定协变量 X 的条件下，农户采用新技术的条件概率为：$P(T=1|X)=P(X)$。意味着有相同倾向得分的农户有同样的协变量 X 分布。(2)共同支撑假设。假设倾向得分在0和1之间，用公式可表示为：$0<P(T=1|X)<1$，即具有同样 X 值的农户，具有选择采用和不采用技术的正向概率，排除了在倾向得分尾部分布的农户，从而提高匹配质量。

对于倾向得分的估算，本书选取Probit模型进行。由于匹配建立在条件独立分布假设与共同支撑假设的前提下，模型中变量的选择应该满足平衡性要求，即只有那些同时影响技术采用和福利水平的变量才能包含在模型中，本书利用差异显著性检验法和 $Pseudo-R^2$ 法来选择模型中的变量。差异显著性检验用于检验技术采用组和非采用组的平均倾向得分的差异，如果没有显著差异则说明所选择变量满足平衡性要求。$Pseudo-R^2$ 法衡量所选择变量对模型的解释力。

通过具体的模型估算得到倾向得分后，再根据得分将技术采用户和与其相似的非采用户进行匹配，本书将采用 Kernel 法[①]估算超级稻采用对农户 2009 年、2011 年收入所产生的效应，再应用 Bootstrapping 法来估算标准误差。

2. 结果及其分析

根据上述理论，用于最终倾向得分估算的变量组合和 Probit 模型估算的结果列于表 6-30 中。

表 6-30　基于倾向得分的 Probit 模型估算

变量	2009 年		2011 年	
	系数	Z 值	系数	Z 值
家庭规模	−0.063	−1.08	−0.071	−1.17
户主年龄	0.058	1.46	0.061	1.53
户主年龄平方	−0.001	−1.54	−0.001	−1.55
户主性别（若为女性）	−0.067	−0.25	−0.062	−0.21
家庭劳动力受教育年限	0.712	1.61	0.831	1.76
家庭劳动力比重	−0.753	−1.94***	−0.457	−1.31
家庭人均收入	0.582	1.34***	0.737	1.58
耕地面积	0.045	3.12***	0.025	2.16***
水田面积比重	0.832	1.79***	0.915	1.92***
家庭役畜数量	−0.004	−0.18	−0.007	−0.22
离珠三角的距离	0.175	5.37***	0.258	6.14***
技术推广的程度	0.557	2.16***	1.112	4.59***
梅州地区	0.327	0.65***	1.63	2.91***
龙川地区	0.254	0.53***	1.429	2.52***
清远地区	−1.937	−3.52***	−1.145	−3.83***
常数项	2.354	1.673***	3.571	2.48***
平衡性	满意		满意	
观测值	456		456	
$Pseudo-R^2$	0.532		0.576	

说明：*** 表示 1% 的显著性水平。

① Kernel 匹配法是利用技术非采用组中所有农户的加权平均来构造采用技术农户的反事实收入，权重依赖于每个技术采用户和技术非采用户的距离。这种方法的优势是可用信息多、变异小，但是可能会增加偏误，因此，要再应用 Bootstrapping 法来估算标准误差。

Probit 模型估算的 $Pseudo-R^2$ 值在 2009 年、2011 年分别为 0.532 和 0.576。在两个调查年份中，农户家庭劳动力受教育年限、家庭人均收入、耕地面积和水田面积比重与农户超级稻采用具有较为显著的正相关。此外，离珠三角的距离越远、农业技术推广的程度越深的地区，农户采用超级稻的可能性也越大。这些结论与本书对各类型的农户所占的比重分析是基本相一致的。

用 Kernel 法算超级稻采用对农户 2009 年、2011 年收入所产生的效应，结果列于表 6-31 中。表 6-31 显示，进行 50 次 Bootstrapping 法检测技术效应的统计显著性和标准误差表明，在 2 个调查年份里，超级稻采用对农户的收入效应都表现出显著的、正向效应(除清远地区的部分采用富裕户外)。由于收入采用的是对数形式，通过转换成非对数形式，结果列于表 6-32 中。

表 6-32 显示，在梅州与龙川地区，随着时间的推移，技术对于收入的效应逐渐减弱。除清远的部分采用富裕户之外，超级稻采用户的收入在 2009 年是非采用户的 1.12～3.41 倍，在 2011 年是非采用户的 1.10～2.86 倍。超级稻的采用对于富裕户与贫困户的收入效应要强于一般户。在富裕户与贫困户内，完全采用户要强于部分采用户；在一般户内，部分采用户却要强于完全采用户。这与统计描述所得结论完全一致。

表 6-31　超级稻采用对农户收入对数的效应

资源禀赋		富裕户			一般户			贫困户		
区域		梅州	龙川	清远	梅州	龙川	清远	梅州	龙川	清远
2009完全采用	效应	1.004	1.185	0.174	0.668	0.113	0.140	1.141	0.385	0.693
	误差	0.073	0.069	0.067	0.079	0.062	0.071	0.089	0.077	0.075
	Z值	9.04***	9.21***	4.64***	7.34***	4.26***	4.41***	9.37***	6.45***	7.82***
2009完全采用	效应	0.751	0.863	−0.117	1.227	0.476	0.262	0.652	0.157	0.215
	误差	0.074	0.063	0.081	0.093	0.065	0.083	0.090	0.085	0.073
	Z值	7.75***	7.97***	−4.24***	9.73***	6.26***	5.14***	7.13***	4.15***	4.83***
2011完全采用	效应	0.438	0.536	0.215	0.647	0.113	0.824	0.775	1.051	0.358
	误差	0.085	0.078	0.063	0.067	0.074	0.087	0.069	0.073	0.081
	Z值	5.37***	6.19***	4.98***	7.43***	4.29***	7.97***	7.30***	9.95***	5.76***
2011完全采用	效应	0.239	0.095	0.300	0.519	0.113	0.948	0.621	0.837	0.199
	误差	0.074	0.091	0.063	0.072	0.086	0.075	0.061	0.079	0.084
	Z值	3.75***	2.12***	3.95***	5.97***	4.26***	9.02***	7.51***	7.89***	4.13***

说明：*** 表示 1%的显著性水平。

表 6-32 超级稻采用对农户收入的效应

资源禀赋	地区	2009 年		2011 年	
		完全采用户	部分采用户	完全采用户	部分采用户
富裕户	梅州	2.73	2.12	1.55	1.27
	龙川	3.27	2.37	1.71	1.10
	清远	1.19	0.89	1.24	1.35
一般户	梅州	1.95	3.41	1.91	1.68
	龙川	1.12	1.61	1.12	1.56
	清远	1.15	1.30	2.28	2.58
贫困户	梅州	3.13	1.92	2.17	1.86
	龙川	1.47	1.17	2.86	2.31
	清远	2.00	1.24	1.43	1.22

3. 匹配质量

倾向得分匹配法的一个重要假设是技术采用户和非采用户得分分布存在重叠的区域，即共同支撑区域，该区域会导致采用户数量的损失，如果农户损失的数量较多，估算结果的代表性将减弱。

由于匹配只能调整倾向得分，而不能调整所有的协变量，因此必须检查匹配程序是否能够平衡相关变量在技术采用户和非采用户中的分布。匹配的质量如何，可用 T 检验和 $Pseudo-R^2$ 进行检测。

表 6-33 显示，农户的损失率在 5.04%～12.62%之间，损失率并不高，估算的结果具有代表性。匹配后与匹配前相比，$Pseudo-R^2$ 值与 T 检测均有大幅度下降，说明匹配的质量效果较好。

表 6-33 匹配导致的农户损失率与匹配质量

质量指标	富裕户		一般户		贫困户	
	2009	2011	2009	2011	2009	2011
农户损失率	5.48%	5.04%	12.15%	12.62%	8.54%	7.86%
匹配前 $Pseudo-R^2$	0.532	0.576	0.532	0.576	0.532	0.576
匹配后 $Pseudo-R^2$	0.043	0.056	0.039	0.047	0.036	0.041
匹配前 t－检测	52.46	62.34	52.46	62.34	52.46	62.34
匹配后 t－检测	14.64	15.37	13.58	16.36	14.25	14.53

五、结论与讨论

统计分析与计量检测的结果表明：

1. 对于富裕户与贫困户，农业技术的采用对与农户收入的增加的幅度呈现出完全采用户＞部分采用＞非采用户这一特征；而对于一般户，农户收入增加的幅度却呈现出部分采用户＞完全采用户＞非采用户这一特征。在农业技术重点推广的地区，富裕户与一般户随着时间的推移，农业技术的采用对其收入增加的效应是递减的，而在农业技术推广较为薄弱的地区以及各地区的贫困户，农业技术的采用对其收入增加的效应却仍然保持递增。

2. 在农业技术推广较为薄弱的地区，如果与经济发达地区的距离较近，农业技术部分采用一般户的收入增加的幅度要显著地高于农业技术推广的重点地区，但贫困采用户收入产增加的幅度却要少于农业技术重点推广地区的贫困采用户。

3. 对于非采用户，随着时间的推移，收入也呈现出逐渐递增。但非采用贫困户收入增加的幅度要高于非采用一般户，增加源于种植面积的增加与人力投入的减少，劳动力更多地用于非农产业。

本书的结论表明，农业技术的采用对于农户收入的增加，其中的关系是较为复杂的。基于此，本书建议：在农业技术重点推广的区域，制定适宜的农业技术政策以推动农业技术的持续创新；在农业技术推广较为薄弱的地区，加强农业技术推广的力度；根据农户资源禀赋的不同，需引导农户不同程度地采用农业技术，合理地分配劳动力与耕地等生产要素。

第四节　农户农业教育培训需求的优先序及其影响因素

2010年中央“一号文件”指出：“大力发展中等职业教育，继续推进农村中等职业教育免费进程，逐步实施农村新成长劳动力免费劳动预备制培训。”农户的教育培训与农业基础设施、农业科技投入、农业信息化投入一样，不是简单地向农民“输血”（如对种粮农户的直接补贴等），而是增强农户的造血机能。因此农村的中等职业教育当中，农户的教育与培训作为其中的一项关键领域，尤其应当引起重视。

基于此，本书通过设计调查问卷，对粤北、粤东、粤西以及珠三角地区的农户展开实地调查，收集农户教育与培训需求，然后利用统计分析方法对影响农户教育需求的因素进行定量分析，最后有针对性地提出政策建议，目的在于为政策制定者和决策者对农户的教育与培训提供借鉴。

一、文献综述

查阅相关文献发现，对农村（农民）职业教育和农村人力资源开发的文献很多，但是对农户农业职业教育的研究文献却较为缺乏。学者们的研究主要集中在以下几个方面。

1. 对农户教育需求现状的研究

对这方面开展研究的学者主要有宁泽逵等(2003)、姚延芹等(2006);王玉苗等(2006)、罗国辉等(2008)、邢大伟等(2009)等。综观各学者对农民职业教育需求现状的研究,他们主要通过设计调查问卷和对问卷调查的结果来分析农民职业教育的需求现状:农民职业教育的总需求状况、存在的问题、面临的困难(如办学经费不足、农民职业教育内容过于单调、教育方式和结构单一等),并围绕此提出政策、建议。其中,最有代表性的是姚延芹、张智敏(2006)关于农村职业教育需求与定位的研究,他们通过问卷设计和调查方案收集原始数据,接着采用 Spss 13.0 软件包对数据进行整理和统计分析,然后利用图表、频数分析、差异性分析对农村居民的职业教育情况进行计量分析,最后还通过主成分分析(Principal Component Analysis)对变量进行降维来进一步分析农民对职业教育的需求。结果表明,农民对职业教育的潜在需求很大,而他们期望接受培训的主要目的是改善经济条件,这也是他们对职业教育产生兴趣的最直接的动力。在学习内容方面,主要分为农业类与非农业类两大类,而且在调查中发现,农户对非农技能教育与培训的需求很大。

2. 对农民职业教育需求的影响因素研究

这方面研究的代表性学者有宁泽逵等(2004)、吕德宏等(2007)、杨瑞文(2007)、李存超等(2009)。对于农民职业教育需求的影响因素,不同学者运用了不同的研究方法,如通过问卷的形式来展开理论性分析,利用 logistic 回归分析对农民职业教育的需求和影响因素进行计量分析,如李存超等(2009)先采取规范分析方法系统构建出农户参与行为影响因素理论框架,然后应用二分类逻辑回归(Binary Logistic Regression)对变量建立经济计量模型,再利用后筛选回归方法进行显著性分析,最后得到各影响因素对农户职业教育需求的实证分析结果。但无论是采取哪一种研究方法,他们均认为农民的收入水平是影响农户职业教育需求决策的一个关键性因素。农户家庭主导产业、农户家庭文化水平、投资风险、投资收益、培训内容、培训时间、培训者、年龄、性别等,也是他们所考虑到的一些制约性因素。

3. 对出路探讨研究

对农民职业教育出路的探讨,既有以某一地区为研究对象,通过对该地区农民素质与培训现状的分析,探析新型农民培训模式——以分类培训为特色,实现新型农民培训全覆盖(王秀华,2010)。也有学者对国外的农民职业教育进行了研究,认为:首先,发达国家一般既有国家创办的农业培训中心,地方还有很多农村企业公司、社会团体,以及个人兴办的业余、半业余农校和各种类型的短期培训班;其次,高度重视农村职业教育质量,国家除了对农村职业教育给予经费、政策支持外,同时也对教育质量予以严格的评估与监控,甚至实行国家职业资格证书制度;最后,发达国家有一套完整的教育体系,强调理论与实践相结合,农村职业教育通过实践教学培养学员的职业能力与情感,现场培训是其主要的教学方式。还有,欧洲各国普遍实行农民资格考试,政府规定必须完成一定的农业职业教育,考试合格发给"绿色证书"才有资格当农民。因此,学者以国外农村职业教育方面的做法为平台,试图寻找出一些可供我国开展农村职业教育的经验与借鉴，提出建立多元化的农村职业教育办学方式（范安平、张释元，2009）。

4. 简要评析

总的来说，学者们通过对不同农村地区的调查，根据我国农村地区的职业教育需求现状和对其存在的问题进行的深入分析，提出了可行的建议。他们的研究优势在于基本上都运用了调查的形式去了解情况，发现问题，而不光靠理论支撑，更多地用数据说话，从而使他们的观点更可靠、更有说服力。在研究方法上，综合运用了统计分析方法、计量分析方法（如 logistic 回归分析）等，对影响农民职业教育的各种因素变量进行专业的分析，得出结论。这些研究方法为本书提供了很好的方法借鉴。

在研究的范围上，学者们对农民所接受的旨在强化或分化其职业身份与职业能力的一切形式的教育或培训均视为农民职业教育培训。这是对农民职业教育培训的一种广义上的理解，因此他们的研究对象集中于所有具有农民身份的农村居民，不仅包括纯农户，也包括了非农从业人员。而本书的研究方向是要把农民职业教育的研究方向细分到农户层面，认真分析每个农户职业教育的现实需求，根据他们的需求拟订相关的政策建议。

本书将农户职业教育培训定义为：为提高农户农业生产技术和文化素质，满足农户农业职业教育需求，对从事农业生产的农户进行一系列的学历教育和培训的总和。从这个定义出发，本书认为，农户职业教育应该包括以下方面的内容：①种植业教育与培训。如提供播种技术、栽培管理技术、施肥技术、病虫害防治技术等方面的培训。②养殖业教育与培训。如养殖管理技术培训、高产技术培训、省工技术培训、贮藏保鲜加工技术培训等。③市场需求分析培训。如通过农户职业教育培养农民对市场变化趋势和市场需求的迅速反应能力。

二、农户教育与培训的优先序分析

为研究的需要，本书将农户教育培训需求分为：①机械、建筑、运输、美容美发等非农就业技能培训。②创业技能培训。③种养栽等技术培训。④权益保护法律知识培训。⑤城市生活常识培训。⑥农产品加工、贮藏培训。

表 6-34　农户教育培训需求优先序总体情况（%）

内容	种养栽	创业技能	权益保护	非农技能	加工贮藏	生活常识
优先序	1	2	3	4	5	6
户	198	48	24	18	15	9
比例	63.46	15.38	7.69	5.77	4.81	2.88

调查显示（见表 6-34），种养栽技术、创业技能、自身权益保护等排在需求的前三位。可见，农户对涉及自身生产的技术培训需求大，而随着农村的发展以及法律意识的普及，农户对非农技能和保护自身利益的需求渐增。对于长期生活在农村的农户来说，接受城市生活常识培训的欲望不大，在调查中只占 2.88％。

1. 不同地区农户教育与培训分析

表 6-35　不同地区农户教育培训需求优先序(%)

序	粤北	户	比例	序	粤东西	户	比例	序	珠三角	户	比例
1	种养栽	12	44.44	1	种养栽	150	64.1	1	种养栽	36	70.59
2	创业技能	9	33.33	2	创业技能	36	15.38	2	加工贮藏	6	11.76
3	非农技能	6	22.22	3	权益保护	21	8.97	3	生活常识	6	11.76
4	权益保护	0	0	4	加工贮藏	12	5.13	4	创业技能	3	5.88

本次调查主要在经济发展存在一定差异的粤北、粤东西和珠三角地区进行。通过对数据的整理发现：三地区的经济发展水平虽有所不同，但种养栽等技术培训需求都排在首位，这很大可能是与他们的生产背景有关，尤其在珠三角地区该比例达70.59%，原因在于珠三角地区的经济基础较好、地理位置优越，农户从事农业生产不再是为了满足基本生活需要，而是更多地追求产量和质量，把农产品推向市场，所以他们对种养栽等技术的要求相对较高，需求扩大。在经济欠发达的粤北和经济发展中的粤东西，农户对创业技能培训的潜在需求比较大，这与他们的家庭经济背景有很大关系，他们希望通过接受创业技能培训来增加收入。而与城市接壤的珠三角农户则对农产品加工、贮藏培训和城市生活常识培训表现出较大需求，这与他们生活的地理位置有很大关系，因他们的生活生产贴近城市。

2. 不同年龄农户教育与培训分析

从表 6-36 上看，年龄差异并没有影响农户对种植、养殖、栽培等技术培训的需求，其需求都排在第一位，尤其老年的需求比例达到 78.38%，这可能是年龄较大的农户思想比较保守，对教育培训的认知和理解程度也较低，所以比较倾向于跟农业生产关系最为密切的技术培训。而中青年和壮年对教育培训需求的排序一致，年龄差异对他们的教育培训需求影响不大。

表 6-36　不同年龄农户教育培训需求优先序

序	中青年	户	比例(%)	序	壮年	户	比例(%)	序	老年	户	比例(%)
1	种养栽	21	41.18	1	种养栽	84	58.33	1	种养栽	87	78.38
2	创业技能	15	29.41	2	创业技能	21	14.58	2	权益保护	12	10.81
3	权益保护	6	11.76	3	权益保护	12	8.33	3	非农技能	6	5.41
4	加工贮藏	6	11.76	4	加工贮藏	12	8.33	4	创业技能	3	2.7

3. 不同收入农户教育与培训分析

从表 6-37 中可看出，农户农业教育培训需求与其收入水平有一定的关联。种植、养殖、栽培等技术培训是低收入和中等收入者最迫切需要的教育培训，其比例各为63.41%、66.67%；高收入者则对非农就业技能和创业技能有较强的需求，70%的农户把这两项培训排在前面。除此之外，高收入农户开始有意识地增强权益保护和城市生活方面的知识。低收入户由于经济原因，主要需求表现为专业技能和实用技术的培训，对权益保护法律知识和城市生活常识的需求不大。总的来看，中等收入户对农业教育培训的需求比例较低收入户要高，高收入户对各项教育培训的需求比例高且平均，这表明人均纯收入越高的农户越有能力去接受教育培训，故需求比较强烈。

表 6-37　不同收入农户教育培训需求优先序

序	低收入户	户	比例(%)	序	中等收入户	户	比例(%)	序	高收入户	户	比例(%)
1	种养栽	156	63.41	1	种养栽	24	66.67	1	非农技能	15	50.00
2	加工贮藏	36	14.63	2	创业技能	6	16.67	2	创业技能	6	20.00
3	创业技能	15	6.10	3	加工贮藏	3	8.33	3	权益保护	6	20.00
4	非农技能	15	6.10	4	权益保护	3	8.33	4	生活常识	3	10.00

4. 不同类型农户教育与培训分析

从事不同工作领域的农户，由于他们的工作内容不同，其教育培训需求有着明显的差异。单纯从事养殖或栽培的农户，其需求比较单一，主要对种植、养殖、栽培等技术、农产品加工、贮藏以及创业技能表现出较强的需求，对其他技术培训则不存在需求，原因可能是考虑到实际工作中不需要那些技术。种植户和兼业户都对种植、养殖、栽培等技术、非农就业技能和创业技能表现出较强的需求，但兼业户由于从事多种农事生产，需要掌握多种技术为其生产服务，故其对各种技术的需求较种植户要平均。

表 6-38　不同类型农户教育培训需求优先序

序	种植户	户	比例(%)	序	养殖户	户	比例(%)
1	种养栽	69	65.71	1	种养栽	9	75
2	非农技能	21	20	2	加工贮藏	3	25
3	创业技能	6	5.71	3	非农技能	0	0
4	权益保护	3	2.86	4	权益保护	0	0
序	栽培户	户	比例(%)	序	兼业户	户	比例(%)
1	创业技能	9	60	1	非农技能	56	40.58
2	种养栽	6	40	2	种养栽	45	32.61
3	非农技能	0	0	3	创业技能	31	22.46
4	加工贮藏	0	0	4	加工贮藏	6	4.35

5. 不同文化程度农户教育与培训分析

一般来说，文化程度高的农户接受进一步教育的意愿较文化程度低的农户要强。因为文化程度高的人意识到教育是一种隐性财富，所以接受教育的需求比较强烈。数据显示，高中及以上学历农户对各种技术都表现出需求，且需求比例相对平均。相比之下，初中及以下学历的农户除了对种植、养殖、栽培等技术培训保持一个超过 50%

的需求外，对其他技术培训的需求不大。随着教育水平的增加，农户对创业技能的需求相应增加。

表 6-39 不同文化程度农户教育培训需求优先序

序	小学及以下	户	比例(%)	序	初中	户	比例(%)
1	种养栽	80	74.07	1	种养栽	75	69.44
2	加工贮藏	9	8.33	2	权益保护	15	13.89
3	非农技能	7	6.48	3	加工贮藏	6	5.56
4	生活常识	6	5.56	4	创业技能	6	5.56
序	高中或中专	户	比例(%)	序	大专及以上	户	比例(%)
1	种养栽	27	47.37	1	创业技能	15	33.33
2	非农技能	18	31.58	2	种养栽	15	33.33
3	加工贮藏	6	10.53	3	非农技能	9	20
4	创业技能	6	10.53	4	加工贮藏	3	6.67

三、农户教育与培训需求的影响因素

根据前一节样本农户的个人特征、家庭特征与农业生产特征以及本节农户农业生产科技需求的优先序分析，农户农业生产科技需求各解释变量的具体统计数据可由表6-28 给出。

按照本章第一节所设立的 Logistic 计量模型，通过逐步回归分别找出影响农户种养栽培训、创业技能培训的最为显著影响因素，并比较它们的异同。

1. 种植、养殖与栽培等技术培训需求的影响因素

从农户农业教育培训需求的优先序分析可知，样本农户对种养栽等技术培训需求占了样本总数的 63.46%，是最为主要的需求。计量分析的结果表明，农户对种植、养殖与栽培等技术培训需求受到农户家里的人口数(X_9)、非农就业人口(X_{10})与家庭的耕种面积(X_{11})三个因素的显著影响，且呈正相关关系。

表 6-40 农户农业教育与培训需求各解释变量的具体统计数据

变量	种植、养殖栽培等技术培训		创业技能培训	
	平均值	平均值	平均值	标准差
是否是户主	1.3871	1.3871	1.4706	0.51450
性别	1.3065	1.3065	1.2353	0.43724
年龄	48.4677	48.4677	40.2353	12.09612
与同龄人相比，身体状况	1.5645	1.5645	1.6471	0.49259
是不是村干部	2.0645	2.0645	1.8235	0.39295

续表

变量	种植、养殖栽培等技术培训		创业技能培训	
	平均值	平均值	平均值	标准差
是否仍然在务农	1.1774	1.1774	1.4118	0.50730
文化程度	2.8387	2.8387	3.7647	1.09141
非农收入占家庭纯收入比例	2.4590	2.4590	2.2353	1.25147
家里的人口数	5.7258	5.7258	5.1176	1.53632
非农就业人口	2.3548	2.3548	1.8824	1.40900
耕种面积	4.2987	4.2987	2.0176	1.36576
水田面积	3.2455	3.2455	0.8529	0.73580
有效灌溉面积	3.3261	3.3261	1.0294	0.63813

在中国各地的农村，耕地是按人头平均分配到户的，对于同一个区域或相邻的区域来说，耕种面积越多的家庭也就意味着家庭的人口数越多。同理，家里的人口数越多的家庭，耕种面积相应地也较多。农户家庭的耕种面积(X_{11})、农户家里的人口数与非农就业人口越多，对种植、养殖与栽培等技术的培训需求越强烈，这个结论并不难理解，在本章第二节分析农户农业生产科技的需求影响因素时已经进行过原因分析，在此不再赘述。

家庭的非农就业人口越多，农户对种植、养殖与栽培等技术培训的需求越强烈。可能的原因是由于农户家庭非农就业人口的增多，相应地从事农业的劳动力就会大大减少，而且从事农业劳动力的大多为妇女和老人。而非农就业人口越多的家庭，耕种面积相对而言也较多，用有限的农业就业劳动力来进行较多面积的耕种，对于农村的“3860”部队来说，显然是一种沉重的负担。而熟练掌握种植、养殖与栽培等技术，特别是一些省工方面的技术，则可以起到替代农村劳动力的作用，这对于非农就业人口较多的家庭来说，在不愿意土地荒芜的情况下无疑是一种理性选择。

表 6-41　农户种养栽技术培训需求影响因素

Variable	Coefficient	Std. Error	t－Statistic	Prob. *
X_{11}	0.224018	0.031988	7.003192	0.0000
X_9	0.207258	0.068361	3.031843	0.0036
X_{10}	0.207104	0.140538	1.473651	0.1459

2. 创业技能培训

从农户农业教育与培训需求的优先序分析可知，样本农户对创业技能培训的需求占了样本总数的15.38%，是第二位次的需求。计量分析的结果表明，农户的创业技能培训需求受到农户家庭中非农收入占家庭收入的比重(X_8)、非农就业人口(X_{10})两个因素的显著影响，且呈正相关关系（表 6-42）。由于创业技能主要不属于农业教育与培训需求范畴，在此不再展开分析。

表 6-42　农户创业技能培训需求影响因素

Variable	Coefficient	Std. Error	t－Statistic	Prob. *
X_8	0.630990	0.354932	1.777779	0.0957
X_{10}	0.509901	0.388103	1.313828	0.2086

四、结论

从上述的分析可以看出，农户参加教育培训的意愿受地区、年龄、家庭年收入、文化程度、从事的工作领域等因素的影响，并随着这些因素的变化而不断变化。研究表明：

1. 不同地区的农户由于所处经济条件和地理位置的差异，虽然他们最需要的农业教育培训趋同，都集中在能增加家庭收入的基本技能培训（如种植、养殖、栽培等技术以及创业技能），但在珠三角，其他需求依次为农产品加工与贮藏、城市生活常识；在粤北，其他需求依次为非农技能、权益保护法律知识；在粤东西，其他需求表现为权益保护法律知识、农产品加工、贮藏。而逐步回归计量分析的结果进一步表明，农户对种植、养殖栽培等技术培训的需求主要受到农户家里的人口数（X_9）、非农就业人口（X_{10}）与家庭的耕种面积（X_{11}）三个因素的显著影响，且呈正相关关系。

2. 不同年龄农户虽然对其教育培训需求意愿有一定的影响，但其影响效果不明显，这一点在运用逐步回归分析方法时也得到了佐证。中青年和壮年农户的教育培训需求基本一致，只是中青年和老年农户由于年龄、思想保守意识、接受能力等因素的差异，导致他们对教育培训需求的排序有所不同。

3. 收入差异对农户接受教育培训的影响最大。低收入农户对种植、养殖、栽培等技术和农产品加工、贮藏技术的需求较大，而中高收入户的需求主要表现在创业技能和非农技能方面。此外，农户对教育培训的需求随着人均纯收入的增长而增强，且对各项教育培训的需求趋于平均。

4. 农户所从事的工作领域在一定程度上影响农户接受教育培训的意愿。调查中，农户结合自身工作的需要，选择适合自己的教育培训。单纯从事某一农事活动的农户的教育培训需求单一，兼业户则由于同时经营多个产业要求具有不同领域的知识与技能，因此其对农业教育培训的需求较大，而且对各种技术培训的需求较为平均。

5. 农户文化程度的高低影响着农户家庭对教育培训的理解与认同程度。研究表明教育程度高的农户对教育培训的需求较教育程度低的农户要强烈。

第五节　本章小结

农业技术进步与技术效率的提高不仅受到农业科研投资主体、农业科技推广主体的影响，还受到来自农业科技的需求方——农户的影响。基于此，本章从农户对农业科技需求的角度，分析了农户农业科技需求的优先序，并在此基础上，对影响农户农业科技需求的因素进行了计量分析。第四章的计量分析表明，农村居民的受教育程度与农业技术效率之间呈显著的正相关关系，因此农户农业技术的采用，需要对农户进行农业教育与培训，农户最为需要的是哪些教育与培训，他们对农业教育与培训的需求又受到哪些因素的影响，这正是本章所要分析的问题。描述性统计分析和计量估计的结果证明：

1. 在农户的农业技术需求的优先序及其影响因素方面

描述性统计表明，总体上看，栽培（养殖）技术、播种技术、病虫害防治技术是农户当前最需要的技术，农户农业技术需求受到当地经济发展程度、性别、年龄、受教育程度等多种因素的制约。而逐步回归计量分析的结果却显示，农户对栽培（养殖）技术的需求受到农户个人是否是村干部（X_5）、农户个人的文化程度（X_7）、农户家里的人口数（X_9）与农户家庭的耕种面积（X_{11}）的影响；农户对播种技术的需求受到农户个人的年龄（X_3）、农户家庭非农就业人口（X_{10}）与家庭耕种面积（X_{11}）的影响；农户对病虫害防治技术的需求与农户的身体状况（X_4）、有效灌溉面积（X_{13}）呈显著的正相关。这与统计描述的结果基本一致。采用倾向性得分匹配法的实证分析表明，农业技术的采用对于农户收成的增加，其中的关系是较为复杂的，这也导致资源禀赋不同的农户对农业技术的采用程度的不同。

2. 在农户农业教育与培训需求的优先序及其影响因素方面

农户参加教育培训的意愿受地区、年龄、家庭年收入、文化程度、从事的工作领域等因素的影响，并随这些因素的变化而不断变化。研究表明：①不同地区农户由于所处经济条件和地理位置的差异，虽然他们最需要的农业教育培训趋同，都集中在能增加家庭收入的基本技能培训（如种植、养殖、栽培等技术以及创业技能）上。但逐步回归分析的结果进一步表明，农户对种植、养殖栽培等技术培训的需求主要受到农户家里的人口数（X_9）、非农就业人口（X_{10}）与家庭的耕种面积（X_{11}）三个因素的显著影响，且呈正相关关系。②不同年龄农户虽然对其教育培训需求意愿有一定的影响，但其影响效果不明显；收入差异对农户接受教育培训的影响最大；农户所从事的工作领域在一定程度上影响农户接受教育培训的意愿；农户文化程度的高低影响着农户家庭对教育培训的理解与认同程度。

通过以上分析，可知：对于农业科研部门来说，在进行技术研发时，要结合农民当前对科技需求类别的优先程度来进行研究，具体说，就是要将栽培（养殖）技术、播种技术、病虫害防治技术作为当前的研究重点；而对于农业科技推广机构与农业科技推广人员来说，要加强对农户种植、养殖与栽培等技术的教育与培训，优先推广这些技术。在进行教育培训时，要根据农户家里的人口、非农就业人口与家庭的耕种面积、农户文化程度的高低的不同，对农户的教育与培训开展有针对性、个性化服务，只有这样，农业技术效率的提高才会有基础与保障。

第七章

农业技术进步与技术效率提高的国际经验

第一节　国外农业技术进步提高的主要经验

一、发达国家的经验

1. 农业科技服务注重将科研、教育和推广服务三方面有机结合

所谓将科研、教育和推广服务三方面有机结合，即既重视科研和教育，又重视将农业科技成果迅速转化为生产力，三者相辅相成、相互促进。比如美国，政府把农业科技人才的教育培养、农业科技的基础研究和农业技术的推广应用等职能集于农学院一身，建立起了以各州农学院为纽带，由各州农学院、农业试验站和推广站三个系统组成的教育、科研、推广"三位一体"的农业科技体制。① 为更好地将农业科研与市场结合，发展市场型农业，以提高农产品的市场竞争力，美国政府鼓励私人参与研发。主要鼓励措施有：向企业拨专款支持企业研发、优先向农场主转让国家级科研机构的技术、在贷款税收和出口等方面给予照顾，向农庄、企业提供市场信息等以保证科技开发方向的正确性。这种农业科技体制对农业科技迅速转化为生产力，乃至美国农业的快速发展做出决定性贡献。为加强重点农业科技产业的研究发展与其成果的移转、扩散及应用，中国台湾地区整合了产、官、学、研的研究发展体系。如畅通研究、发展、生产三者之间的渠道，加强生物技术产业发展。再如提高农业科技研发绩效，鼓励民间产业界积极参与农业科技研究与开发应用，以加速落实研发成果于产业发展。②

2. 具有较为完善的农业科技管理体制

主要表现在：

(1)以立法等形式确保农业科技服务经费的投入

经济发达国家通常采取法律、政策等权威的方式，来硬化农业科技服务的财政支出。美国联邦政府规定，用于农业科研、推广经费的财政支出必须随国民经济的增长

---

① 赴美农业技术推广培训考察团：《美国农业技术推广考察报告》，中国种植业信息网，http://zzys.agri.gov.cn，2000年8月6日。

② 张伟广：《当前台湾农业科技发展的特点分析》，载《福建论坛(经济社会版)》2001年第11期。

而增加，并规定联邦政府用于各州的农业科技推广经费按1∶4配套，同时也要求州县政府同样必须通过财政预算来保证农业科研、推广经费的落实。欧盟基于共同农业政策建立农业共同基金，保证欧盟对农业科技服务的资金支持；为改善农业经营现状和农民生活，协助农户生产独立选择集约化农业技术和合理的生活方式，把农村青少年培养成为适应现代化农业经营的接班人。日本政府于1956年以法令形式发布《农业改良资金援助法的有关规定》。该法规定都道府县向农户发放技术引进资金，稳定农业经营、提高农业生产力。

(2)政府作为农业科研的主要投资主体，为公立科研机构提供充足的研究经费支持与便利条件

如法国，政府非常重视为农业科研提供经费支持，法国政府将国家农业研究院的研究经费纳入政府机关经费预算，其经费90%左右来源于政府拨款。为支持农业基础研究，法国政府优先满足实验室的经费需要，增加基础研究的经费，而且鼓励研究人员创新，如支持组建研究小组、营造充满活力和富有创造精神的研究环境以及给年轻研究人员提供便利的科研条件。[①] 再如日本，国立科研机构是农业科研的骨干力量，其科研经费以政府拨款为主，如国立农林水产科研机构经费的99%来自农林水产省，都道府县农林水产研究机构经费的93%来自当地政府。[②] 此外，韩国、中国台湾地区则成立由中央一级部门统一领导和管理农业科技服务工作，如韩国的农村振兴厅[③]、中国台湾地区的"农委会"。这两个政府机构居于科研、推广工作的主导地位，科研经费以政府拨款为主，并常年提供较高的科研经费投入。

(3)以提供补贴等方式鼓励民间力量(如企业、大学、农协)从事农业科研

除政府作为农业科研经费投资主体外，美国农业科研机构为拓宽农业科研推广经费的投入渠道，还积极吸纳其他投资主体。如农业科研机构将研究项目推向市场，根据企业委托开展科研，以吸纳私人企业，农场主等资助；美国私人企业大公司和以基金会名义的农业研究机构通过家族基金、企业自身及私人捐助等方式筹集科研经费；高等农业院校研究机构经费除得到联邦政府和国家科学基金拨款以外，还可得到各种基金组织、个人或企业的资助。而美国政府则对投资于农业科研的企业、农场主与高等院校等各种民间力量进行适当的补贴。各种公司大量介入与政府提供的补贴，保证了农业科技经费来源，并使农业科技经费呈不断增长态势。此外，美国政府鼓励为私人参与研发，主要鼓励措施还有：向企业拨专款支持企业研发、优先向农场主转让国家级科研机构的技术、在贷款税收和出口等方面给予照顾，向农庄、企业提供市场信息等以保证科技开发有正确的方向。

(4)农业基础研究和应用研究并重，并在研究主体之间明确分工

---

① 王文玺：《国外农业科研经费的来源》，中国农业在线，http://www.agrionline.net.cn/，2003年8月19日。

② 王文玺：《国外农业科研经费的来源》，中国农业在线，http://www.agrionline.net.cn/，2003年8月19日。

③ 张忠根：《韩国农业政策的演变及其对中国的启示》，载《农业经济》2002年第4期。

国立公共研究机构主要从事一些基础性、长期性和关系农业发展的重大课题，民间力量主要从事应用性研究。如美国，始终坚持农业基础研究与应用研究并重的方针，并形成了合理的分工。联邦政府在对公共研究系统研究经费的投入中，以基础研究和应用性研究为重点；地区研究中心以基础研究为主，农业试验站以与本州农业生产有关的应用研究为主。欧盟的一些成员国在重视农业基础研究的同时，也重视农业应用研究。为优化配置农业科研资源，提高科研效率，加快农业基础和应用研究的发展，欧盟的一些成员国支持公共研究机构侧重农业基础研究，引导私人企业侧重农业应用研究。如英国的公共研究机构主要从事农业基础科学方面的研究，私人农业研究机构侧重于农业生产资料和食品工业方面的研究。在日本，国立科研机构主要从事基础、重大或应急的科学研究，其科研成果要求有学术、应用价值和社会、经济效益。地方科研机构主要从事应用性、普及性和技术操作性研究，以追求经济效益为主。

(5)重视科研机构与企业之间的合作交流，有机衔接农业科研和生产实践

为促进农业科研及科技成果转化，美国政府注重开展多学科、多单位和多地区之间的横向合作，并积极开展政府科研机构与私人科研机构之间的合作。此外，美国农业科研十分重视国际间的合作，以期从国外获取新技术、新材料，用以发展美国的农业生产。日本则注重"官学民"相结合，即由国立和地方公立科研机构、大学、企业和民间组织等民间科研机构三大力量组成农业科技服务体系，并以国立机构为科研骨干，与地方和民间科研机构紧密协作，开展强有力的研究开发工作。荷兰、丹麦等欧盟成员国也构建了政府和民间组织合作而以民间力量为主的推广体系。荷兰的推广体系中既包括居于主导地位，负责协调其他方面的力量的国家推广组织，又包括农协组织、私人企业、农民合作社等民间推广力量。丹麦通过农协和农民联合会构成一个遍布全国、面向每个农户的高效的农业咨询服务体系，每日及时传递最新的研究成果、技术信息和管理方法，对推动丹麦农业高效发展起着不可估量的作用。

二、发展中国家的经验

1. 政府财政拨款是科研经费的主要来源，特别是对公共型农业科研机构

在巴西，农业科研机构、农业院校的农业科研经费来源主要是接受财政拨款，国家农牧业研究公司也主要依靠联邦政府拨款提供科研资金。再如印度，政府为农业科研经费提供强力支持。早在加入世界贸易组织以前，印度每个五年计划用于农业科研预算的比重就在20%以上，农业科研的经费占GDP的比重也较高，如1994年印度用于农业科研的经费占GDP的比重为0.9%，接近经济发达国家的水平。虽然印度政府以立法、专利等手段鼓励和推动私人资本对农业新品种研究和试种的投入，但由于民间资本投资农业科研的力度较弱，在20世纪90年代，私人企业、国外各种资助等非政府农业科研投资仅占农业科研总投资强度的14%。由于发展中国家的农业科研经费过于依赖政府，且缺乏硬性的财政预算安排，以致经费投入易受制于财政实力，造成农业科研经费经常短缺，投入不稳定。

2. 农业基础研究和应用性研究并重，特别注重农业科研成果的迅速转化

在巴西，国家农牧业研究公司根据不同地区的特点将研究中心和种子生产基地等

研究分支机构遍及全国，如在产业集中的地方设立研究中心，直接为当地的农业产业化和农产品出口提供专门的技术服务。此外，农业发达的州有自己的研究机构，它们的科研工作主要是针对本州农业生产的专题研究，注重实用技术的研究和开发，以直接为农业生产服务[①]。在印度，农业研究委员会下设的研究所以应用基础研究为主，重视解决农业生产中的根本性问题；高等农业院校作为国家研究系统的重要组成部分，分工承担大量研究课题；地方科研系统主要从事地方应用性的研究。[②]

3. 积极鼓励和引导民间资本参与农业科研

巴西的农业科研机构在接受财政拨款的同时，也积极吸收民间资本。农业院校除主要接受财政拨款并承担国家科研项目外，还接受企业和农场主的科研委托，以吸收企业等民间资本的资助。同样，国家农牧业研究公司在依靠联邦政府拨款提供主要科研资金之余，也积极吸收民间资金。乌拉圭回合以后，印度采取加强专利保护等措施鼓励和引导民间资本参与农业科研。在世界贸易组织《与贸易有关的知识产权协定》规则之下，印度通过立法确立和保护印度生物品种的多样性，同时还规定，除一些因为商业目的而受到特别保护的品牌种子外，对于农民一般使用的农作物种子，允许其拥有保留、交换和销售的权利；新的农业研究成果产生后，保护研究者的专利权，以促进农作物新品种的研究，刺激农业科研更大的发展；印度准许农业研究委员会从部分农产品的经营中获得的部分收入，用于资助一些科学家和科研组织。

第二节　主要发达国家农业技术效率提高的经验

为推动农业科技推广工作，提高农业科技推广工作的效率，经济发达国家主要采取以下手段。

一、运用经济杠杆来调动推广人员的积极性，推动农业推广工作

为有效调动农业技术推广人员的工作积极性，美国赋予包括县农业推广站在内的推广人员国家公务人员地位。其中，县农业推广站的人、财、物管理权隶属于州立大学推广站。由大学推广站核定县推广站的推广经费，解决县推广站推广人员的工资、福利待遇。县推广站与县级政府及部门之间是合作伙伴关系，其办公费、交通工具等开支由县政府解决。推广人员的福利待遇也较高。推广人员的年收入平均可达4.5万美元，且推广人员的福利、保险、退休基金、推广奖励基金及职工家属的保险等全部由政府及州推广站承担，同时享受国家公务人员的其他待遇。

在日本，政府和农协是农业普及事业经费的主要来源，日本农业普及事业经费来源主要分为政府系统和农协系统。其中，政府普及工作的经费由中央和地方政府共同

---

① 国际交流服务中心：《巴西农业概况》，中国农业外经外贸信息网，http://www.caffe.gov.cn，2003年5月8日。

② 曲春红：《国外农业科研机构的组织管理》，载《农业质量标准》2005年第2期。

承担，农协的经费主要来自地方公共事务团体和上级农协的补助。此外，农协还可依据《农业资金改良制度》和《综合资金制度》获得低息贷款，补充经费来源。

此外，在意大利，政府针对农业科技推广人员设立了“年度奖金”，以调动推广人员的工作积极性。

二、提供推广工作的组织和人力保证

如美国，农业部权力相对集中，政府把农业科技人才的教育、农业科技的基础研究和农业技术的推广应用等职能集农学院于一身，建立起了以各州农学院为纽带，由各州农学院、农业试验站和推广站三个系统组成的教育、科研、推广“三位一体”的农业科技体制。这种农业科技体制对农业科技迅速转化为生产力，乃至美国农业的快速发展做了决定性贡献。

法国则通过建立多层次农业科研教育推广体系以保证科研推广工作顺利开展。法国农业技术推广体系有四个层次：一是法国成果推广署，主要负责科研单位、大学和企业之间的联结和沟通，并承担对技术转让项目提供无息贷款、为企业雇佣高级专家、免费培训青年企业家、资助企业研发活动等。二是农业和农村发展署，这是由农业行会和政府代表共同管理的企业性协会，主要任务是科普宣传、培训农业工作者和科普工程师，促进企业农业行会和研究单位的合作，对地方农业发展提出建议，对纳入国家计划的推广活动给予资助等。三是农业研究单位和专业技术中心，在农业部的资助下从事技术开发推广活动。四是专业技术协会，如农业生产协会、农产品加工协会等，这些协会及其分会遍及全国，深入农业发展的各个环节，其主要任务是维护农业工作者的利益，进行技术推广和服务工作。此外，法国还有广布基层（市县一级）的由农业生产者自愿组成的农业推广组织，专门从事农业技术推广工作。

日本政府把加强农技推广组织建设与提高推广人员业务和服务水平放在重要位置。第一，构建完善的农业科技推广组织：日本的推广组织由各级推广机构和农协设在各地的普及中心组成，各级推广机构由经过国家或地方考试的推广技术人员负责，并通过农协普及中心所雇佣的营农指导员来配合开展工作。日本还通过各种传播媒介开展农业推广工作。第二，重视推广人员业务培训和知识更新，要求推广人员定期再学习，提高业务素质。第三，提高农业科技推广人员的经济待遇。为调动推广人员的工作积极性，日本对推广人员实行特殊的优惠政策，如1963年起实行的“普及津贴”制度，使得推广人员的工资高于其他部门同等工作人员。

三、采取尽可能多的途径对农业技术进行推广

为适应不同文化程度、不同行业农户的需求，发达国家采取了多种途径，通过不同的渠道来对农业技术进行推广：①借助专业期刊。农业科研与科技推广人员借助各种期刊平台发表最新的农业科研成果与农业技术成果，以供本国以及全世界农业专业人员学习与应用。②借助专业期刊之外的其他媒体。能供农业科技人员借助的媒体主要有：科普读物、工作手册、幻灯片、广播、电视、报纸等，这些媒体最大的优势在于能深入浅出地对农业技术进行宣传，这对于基层农业工作者与农户来说具有针对性的指导

作用。③借助短期班与研讨会。这种短期班与研讨会既面向国内，也面向国际社会，有的是一家独办，而更多的则是采取合办班的形式，而办班或办研讨会的费用，则主要来自于参训者的学费或注册费，主办单位无须承担任何费用。④实地示范、现场交流、现场指导。各层级政府或农林院校的农业科技人员经常深入现场提供技术指导与技术咨询，通过这种方式，也可以起到及时发现问题与解决问题的作用。

四、大力开展农业职业教育与培训

开展农业职业教育与培训，是对农村的人力资源进行开发的关键，是农业技术能够得到推广、运用的基础。主要发达国家的农业职业教育与培训制度，概括起来，有以下几个特点。

1. 正规教育与社会教育并重

比如美国，政府对于兴办农学院开展成人教育的机构予以赠地，提供资金在农村贫困地区的中学开设农业课程；为普及农业科技知识，推广应用农业科研成果，各州的研究中心、试验站也对农业生产者单独或联合举办不同期限、内容有异的培训班，并为农民提供各种免费的技术咨询服务。

在法国，若要从事农业生产，必须获得相当于高中文凭的中学文凭才有资格，如果是从事农业经营，则需取得相当于高中文凭的“农业技术文凭”，即使是农学专业的学生，培训时间也不得低于800个小时。法国的资格证制度之所以能够得到落实，是建立在数量众多的农业学校(差不多每2000人就有1所)和国家将农业教育培训的支出列入财政预算的基础上，而财政预算的专款通过立法规定由企业和个人以纳税形式缴纳的培训费。

在日本，农业正规教育包括高等农业教育和农业中等学校教育。农业大学的高等农业教育学制一般为2～3年，开设的课程主要是农学与农业专门技术等，高等农业教育的目的主要是为培养大批农业科研和农业科技成果的推广型人才；而农业中等学校教育则在于提高基层农业劳动者的文化与科技素质。此外，日本还注重发展社会教育，鼓励各级农民协会对农民开展职业技术教育，而农业技术试验场和农业技术普及所负责技术推广与生活指导教育。

2. 重视实践能力的提高

如在法国开展的学徒培训，要求学员有一半的时间在所选定的经营者或农场主家里跟班学习，对生产经营的全过程进行了解与熟悉，培训结束后，需要撰写培训总结，设计自己参加或从事经营管理的方案与报告，否则不能获得结业证书。而对于各种短期的专业培训班，则普遍安排在实验室、温室、实习农牧场等场所进行，以期提高学员的实践操作能力。

3. 农业教育形式多样

比如法国，在培训时间上，采取灵活变通的方式，做到长短期相结合；在培训方式上，则包括普通教育、学徒教育、职业教育、成人教育等多种方式，充分发挥农业院校、农业技术培训中心的功能。农业院校向广大农业生产者敞开大门，农民可以随时去资料室查找所需要的材料，接受农业科技培训；农民还可充分利用各种家庭农场、合作社的场地与设施，结合实际进行学习。

在日本，除农协等社会教育主体开展形式灵活的一般培训外，地方政府的农业部门与农业职业院校、农业试验场也通过经常合作的方式组织农民参加培训，如每年举办“农业节”，以农民喜闻乐见、简明易懂的形式开展灵活有效的推广教育工作。

第三节　本章小结

本章主要通过对美国、法国、欧盟与日本等发达国家和地区以及巴西、印度等发展中国家在提高农业科研与技术创新、农业技术效率方面的做法的介绍，以期对广东乃至全国农业科技进步率、农业技术效率的提高有所借鉴，起到“他山之石，可以攻玉”的目的。

在提高农业技术进步率方面，发达国家可供借鉴的经验主要有：农业科技服务要注重将科研、教育和推广服务三方面有机结合，三者相互促进、相辅相成。要建立较为完善的农业科技管理体制，第一，要以立法等形式确保农业科技服务经费的投入；第二，政府作为农业科研的主要投资主体，要为公立科研机构提供充足的研究经费支持与便利条件；第三，政府要以提供补贴等方式鼓励民间力量（如企业、大学、农协）从事农业科研；第四，农业基础研究和应用研究并重，并在研究主体之间明确分工；第五，重视科研机构与企业之间的合作交流，有机衔接农业科研和生产实践。此外，发展中国家的巴西、印度在这方面也有许多经验值得我们借鉴：将政府财政拨款作为科研经费的主要来源，特别是公共型农业科研机构，农业基础研究和应用性研究并重，特别注重农业科研成果的迅速转化，积极鼓励和引导民间资本参与农业科研。

在提高农业技术效率方面，发达国家的做法主要是：运用经济杠杆来调动农业科技推广人员的工作积极性；建立多层次的农业技术推广体系，提供推广工作的组织和人力保证；采取多种途径来进行农业技术推广；大力开展农业职业教育与培训，对于正规教育与社会教育采取并重的方针，采取多种教育形式，教育过程中，注重实践能力的提高。

第八章

结论与政策建议

一、本书的主要结论

在资源与市场等多重约束条件下，要实现农业现代化和今后广东以及全国农业产出的持续增长，必须转变农业经济增长方式，依靠农业生产要素利用率的提升，坚持走集约型增长的发展道路，即扩大全要素生产率对经济增长的贡献份额。而全要素生产率的提高可以通过技术进步和技术效率改进两个途径来实现(Rolf Farell 等，1994)。在由传统农业向现代农业转变和现代农业升级的过程中，如何通过提高农业技术水平和农业技术效率来促进农业现代化进程是当前乃至今后相当长的一段时间内相关部门与机构需要着力解决的问题。

本书在有关技术进步、农业技术进步理论的支持下，基于 Malmquist 的 DEA 分析方法对广东省 1990—2008 年以来的农业技术进步与农业技术效率从全省、四个农业生态区、21 个市的角度进行了全面测算，并采用 Tobit 模型，对影响农业技术效率的因素进行了分析。在此基础上，本书从宏观与微观的角度出发，微观方面又通过对农业科技推广的供给主体与需求主体的供给与需求行为的分析，采用定性与定量相结合的研究方法，对制约农业技术水平、农业技术效率提高的因素展开详尽的分析，得到如下结论：

1. 1990 年以来，广东农业全要素增长率与农业生产总值增长率在总体上呈同步变化趋势。广东农业经济的增长主要依赖于全要素生产率的增长，但地区之间呈现出不平衡：珠三角、粤北、粤东和粤西的农业全要素生产率的增长呈逐级递减的态势。农业全要素增长中，农业科技水平的提高起到了至关重要的作用，但科技水平的提高还存在不少空间，珠三角地区的农业技术进步贡献率一直呈现增长势头且高于其他三个农业生态区域，整个广东能否达到计划的目标还存在不小的变数。

2. 与农业技术水平的不断提高相反，农业技术效率的缺失却是整个广东农业经济增长的最主要障碍，无论是全省还是四大农业生态区域，抑或具体到 21 个市，农业技术效率都有不同程度的损失，而粤西农业技术效率损失最大，达到了 6.4%。计量分析的结果表明，要提高农业技术效率，关键在于提高农村居民的受教育程度，加强农业科技力量。

3. 农业科技力量的加强，有待于对农业科研与农业技术推广投入的增加。统计分析的结果表明：1990—2008 年期间，虽然政府在农业科研投资中的主体地位不断得到强化，但农业科研财政投入极其不稳定，银行贷款与其他收入停滞不前，事业性收入严重下降，总体投入难以为继。此外，农业科研投资的强度也在逐年下降，远低于科研总投资强度；农业科研财政支出在财政总支出、科研财政总支出和农业财政支出的比例在下降，份额在减少；农业科研经费支出结构失衡，渔业科研投入与渔业在农业中的地位极不相符。

4. 在农业科研资金投入不稳定、强度减小、结构失衡的同时，农业科研人数大幅下滑（传统的种植业、林业、水利业科研人员减少，而牧业、渔业以及现代农林牧渔水服务业从业人员增加）。让人感到欣慰的是，科研课题活动人数与高级职称人数所占比例增加，农业科研人员的素质在提升，这也是农业技术水平可以不断提高的主要原因之一。而在农业科技推广领域，农业科技推广财政拨款不仅增长缓慢，推广人员中职称较高、学历较高的人数所占比例也在不断下降，农业科技推广人员的素质在下降。而作为农业科技推广的最主要主体的行政型农业科技推广机构，在投入资金增长缓慢、推广人员的素质不断下降的情形下，农业技术效率的提高将面临不少的困难与问题。

5. 虽然“农业科技入户示范工程”这种农业技术推广方式的试行推动了农业技术效率的提高，但对农业技术推广供给主体的调查、访谈表明：农技人员数量缺乏、文化素质较低而培训滞后，工作条件和设备不能满足现代农业技术推广的要求，推广经费的缺乏与工资费用得不到保障，阻碍了农业科技推广工作的有效开展与农业技术效率的提升。此外，基层农技部门职能界限的不清晰、推广方式传统、技术来源不足，这些因素严重制约着农业技术效率的进一步提高。

6. 对供给主体与农户的博弈分析表明：供给主体的管理状况、服务质量、成本收益对农业技术的推广起着关键作用，影响着农业技术效率的提高；而对农业技术人员的推广意愿所进行的调查与实证分析的结果同时表明：农业技术人员的性别、对技术的关注程度、工作类别影响着他们的推广意愿，从而对农业技术效率的提高有着影响。因此，如何通过政策来吸引女性科技人员、从事基础研究与试验发展的技术人员更多地参与到农业科技推广工作中来和吸引更多的农业科技推广人对科技成果与技术的关注，这是提高农业技术效率的重要因素。

7. 不仅农业科研投资主体、农业技术推广主体影响着农业技术进步与技术效率的提高，农业技术进步与技术效率还受到来自农业技术的需求方——农户的影响。描述性统计的结果表明：总体上看，栽培（养殖）技术、播种技术、病虫害防治技术是农户当前最需要的技术。逐步回归计量分析的结果显示，农户对栽培（养殖）技术的需求受到个人是否是村干部、文化程度、家里的人口数与家庭的耕种面积的影响；农户对播种技术的需求受到农户个人的年龄、家庭非农就业人口与家庭耕种面积的影响；农户对病虫害防治技术的需求与农户的身体状况、有效灌溉面积呈显著的正相关，这与统计描述的结果基本一致。

8. 第三章的计量分析表明，农村居民的受教育程度与农业技术效率之间呈显著的正相关关系，因此农户农业技术的采用，需要对农户进行农业教育与培训。农户最为需要的是哪些教育与培训，他们对农业教育与培训的需求又受到哪些因素的影响，描述性统计分析和计量估计的结果证明：不同地区的农户由于所处经济条件和地理位置的差异，虽然他们最需要的农业教育培训方向趋同，都集中在能增加家庭收入的基本技能培训（如种植、养殖、栽培等技术以及创业技能）方面。但逐步回归计量分析的结果进一步表明：农户对种植、养殖、栽培等技术培训的需求主要受到农户家里的人口数、非农就业人口与家庭的耕种面积三个因素的显著影响，且呈正相关关系。采用倾向性得分匹配法的实证分析表明，农业技术的采用对于农户收成的增加，其中的关系是较为复杂的，这也导致了资源享赋不同的农户对农业技术的采用程度的不同。收入差异对农户接受教育培训的影响最大，农户所从事的工作领域在一定程度上影响着农户接受教育培训的意愿，农户文化程度的高低影响着农户家庭对教育培训的理解与认同程度。

二、政策建议

在提高农业技术进步水平方面，发达国家可供借鉴的经验主要有：①农业科技服务要注重将科研、教育和推广服务三方面有机结合，三者相互促进、相辅相成。②要建立较为完善的农业科技管理体制：第一，要以立法等形式确保农业科技服务经费的投入；第二，政府作为农业科研的主要投资主体，要为公立科研机构提供充足的研究经费支持与便利条件；第三，政府要以提供补贴等方式鼓励民间力量（如企业、大学、农协）从事农业科研；第四，农业基础研究和应用研究并重，并在研究主体之间明确分工；第五，重视科研机构与企业之间的合作交流，有机衔接农业科研和生产实践。此外，发展中国家的巴西、印度在这方面也有许多经验值得我们借鉴：将政府财政拨款作为科研经费的主要来源，特别是公共型农业科研机构，农业基础研究和应用性研究并重，特别注重农业科研成果的迅速转化，积极鼓励和引导民间资本参与农业科研。

在提高农业技术效率方面，发达国家的做法主要是：运用经济杠杆来调动农业科技推广人员的工作积极性；建立多层次的农业技术推广体系，提供推广工作的组织和人力保证；采取多种途径来进行农业技术推广；大力开展农业职业教育与培训，对于正规教育与社会教育采取并重的方针，采取多种教育形式，教育过程中，注重实践能力的提高。

借鉴主要发达国家和部分发展中国家农业技术水平和农业技术效率提高的经验，结合得出的主要结论，本书提出以下政策建议以供商榷：

1. 要继续强化政府的农业科研投资主体地位

农业科研具有很强的公益性和社会性，农业科研投资是一种全社会都受益的公共产品投资，世界上许多国家都非常重视对农业科研的投入。由于农业科研成果的知识产权保护较难，使得私人企业仅可在极其有限的领域投资农业科研活动。在主要发达国家，国立公共研究机构主要从事一些基础性、长期性和关系农业发展的重大课题，民间力量主要从事应用性研究。私人企业必须在政府投入大量的农业基础研究和具有较为完善的制度保障，以及拥有一定经济实力的条件下，才能进入农业科技的投资领域并得以发展。正因为如此，即使在发达国家，私人企业投资农业科研的比例仍未能超过政府投资。更为重要的是，农业科研成果的受益者不仅仅是生产者，还包括消费者(从较低的农产品价格中受益)以及出于政治稳定的国家和社会,这就决定了政府必须承担农业科研投资的主要任务,并且要求农产品的消费者承担部分任务。在我国广东地区,由于农户分散经营,土地细碎化与井田化,农户的生产难以上规模,农业科研成果知识产权保护的成本较高,这就更增加了私人农业企业投资农业科研领域的难度,对于政府来说,除了增加农业科研的财政拨款投入的职责外,另一项重要职责就是必须进一步强化农业科技成果知识产权保护体系,引导民间资金、社会力量与私人企业投资到农业科研领域中来。

2. 加强农业科研的投入,特别是政府财政拨款的投入

政府作为农业科研投资的主体,应逐年增加资金投入。虽然自 1990 年以来,广东省对农业科研的投资逐年增加,但还存在不小的差距,农业科研投资强度最高的年份也仅有 0.83%(2001 年),2008 年甚至只有 0.23%。而政府的农业科研投资强度更低,最低年份(1996 年)只有 0.06%,最高年份(2007 年)也只有 0.37%,绝大多数年份在 0.3%左右。FAO 在其 1982 年《粮食及农业状况》的报告中指出:"80 年代中期世界各国农业科研投资占农业总产值的比重的平均值约为 1%,发达国家一般为 2%,北美国家高达 3%。从一些国家的情况来看,一般认为只有农业科研投资占农业总产值的比重达到 2%左右,才能使农业与国民经济其他部门的发展相协调。"由此可以看出,广东的农业科研投入强度与世界上许多发展中国家的水平还存在不小的差距,更是远低于发达国家政府财政对农业科研的投资强度(2%～4%),这与广东经济发达地区的身份极不相称,应逐年增加农业的科研投入,使其占到农业总产值的 1%以上,其中政府农业科研投资强度达 0.5%以上,基本满足农业科研对财力资源的实际需求。现在最困难的并不是开发创收以及非政府部门的投入,而是政府的投入,因为这意味着广东省各级政府对农业科研的投入要在现有的基础上提高至少 1 倍,而且以后每年的增长还得同农业生产总值保持同步。从实际投资的数量来讲,农业科研投资的政府拨款部分提高 1 倍对于广东这个经济强省来说是很容易做到的。以 2007 年为例,政府财政拨款投入 6.2 亿元,提高一倍,也只有 12.4 亿元,12 亿元仅相当于广东财政支出总额的 0.39%。

同时,要通过政府投资的引导,积极吸收各类农业与涉农企业、海内外资金增加农业科技投入,支持农业科研事业,加强对农业科研经费的管理,提高有限资金的使用效果,从各方面保证农业科研与推广经费的需求。

3. 要高度重视农业科研当中的基础性研究

基础研究已成为国家的战略性资源,为了在未来的竞争中抢占制高点,世界上一些主要发达国家均在日益加大基础研究的投入力度,并出台了确保本国基础研究继续处于领先地位的各项政策。如美国,联邦政府在对公共研究系统研究经费的投入中,以基础研究和应用性研究为重点;欧盟的一些成员国支持公共研究机构侧重农业基础研究,引导私人企业侧重农业应用研究;在日本,国立科研机构主要从事基础、重大或应急的科学研究,其科研成果要求有学术、应用价值和社会、经济效益。广东的农业基础研究在经济迅速发展的同时,正逐渐呈现出缺乏原创性的危机。在项目数量上,基础研究、应用研究、开发研究相互之间大致保持着 1∶2.7∶3 这个比例;在经费投入

上，2005年广东省农业研究与开发机构经费内部支出中，基础研究、应用研究、实验发展经费支出的比例为1∶3∶16，而美国2000年为1∶1∶3，日本为1∶2∶5。作为基础研究投入主体的政府有关部门，除了继续增加农业基础研究的投入之外，还需要进一步地改善基础研究的管理工作，尤其需要制定一套较科学、规范、可行的基础研究绩效评估体系，充分调动农业科研人员的积极性。

4. 要逐步转变农业科研的投资结构，加大对渔业的科研投入

广东是海洋大省，自古因海而兴。从秦朝开始，海洋就成为广东人与世界各地交往的通道，近代，广东更是领全国风气之先。改革开放30多年来，广东由一个经济比较落后的农业省份发展成为中国第一经济大省，其中一个重要因素就是得益于海洋。历史和现实都表明，广东的繁荣昌盛都与善于利用海洋、走向海洋密切相关。目前，广东省管辖海域面积达42万平方公里，是陆域面积的2倍多，占全国海洋面积的14%；海岸线4114公里，居全国前列。得天独厚的海洋资源条件和优越的区位优势，为广东经济社会发展奠定了坚实的物质基础。至2008年，广东海洋生产总值（海洋GDP)达5825亿元，连续14年居全国首位，年均增长率高于同期全省经济增长速度。从表3-8可以看出，2003年以来，渔业在广东省的第一产业中占据着非常重要的位置，基本保持在40%左右。而与此形成鲜明对比的是，无论是在渔业科技投入经费、渔业科技人员数，还是渔业科研课题数方面，都与渔业占第一产业的比重及其不相符合，渔业科研投入经费仅占1.3%，渔业科技人员数仅占2.5%，渔业科研课题数量仅占4.4%。

基于此，政府应制定对渔业的短、中、长期发展规划与目标，经过3～5年的努力，使渔业的科技投入经费、渔业的科技人员数量与渔业的科研课题数量所占比例达到10%左右，为渔业的发展打下初步的基础；在此基础上，引导社会力量与中介组织、相关企业投资渔业科研，力争用10年左右的时间，使渔业科研投资强度与渔业在农业中所占的比重相吻合，而要达到这个目标，任重而道远。

5. 适当增加财政农业推广投资总量

无论是从宏观还是微观角度分析，广东农技推广投资总量严重不足已成为目前农业推广工作开展的主要障碍。从目前广东总体发展战略看，增加政府财政农技推广投资是一种必然的选择。究竟应增加到何种水平，国际上没有一个绝对的标准，但至少应当提高到甚至高于发展中国家的平均水平。笔者建议，政府增加对农业推广投资的总量时，应考虑到现阶段广东农业的特点及农村发展的总体水平。具体而言，今后在确定政府对农业推广投资的总量时，应依据不同时期财政农业支出总量、农业总产值、农业与农村人口、耕地等主要指标的具体水平。以财政农技推广支出占农业总产值的比重为例，早在20世纪80年代初，113个国家的平均水平为0.96%，低收入国家也达到了0.44%。因此，建议广东未来将这一比重逐步提高到0.5%以上。同时建议，与中央、广东省政府对一个特定地区的财政农技推广支出增加相适应，该地区的财政农技推广支出也要成比例增加到相应的水平。

6. 建立并完善多元化的农业推广组织与投融资机制

在坚持以政府推广机构作为重要主体、财政作为推广经费主要来源的前提下，大力发展合作推广，建立多渠道资金投入机制，是解决广东农业推广经费不足的关键

所在。

从世界农业推广投入模式的演变过程中不难看出，非政府部门的农业推广投资在总投资中所占的比重不断上升，政府和私人部门对农业推广的投资领域各有侧重。私人投资的范围主要集中在物化程度比较高、市场潜力比较大因而竞争力比较强的科研成果的推广上，而政府投资则逐渐侧重于公益性的技术推广项目。在投入机制及管理体制的改革上，大多数国家逐渐向基金制、分包制管理方向发展。

对于广东省各级政府来说，农技推广投资应当有所为，有所不为。对于非政府部门能够参与且有效开展的推广工作领域，政府可以逐步退出。在制订推广项目计划时，要根据各类农业技术的特性，重点放在企业和私人难以参与的农业技术推广项目上。应借鉴国际农业推广分权的各种形式与经验，发展非政府推广事业，扩大农业推广中非政府投资的比重。非政府投资可以利用商业投资、资本市场、民间资本及外资等多种形式。不管发展哪种形式，关键是要建立和完善依靠非政府资金开展推广工作的机制，这需要有比较完善的市场机制、产权机制、动力机制、经营机制、用人机制、技术创新机制等。

在强化财政拨款的主渠道方面，应当通过立法与行政手段，保证政府财政每年投放到农技推广的经费占农业总产值的份额逐步提高。同时建议，通过资金监督审计体系和制度的建立，定期和不定期地进行农技推广资金的财务检查，核查国家财政拨出用于农技推广的经费是否到位或挪用。在完善间接融资体制方面，可通过建立和完善农技推广基金，在社会上筹集各种资金。还可以通过制定法规条例的方式从以下几个方面筹集推广经费：①适当提高从流通环节和农产品加工环节提取农业技术改进费的标准并适当扩大提取的范围；②从农业发展基金及各种农业综合发展项目资金和农业生产基地建设资金中提取一部分用作农技推广资金，并保证专款专用。

广东省级政府财政农技推广投资应当起到一种刺激和调节地方和私人投资以支持推广事业的杠杆作用。广东省级财政农技推广投资须更多地用于跨地区和跨行业、跨学科的项目。本着调动地方积极性的原则，应当通过立法形式，保证各级地方财政支出中提供对等的匹配资金用于技术推广。省级财政对各地（市、区）的农技推广直接拨款数量除了适当考虑政策倾斜外，应主要根据各地农业与农村人口、农业产值、耕地面积等在全省所占的比重来确定。除了直接拨款外，省财政投资的资助机制可更多地采用竞争性的项目竞标制和非竞争性的特别项目制。同时要求地方各级更多地关注推广项目的质量和效果，并以此作为地方接受省财政拨款资助的条件。地县乡各级都应建立农技推广专项基金，用于实施农技推广项目农业技术培训和农技推广设施建设。乡镇农技推广资金也应列入各级财政预算，同时可以从乡镇以工补农、以工建农资金中提取部分资金或采取统筹方式收取一定的农技推广费，用于本乡镇农技推广工作的开展；同时要增加乡镇农技站建设的补助经费和设备购置费。

7. 对农技推广部门兴办经济实体应予以继续鼓励和引导

从过去 10 多年的经验看，推广部门兴办实体有助于促进农业产业化经营；增强推广机构的实力，促进推广事业发展；还可以分流推广人员，优化队伍结构，增加人均活动经费。因此，应当继续鼓励农技推广部门兴办经济实体。

但是在实践中，农技推广部门的创收也暴露出了一些弊端，例如分散推广机构的人、财、物力资源；农技推广部门的资产被变卖、侵占，造成国有资产的流失；所办的实体绝大多数是全民所有制性质的，因而存在国有制的弊端，例如责权利关系不明确、产权关系模糊、法人地位不稳定等，这些问题不利于实体的持续发展。目前创收所得的收入在推广机构总经费中所占比重仍然很小。农业经营规模小、比较利益偏低，农民收入水平不高、技术接受能力有限，导致农民对新技术的有效需求不足，这也给推广机构从事"有偿服务"带来了困难。

因此，需要规范推广机构的实体服务，正确处理好推广与经营的关系。有条件的实体应逐步建立和完善现代企业制度，推行股份制和股份合作制，做得好的可以上市。这样，实体可以更好地承担起农业产业化中"龙头企业"的重要角色，同合作组织和农民一起构建新型的产业化组织体系。

8. 创新乡镇农业技术推广机构管理机制，提高工作效率

首先，在乡镇建立科学的人事管理机制。实行用人制度改革，全面推行全员聘用制，实现由身份管理向岗位管理的转变，建立岗位目标责任制，以岗定人。其次，建立科学合理的考评制度。确立以服务对象为主体、以在一线推广业绩为主要内容，当地政府领导、上级业务主管部门、本单位职工、农户共同参与考核评价的考核评价体系，对参与竞争上岗的人员，可根据其工作性质和职能进行多层次、全面考核与评价。最后，创新分配机制。打破分配上干好干坏一个样的平均工资，按贡献大小、业绩大小适当拉开工资档次。

9. 农技推广人员要创新推广理念，改变服务方式，拓宽服务领域

①转变观念。将以"技术"为主要形式的"技术推广"观念转变为以"人"为本的"农业推广"观念，农业推广职责除了技术的传输外，还应肩负起培养农民、提高农民科学文化素质的重任。②创新推广服务方式。充分发挥农业推广机构自身的行业优势、技术优势、信息优势，搞好技术指导、农民培训等公益性的服务。③改善和提高服务手段，加快现代化手段的应用，重点是网络技术和多媒体技术的应用。④拓宽服务领域，为适应新形势下农业和农村经济发展的需求，满足市场经济条件下农民多元化的需要，农业推广机构与推广人员必须大力拓展服务领域，提高服务能力，延伸服务链条。由提供单项的技术指导服务向提供技术、信息、物资、教育培训、决策咨询等综合服务延伸，由大宗农作物的技术指导服务向农、林、牧、副、渔、种、养、加、运、销等各个方面技术指导服务延伸，由产中服务向产前、产后全程服务延伸。做到产前引导农民调整，产中指导农民生产，产后帮助农民销售，参与并促进农业产业化经营。

10. 农业科研与技术推广部门的研发与推广要符合农户的需求与意愿

对于农业科研部门来说，在进行技术研发时，要结合农民当前对技术需求类别的重要程度来进行研究，具体地说，就是要将栽培（养殖）技术、播种技术、病虫害防治技术作为当前的研究重点；而对于农业科技推广机构与农业科技推广人员来说，要加强对农户种植、养殖与栽培等技术的教育与培训，优先推广这些技术，在进行教育与培训时，要根据农户家里的人口数、非农就业人口与家庭的耕种面积、农户文化程度的高低的不同，对农户的教育与培训开展有针对性、个性化的服务，只有这样，农业技术效率

的提高才会有基础与保障。

11. 强化政府在农户教育培训中的作用，教育与培训要因地制宜，迎合不同农户需求，农户教育可尝试实施证书培训

一方面，政府要增加对农户教育培训的经费投入，建立农户教育培训和科教兴农专项资金。同时政府要设法增加农户收入，加大对农户的经济补贴，从而促使他们有能力接受教育培训。另一方面，政府除了提供资金支持，还要提供技术、机构、政策支持。政府应加大对农村教育基础设施和教育培训基地的建设，培养优秀的农户教育师资队伍，为农户接受教育提供条件。此外，要建立以政府为主导的多元化资金投入体制，积极鼓励和支持农业社会团体、农业协会以及个人培训机构的发展，让其参与农户教育培训，建立与市场经济相适应的投入机制和体制，使农户教育培训进入良性循环轨道。

针对不同地区、不同收入、不同文化程度、不同类型的农户的教育培训需求的差异，对他们开展不同类型的教育培训以及采用不同的教育培训方式。例如，针对粤北地区的教育需求，对他们开展种养栽方面的技术培训以及非农技术培训，组织农技人员下乡指导，并在田间开展现场教学，让农户切实地掌握种田以及养殖方面的技术。此外，根据当地需要开设培训课程，聘请农业专家、高级技术人员进村授课，补充农户理论方面的知识。而在粤东西和珠三角地区，除了满足农户种养栽方面的培训，还要针对其需求侧重展开对农产品加工、贮藏以及权益保护方面的教育培训。通过讲座培训或者广播宣传等方式向农户普及权益保护方面的知识，通过技术人员培训以及互联网或电视等方式，让农户接收先进的加工贮藏技术。对于不同收入的农户，其教育培训的费用要在他们的能力范围之内，收费要合理、公开、公正。对于不同文化程度的农户，则要考虑到他们的接受能力与理解能力的差异，如对文化程度低的农户采用现场示范、亲身指导以及组织农户外出考察、学习的培训方式，使农户对培训内容易于吸收和理解；对于文化程度相对较高的农户，则可通过开设培训班的方式对其进行理论知识传授，并利用互联网及时接收农业生产方面的最新技术与信息。

实施证书培训，也就是说在农村实行农民资格考试，取得证书后才有资格当农民，目的是加强农户职业技能和岗位证书认定，把农户教育提升到义务教育的层面。实施此项措施，政府要做好政策引导工作，即建立农户技术培训评价制度，逐步规范“绿色证书”培训和认证，实行分级管理，大力推行就业准入制度，引导农户自觉参加培训并获得相关证书。此外，政府要在资金方面给予农户最大的支持，如向农户提供培训的经费补贴、给获得证书的农户发放一定数额的奖金或是补助金，以提高他们参加培训的积极性和自动性。在反复的实践和试验中，逐步完善此项体制，最终实现政府出资、农户培训的义务教育模式，使广大农户在低成本下接受广泛的农业教育培训，提高自身技能，实现增收。

附录一　统计报表

附表 3-1　1990—2008 年广东农业技术效率影响因素分析测算各因素指标值

年份	农村人口（万人）	农业人口（万人）	非农人口（万人）	受教育年限	农技人员数(人)	价格指数	农作物播种面积（万公顷）	粮食作物播种面积（公顷）	受灾面积（万公顷）	农村GDP（亿元）	农业总产值(亿元，按90年不变价格计算）	非农产值（亿元）	农村劳动力（万人）	第一产业劳动力（万人）	非农就业（万人）
1990	5241.9	4700.5	541.4	6.31	7290.0	97.6	567.16	3881.4	156.63	589.49	359.39	230.1	2363.4	1600.8	762.6
1991	5327.6	4703.4	624.2	6.44	7131.0	99.9	565.94	3762.6	197.92	625.72	398.86	226.9	2409.5	1594.3	815.2
1992	5512.5	4762.8	749.7	6.65	3725.0	105.9	548.76	3535.9	113.15	697.04	415.47	281.6	2436.2	1511.5	924.7
1993	5572.2	4739.6	832.6	6.87	7677.0	120.6	514.56	3227.2	186.57	715.47	390.65	324.8	2457.4	1464.8	992.6
1994	5612.9	4673.8	939.1	7.43	7987.0	122.5	520.53	3306.1	172.24	774.59	411.80	362.8	2493.1	1433.4	1059.7
1995	5622.3	4639.2	983.1	7.54	7881.0	115.3	530.48	3368.2	114.60	881.48	442.18	439.3	2519.2	1432.0	1087.2
1996	5745.6	4799.3	946.3	7.71	5678.0	106.5	543.75	3413.4	129.76	952.09	440.75	511.3	2548.9	1439.8	1109.1
1997	5610.3	4858.5	751.8	7.78	6506.0	101.5	551.18	3429.4	86.18	1044.54	447.78	596.8	2588.9	1475.2	1113.7
1998	5644.6	4857.8	786.8	7.93	6408.0	98.1	553.74	3431.8	73.47	1097.55	462.15	635.4	2632.7	1507.8	1124.9
1999	5772.2	4976.7	795.5	8.03	6000.0	97.7	526.28	3274.7	71.82	1184.23	471.76	712.5	2664.7	1530.9	1133.8
2000	6046.6	5110.5	936.1	8.10	6179.0	100.0	515.69	3099.9	63.23	1282.01	443.38	838.6	2789.9	1572.1	1217.8

续表

年份	农村人口（万人）	农业人口（万人）	非农人口（万人）	受教育年限	农技人员数（人）	价格指数	农作物播种面积（万公顷）	粮食作物播种面积（公顷）	受灾面积（万公顷）	农村GDP（亿元）	农业总产值（亿元，按90年不变价格计算）	非农产值（亿元）	农村劳动力（万人）	第一产业劳动力（万人）	非农就业（万人）
2001	6185.0	5156.6	1028.4	8.16	5846.0	99.6	524.55	3089.9	112.39	1349.74	450.68	899.1	2858.7	1566.4	1292.3
2002	6062.5	5048.1	1014.4	8.21	5495.0	98.6	480.49	2681.0	191.51	1397.38	470.39	927.0	2784.4	1556.3	1228.1
2003	6133.1	5060.4	1072.7	8.31	4745.0	100.4	486.31	2675.2	122.25	1328.66	474.05	854.6	2824.5	1543.4	1281.1
2004	6254.5	5141.0	1113.5	8.34	4615.0	103.7	480.80	2789.7	80.67	1389.11	515.24	873.9	2944.6	1525.0	1419.6
2005	6451.5	5178.0	1273.5	8.49	4577.0	102.7	481.54	2786.5	72.54	1503.55	579.67	923.9	3089.5	1533.5	1556.0
2006	6451.6	5215.0	1236.6	8.57	4375.0	101.6	438.26	2466.7	128.13	1537.76	635.46	902.3	3017.4	1533.0	1484.5
2007	6575.1	5252.0	1323.1	8.63	4679.0	103.5	436.30	2479.5	69.84	1580.49	660.34	920.1	3235.4	1532.3	1703.1
2008	6729.0	5289.0	1440.0	8.71	3890.0	105.8	453.30	2453.1	77.05	1752.13	695.87	1056.3	3326.6	1537.8	1788.9
2009	6805.2	5900.4	904.8	8.86	4477.0	98.2	447.61	2538.5	47.82	1596.54	741.94	854.6	3259.5	1440.7	1818.8
2010	6805.4	4054.4	2751.0	8.93	4737.0	101.7	452.45	2532.0	61.08	1766.12	827.91	938.2	3469.4	1468.3	2001.1
2011	6874.4	4111.7	2762.7	8.78	4680.0	109.6	457.20	2530.4	46.32	1881.61	876.40	1005.2	3494.0	1402.3	2091.7
2012	6937.0	4090.1	2846.9	8.87	4654.0	104.0	462.96	2540.2	41.72	1921.65	919.91	1001.7	3529.8	1376.8	2153.0
2013	6973.0	4032.0	2941.0	8.97	5269.0	99.7	469.81	2507.6	115.11	2047.44	1011.84	1035.6	3561.0	1364.0	2197.0
2014	6901.1	4032.4	2868.7	9.10	4969.0	99.9	470.50	2507.0	84.38	2168.56	1082.66	1085.9	3916.8	1363.2	2553.6

附表 3-2　广东 1990—2008 年各文化程度农业人口所占比例

年份	文盲	小学	初中	高中	中专	大专及以上
1990	18.5	43.5	28.6	9.2	0.2	0
1991	17	43.9	29.5	9.3	0.3	0
1992	13.7	46.9	30	9	0.4	0
1993	7.5	40.9	40.8	10.4	0.9	0.2
1994	8.8	39.8	38.1	12.3	0.8	0.2
1995	8.3	37.9	40.5	11.6	1.5	0.2
1996	6.7	36.6	44.4	10.7	1.4	0.3
1997	5.7	36.6	45.7	10	1.7	0.3
1998	5	34.6	47.7	10.4	1.9	0.4
1999	4.4	33.8	48.3	10.9	2.2	0.4
2000	4	33.5	48.9	9.9	3.1	0.6
2001	4	31	51.6	10.1	2.8	0.5
2002	4	30	52	10.4	3	0.6
2003	3.9	28.2	53.2	10.5	3.4	0.8
2004	4.3	26.5	54.1	10.5	3.7	0.9
2005	3.8	25.5	53.9	11.8	3.5	1.5
2006	3.7	24.9	53.8	12.2	3.8	1.7
2007	3.8	23.8	53.7	12.7	3.9	2.1
2008	3.7	23.1	53.5	12.9	4.2	2.6
2009	3.2	21.7	54.2	13.5	4.7	2.8
2010	2.9	20.7	54.5	14.0	4.7	3.1
2011	2.9	22.9	55.6	11.7	3.6	3.3
2012	2.7	21.9	55.9	11.8	4.0	3.7
2013	2.5	20.9	56.2	11.9	4.4	4.1
2014	2.3	19.9	56.5	12.0	4.8	4.5

附表 3-3　广州市 1990—2014 年农业生产要素投入情况

年份	GDP	耕地面积	劳动力	物质费用	灌溉面积	机械总动力	牲畜
1990	40.12	165456.50	92.11	19.64	165.69	181.6871	13.75

续表

年份	GDP	耕地面积	劳动力	物质费用	灌溉面积	机械总动力	牲畜
1991	44.55	162689.40	91.74	19.49	155.25	190.3354	14.19
1992	51.74	151796.00	92.61	22.15	147.80	209.9400	12.20
1993	50.31	137957.00	89.39	20.83	142.84	231.5700	10.80
1994	59.08	134247.00	88.14	24.45	130.12	236.8210	9.68
1995	64.55	132439.00	82.40	27.29	126.58	240.3561	8.44
1996	68.82	128186.00	89.06	29.73	125.07	243.0000	8.32
1997	73.39	126340.00	88.21	31.68	120.94	241.3790	5.91
1998	76.79	125440.00	88.49	32.11	119.12	245.7544	7.55
1999	84.10	122704.00	87.87	35.32	118.65	251.5641	6.59
2000	85.77	156918.09	119.50	36.13	116.20	246.9988	5.17
2001	87.14	155687.58	95.54	36.40	112.21	247.0259	4.88
2002	95.04	153720.53	87.90	39.08	109.98	249.1878	4.18
2003	94.28	149972.51	78.83	39.25	105.75	247.0445	4.21
2004	103.89	146903.00	74.81	42.62	106.55	245.7794	3.21
2005	108.56	104150.00	74.30	44.54	106.55	205.4529	2.43
2006	117.38	86369.00	88.26	48.91	103.24	209.1716	2.23
2007	116.34	86098.00	82.48	47.82	107.17	196.4424	1.28
2008	96.69	85658.00	79.91	35.14	104.35	211.5095	1.34
2009	150.08	84992.00	71.05	48.59	105.77	201.6218	4.53
2010	166.24	84516.00	79.79	51.31	106.85	217.6171	4.60
2011	178.35	84267.00	62.90	55.06	104.23	207.3366	4.62
2012	187.24	84936.62	64.60	57.80	96.64	195.5700	4.54
2013	202.71	84567.32	64.68	62.58	96.60	195.5986	4.66
2014	104.70	83286.22	62.80	66.11	96.60	199.4771	4.35

附表 3-4　深圳市 1990—2014 年农业生产要素投入情况

年份	GDP	耕地面积	劳动力	物质费用	灌溉面积	机械总动力	牲畜
1990	9.22	18726.50	2.31	3.66	20.13	13.88	1.43
1991	10.01	15188.90	2.31	2.79	18.87	14.54	1.48
1992	10.73	10336.00	4.29	3.74	17.96	16.04	0.83

续表

年份	GDP	耕地面积	劳动力	物质费用	灌溉面积	机械总动力	牲畜
1993	9.28	6034.00	3.05	3.56	15.83	9.65	0.18
1994	8.93	4573.00	2.68	3.44	13.33	6.37	0.19
1995	9.01	4387.00	2.07	4.91	11.84	3.96	0.14
1996	10.29	5106.00	2.72	4.38	6.94	4.00	0.14
1997	10.46	4241.00	2.85	4.36	6.94	6.93	0.06
1998	10.92	4136.00	2.75	4.89	6.07	6.14	0.06
1999	11.78	4020.00	2.53	5.28	6.07	5.78	0.05
2000	12.06	6371.89	2.12	5.34	5.47	6.24	0.03
2001	12.50	6147.25	1.99	5.58	3.88	5.09	0.04
2002	13.38	6013.63	2.03	5.78	3.88	4.43	0.03
2003	14.69	4694.01	1.88	7.36	3.88	2.75	0.00
2004	16.42	4530.00	1.68	8.66	3.88	2.56	0.00
2005	11.35	4530.00	1.53	6.26	3.88	2.58	0.00
2006	9.02	4351.00	2.22	5.53	3.88	2.63	0.00
2007	8.32	4109.00	0.70	4.95	3.45	1.76	0.00
2008	8.79	4078.31	0.76	7.01	3.36	11.90	0.00
2009	8.20	3794.23	4.02	7.84	3.12	9.30	0.00
2010	9.58	3575.73	3.41	8.29	3.56	8.44	0.00
2011	11.50	3271.90	2.31	8.01	4.36	5.23	0.00
2012	12.95	3021.54	2.11	8.57	3.45	5.67	0.00
2013	14.50	3002.11	2.75	9.52	3.69	7.34	0.00
2014	16.01	2978.72	3.52	9.32	2.98	8.39	0.00

附表 3-5　珠海市 1990—2014 年农业生产要素投入情况

年份	GDP	耕地面积	劳动力	物质费用	灌溉面积	机械总动力	牲畜
1990	8.90	37841.60	9.20	2.89	38.17	17.3864	0.64
1991	9.29	37881.80	9.16	2.87	35.77	18.2140	0.66
1992	10.03	36118.00	9.62	4.79	34.05	20.0900	0.37
1993	8.18	31797.00	8.77	4.21	33.30	14.4200	0.28
1994	9.12	28861.00	8.99	3.87	32.75	14.9676	0.24

续表

年份	GDP	耕地面积	劳动力	物质费用	灌溉面积	机械总动力	牲畜
1995	9.50	27554.00	8.23	2.66	32.75	13.8477	0.19
1996	9.99	27294.00	8.03	3.84	32.49	14.0000	0.19
1997	10.49	25443.00	8.52	3.95	32.09	13.7524	0.10
1998	11.05	25376.00	9.46	4.10	32.32	12.4252	0.20
1999	11.89	25282.00	8.93	4.54	32.32	12.6481	0.16
2000	13.00	28218.74	10.06	4.85	32.32	12.7995	0.18
2001	13.92	29402.39	8.84	5.41	32.08	15.9926	0.14
2002	14.89	25000.00	8.85	5.37	31.77	14.6561	0.14
2003	16.84	20230.00	8.75	6.24	31.73	17.2628	0.13
2004	18.04	20230.00	8.79	7.77	31.55	20.3501	0.12
2005	18.44	20230.00	8.84	7.92	31.55	17.7563	0.10
2006	19.31	14790.00	8.81	8.28	31.55	18.0777	0.03
2007	23.63	14791.00	7.23	10.45	31.55	14.7601	0.04
2008	25.18	14791.07	7.37	8.24	30.72	15.8922	0.04
2009	27.83	13001.46	6.22	8.49	30.74	13.4958	0.02
2010	28.04	15630.82	6.59	9.23	30.43	17.3974	0.04
2011	30.56	17392.75	6.73	9.52	30.56	16.3974	0.02
2012	30.94	18103.35	7.12	10.42	30.42	16.3742	0.02
2013	33.59	18141.51	6.34	10.58	29.56	15.4973	0.01
2014	35.19	18075.24	6.19	10.75	29.55	13.9743	0.14

附表 3-6　惠州市 1990—2014 年农业生产要素投入情况

年份	GDP	耕地面积	劳动力	物质费用	灌溉面积	机械总动力	牲畜
1990	21.82	148277.70	69.99	10.14	135.25	67.1656	23.63
1991	22.63	144840.60	69.71	8.70	126.73	70.3626	24.40
1992	26.32	136634.00	61.76	8.47	120.65	77.6100	22.19
1993	27.96	131857.00	60.71	9.22	116.33	92.1200	21.53
1994	31.66	134472.00	59.46	11.21	113.36	93.4476	21.11
1995	35.02	135832.00	62.61	16.15	113.18	84.0752	20.31
1996	38.30	131075.00	64.83	14.99	113.16	85.0000	20.01

续表

年份	GDP	耕地面积	劳动力	物质费用	灌溉面积	机械总动力	牲畜
1997	43.08	131774.00	65.92	16.54	114.64	85.1626	18.19
1998	44.26	131989.00	67.50	16.10	114.64	85.7076	17.97
1999	47.96	131604.00	68.30	17.76	114.64	84.2408	18.51
2000	51.38	151717.34	68.39	19.28	114.64	83.6924	17.92
2001	54.76	152084.49	68.71	20.68	114.64	85.8887	17.25
2002	59.73	151912.69	69.26	22.29	114.64	90.8892	17.01
2003	57.51	151896.23	68.17	22.63	114.64	91.2721	14.72
2004	61.07	151898.00	65.76	22.85	114.64	88.7845	14.67
2005	56.99	151969.00	67.33	21.69	114.64	95.1788	14.16
2006	57.38	147366.00	67.07	22.03	114.64	96.9015	13.10
2007	56.43	143688.00	67.89	22.08	113.63	61.1890	8.21
2008	63.21	143671.17	68.23	23.99	110.64	65.8822	8.62
2009	67.39	143540.21	69.43	24.45	110.34	72.3423	7.23
2010	69.40	142742.03	69.23	24.82	112.47	64.0242	7.04
2011	73.47	142086.00	64.77	23.94	110.46	63.8471	6.32
2012	77.47	141074.80	60.03	24.84	109.45	74.2937	5.32
2013	78.59	141096.63	63.84	25.45	113.39	61.2834	5.78
2014	79.40	141052.00	67.20	25.84	114.33	66.2083	4.32

附表 3-7　东莞市 1990—2014 年农业生产要素投入情况

年份	GDP	耕地面积	劳动力	物质费用	灌溉面积	机械总动力	牲畜
1990	21.98	59134.20	17.59	5.84	70.02	84.7077	4.30
1991	22.46	58893.00	17.52	5.89	65.61	88.7398	4.44
1992	23.78	56344.00	23.98	10.08	62.46	97.8800	2.80
1993	19.75	50250.00	21.92	8.98	56.77	98.1300	1.53
1994	21.21	47876.00	20.08	9.03	54.23	90.3406	1.16
1995	23.38	47240.00	15.73	13.69	47.88	62.3145	0.85
1996	24.34	44973.00	20.65	10.21	47.24	63.0000	0.84
1997	25.32	44201.00	20.80	10.55	44.97	68.9469	0.69
1998	25.58	44203.00	20.53	10.97	44.20	61.0960	0.56
1999	27.32	44208.00	20.74	11.73	43.05	56.8772	0.50

续表

年份	GDP	耕地面积	劳动力	物质费用	灌溉面积	机械总动力	牲畜
2000	27.38	34700.01	18.93	11.81	42.86	58.6063	0.41
2001	27.72	33389.61	17.48	12.08	43.20	51.5689	0.34
2002	29.62	15697.65	15.08	12.88	41.87	36.1569	0.22
2003	23.60	15478.25	13.09	10.09	41.87	30.8159	0.09
2004	24.02	15182.00	11.93	10.53	41.87	29.0323	0.05
2005	21.79	14943.00	11.06	10.48	26.84	22.9297	0.04
2006	11.31	14439.00	16.85	4.92	26.84	23.3447	0.00
2007	9.63	14136.00	9.13	3.89	26.84	63.2014	0.00
2009	11.86	14011.08	8.82	8.48	26.13	68.0489	0.00
2010	13.40	14072.31	9.37	10.63	35.61	36.7988	0.00
2011	20.39	14126.00	8.21	11.22	28.01	37.9028	0.37
2012	26.48	14188.07	7.63	9.63	28.55	39.1052	0.02
2013	24.39	14374.05	10.66	8.28	31.07	41.8422	0.04
2014	21.48	14345.20	9.52	7.02	31.76	43.1884	0.00

附表 3-8　中山市 1990—2014 年农业生产要素投入情况

年份	GDP	耕地面积	劳动力	物质费用	灌溉面积	机械总动力	牲畜
1990	16.17	70189.20	21.13	4.13	69.26	31.9947	0.40
1991	17.72	70758.70	21.05	3.94	64.89	33.5177	0.41
1992	18.97	52606.00	21.95	6.28	61.78	36.9700	0.29
1993	16.46	45667.00	21.35	5.61	48.95	39.5900	0.20
1994	18.46	42907.00	21.38	5.77	47.66	39.5286	0.14
1995	20.72	42033.00	18.90	4.69	43.77	36.5974	0.09
1996	22.47	41596.00	21.58	6.80	42.22	37.0000	0.09
1997	24.72	41345.00	20.92	7.33	41.63	39.5726	0.01
1998	26.23	42725.00	21.71	8.39	40.76	40.0861	0.05
1999	27.20	40397.00	21.88	8.78	41.52	41.1883	0.05
2000	28.71	52661.66	22.42	9.87	40.40	42.8137	0.10
2001	30.00	52661.79	22.20	10.46	38.55	45.6390	0.04
2002	32.34	51839.46	21.03	12.31	37.73	51.3833	0.03
2003	34.08	51839.46	20.09	13.54	36.25	55.6408	0.04

续表

年份	GDP	耕地面积	劳动力	物质费用	灌溉面积	机械总动力	牲畜
2004	35.72	51839.00	17.32	14.37	34.50	57.3164	0.04
2005	36.40	45816.00	17.20	14.94	33.30	59.6047	0.01
2006	36.06	37341.00	20.25	14.91	32.25	60.6835	0.01
2007	41.85	36937.00	17.14	17.52	31.22	141.1262	0.01
2008	46.50	34692.71	14.14	15.23	30.40	151.9506	0.01
2009	22.77	27945.61	14.36	7.64	30.00	67.5600	0.01
2010	26.20	25342.3	14.62	8.79	30.00	69.8345	0.01
2011	28.65	18321.78	11.34	10.23	30.00	71.2300	0.01
2012	32.88	12431.64	10.03	11.03	24.33	71.9455	0.01
2013	36.59	12231.6	9.90	12.28	15.54	73.4530	0.01
2014	39.25	12119.35	9.09	13.17	15.54	74.9122	0.01

附表 3-9　江门市 1990—2014 年农业生产要素投入情况

年份	GDP	耕地面积	劳动力	物质费用	灌溉面积	机械总动力	牲畜
1990	40.31	187064.00	90.48	17.25	199.49	100.5277	16.07
1991	42.02	185563.20	90.11	17.97	186.92	105.3128	16.59
1992	45.23	180207.00	98.78	19.65	177.95	116.1600	11.94
1993	41.65	171325.00	84.91	19.52	177.71	122.4300	11.35
1994	46.96	167356.00	83.02	22.05	176.37	122.3240	12.67
1995	52.10	165761.00	80.94	28.34	176.36	107.8140	11.45
1996	58.21	164895.00	83.22	27.44	176.35	109.0000	11.28
1997	62.82	164109.00	85.19	30.54	174.70	133.7332	12.04
1998	63.81	161826.00	86.87	30.70	174.70	132.1752	10.53
1999	68.30	160798.00	87.14	32.90	174.70	138.6233	10.75
2000	71.81	207565.86	86.00	35.02	174.70	138.6138	9.57
2001	75.29	207570.68	86.32	37.12	174.70	140.4248	9.04
2002	78.91	207585.85	85.77	38.95	147.49	138.0976	8.24
2003	82.06	207485.53	84.90	39.77	144.04	139.2830	7.16
2004	86.00	207123.00	83.57	42.69	139.47	139.4687	6.81
2005	77.23	206929.00	83.95	38.49	139.47	140.1683	6.47
2006	78.28	207143.00	86.70	38.64	139.47	142.7053	6.32

续表

年份	GDP	耕地面积	劳动力	物质费用	灌溉面积	机械总动力	牲畜
2007	85.31	207260.00	85.72	38.84	139.47	121.3289	5.18
2008	95.94	207258.65	80.46	41.74	135.80	130.6348	5.44
2009	56.62	207023.46	80.75	18.52	139.47	142.2200	5.45
2010	65.29	187561.42	81.33	21.22	139.47	158.2126	4.11
2011	76.59	174456.35	79.65	24.26	139.47	165.5500	5.01
2012	86.16	156914.52	76.32	28.00	139.29	167.5714	4.08
2013	91.81	157271.45	78.95	29.84	127.02	181.1639	3.92
2014	98.68	157163.23	80.90	32.07	127.02	189.5443	3.66

附表 3-10 佛山市 1990—2014 年农业生产要素投入情况

年份	GDP	耕地面积	劳动力	物质费用	灌溉面积	机械总动力	牲畜
1990	34.42	108345.70	41.48	17.80	115.34	110.1945	6.15
1991	36.98	107186.60	41.31	18.76	108.08	115.4397	6.35
1992	39.51	101854.00	47.12	18.10	102.89	127.3300	4.80
1993	41.90	93581.00	42.97	19.41	97.49	134.7200	3.86
1994	46.72	90140.00	41.61	21.27	85.83	110.8880	3.30
1995	54.20	88961.00	37.10	27.98	80.04	151.3353	2.49
1996	59.66	88488.00	41.89	28.90	78.95	153.0000	2.45
1997	63.73	87408.00	42.43	29.10	78.80	145.5952	2.12
1998	66.13	86434.00	41.70	30.25	78.11	152.7750	2.39
1999	70.48	85381.00	42.32	32.58	77.20	161.8870	2.08
2000	108.04	67876.29	53.92	70.75	76.58	185.9081	2.24
2001	113.49	66327.56	52.04	54.53	75.51	177.2167	2.11
2002	86.16	57284.20	37.50	39.66	74.90	143.6097	1.98
2003	89.72	56843.99	35.84	41.69	70.30	132.8759	1.74
2004	93.03	56225.00	31.99	46.43	68.63	131.8679	1.47
2005	90.86	54869.00	30.05	47.77	66.00	113.1206	1.32
2006	90.79	42437.00	39.75	49.50	64.83	115.1681	1.21
2007	90.05	42126.00	27.81	46.60	64.53	94.2615	0.85
2008	101.72	41952.49	27.95	50.64	62.83	101.4914	0.89

续表

年份	GDP	耕地面积	劳动力	物质费用	灌溉面积	机械总动力	牲畜
2009	50.4	40745.36	26.64	16.70	57.95	114.2300	0.77
2010	61.37	41238.60	26.3	20.32	57.55	113.5268	0.66
2011	68.96	37405.63	24.55	23.58	56.99	113.4800	0.56
2012	80.40	36555.7	23.9	26.63	46.09	106.6370	0.47
2013	90.93	36489.43	23.93	30.12	32.72	100.0395	0.42
2014	91.32	36321.54	21.59	30.24	32.73	78.1029	0.37

附表 3-11　韶关市 1990—2014 年农业生产要素投入情况

年份	GDP	耕地面积	劳动力	物质费用	灌溉面积	机械总动力	牲畜
1990	24.91	137537.60	71.82	7.77	129.82	39.8095	24.45
1991	26.29	136887.70	71.53	8.54	121.64	41.7044	25.24
1992	28.69	134944.00	71.10	9.94	115.80	46.0000	25.17
1993	30.83	134739.00	67.02	10.26	116.05	45.6500	25.62
1994	32.72	134633.00	64.94	11.12	116.45	49.6010	26.52
1995	35.87	134271.00	64.25	10.85	115.81	85.0643	28.86
1996	38.67	134147.00	63.95	13.33	116.61	86.0000	28.43
1997	41.72	134204.00	66.04	14.48	117.13	50.0148	20.17
1998	41.01	134214.00	67.45	14.14	117.26	52.6313	22.76
1999	43.60	134183.00	68.20	15.31	117.32	59.4777	22.94
2000	45.64	223332.60	69.55	16.26	117.80	61.9871	22.98
2001	46.27	223359.94	70.04	16.50	117.76	62.2216	23.78
2002	47.50	223262.82	69.87	16.87	118.89	66.6645	24.27
2003	47.16	223962.32	70.57	18.65	119.11	74.1078	23.24
2004	48.35	223997.00	70.78	19.21	119.05	82.6050	22.17
2005	50.54	224264.00	71.48	20.44	114.97	89.9155	22.47
2006	51.90	223869.00	68.82	20.80	110.12	91.5430	21.68
2007	52.21	223814.00	70.86	20.40	111.32	45.6229	12.06
2008	60.11	223773.48	64.15	20.18	108.39	49.1222	12.67
2009	87.34	723341.56	65.32	27.49	111.02	114.2300	12.06
2010	102.27	223536.68	64.01	32.11	111.02	124.3371	13.18
2011	120.86	229564.17	62.78	37.35	111.02	131.7700	9.61

续表

年份	GDP	耕地面积	劳动力	物质费用	灌溉面积	机械总动力	牲畜
2012	135.03	219192.08	59.47	42.4	129.77	137.6048	9.24
2013	148.24	207256.45	59.24	46.55	124.95	146.0712	8.90
2014	159.30	221074.12	58.66	50.02	124.95	162.1837	8.51

附表 3-12　河源市 1990—2014 年农业生产要素投入情况

年份	GDP	耕地面积	劳动力	物质费用	灌溉面积	机械总动力	牲畜
1990	17.24	115642.00	75.28	5.38	101.72	29.8398	21.21
1991	18.18	113833.00	74.97	5.55	95.32	31.2602	21.90
1992	19.78	112373.00	74.71	6.65	90.74	34.4800	17.06
1993	20.61	110018.00	70.55	6.46	89.85	38.4300	14.64
1994	22.66	108612.00	69.58	7.26	89.28	40.2515	16.80
1995	24.49	110015.00	67.34	8.58	89.07	49.4560	21.30
1996	24.97	110499.00	68.99	8.38	89.39	50.0000	20.98
1997	28.52	110406.00	69.50	9.86	89.46	43.4632	16.97
1998	27.98	110276.00	70.88	9.89	89.79	43.3901	19.03
1999	30.00	110068.00	72.07	10.94	89.70	43.9309	19.33
2000	31.92	130571.04	71.35	11.37	90.01	45.1092	17.14
2001	33.89	130845.00	72.02	11.63	90.22	40.8631	18.51
2002	35.91	130694.07	69.84	12.35	83.83	41.3716	18.03
2003	29.02	131856.55	70.27	9.92	83.83	41.3075	17.63
2004	30.62	133443.00	71.35	10.73	79.97	43.6402	16.70
2005	30.82	133416.00	71.73	11.05	79.97	43.6432	16.96
2006	31.66	133330.00	72.13	11.67	80.07	44.4331	16.14
2007	31.45	133229.00	74.88	12.23	80.07	119.1065	10.95
2008	36.09	131274.98	77.79	11.67	77.96	128.2420	11.50
2009	46.86	133229.00	98.65	12.33	82.33	70.5685	11.66
2010	55.27	1312750.00	96.56	11.66	90.30	48.2523	12.99
2011	68.56	141220.16	85.36	13.01	98.80	55.6432	13.02
2012	71.25	141871.68	85.52	12.64	114.92	59.5294	13.62
2013	76.25	142306.16	74.49	12.36	106.07	75.2211	13.94
2014	79.63	143801.26	62.52	12.89	104.02	83.2546	13.54

附表 3-13　清远市 1990—2014 年农业生产要素投入情况

年份	GDP	耕地面积	劳动力	物质费用	灌溉面积	机械总动力	牲畜
1990	29.31	186976.90	103.16	8.71	162.85	48.5849	34.61
1991	30.40	185824.50	102.74	8.10	152.59	50.8976	35.73
1992	33.29	182563.00	98.00	10.64	145.27	56.1400	34.95
1993	35.28	181881.00	93.94	11.17	144.74	73.8000	35.26
1994	35.03	180548.00	93.41	10.97	144.77	63.9840	34.34
1995	39.77	181346.00	92.28	12.21	144.80	73.1949	35.98
1996	42.50	181506.00	92.69	13.46	144.82	74.0000	35.45
1997	44.37	181841.00	96.28	14.60	144.77	74.2474	24.22
1998	42.13	181537.00	97.71	13.22	144.87	75.2027	27.66
1999	44.94	179420.00	99.56	14.28	144.61	75.7644	28.49
2000	46.49	293174.42	95.88	15.10	137.98	77.6083	28.66
2001	48.34	293163.40	99.67	15.77	137.98	76.8753	27.44
2002	50.27	289447.15	99.75	16.48	136.65	78.8007	26.87
2003	49.92	288877.95	99.55	16.87	136.14	82.1304	24.90
2004	52.22	288383.00	98.94	17.32	136.09	74.9686	25.11
2005	48.11	288717.00	98.22	16.33	134.60	77.4739	24.07
2006	50.14	288099.00	98.84	16.61	134.47	78.8762	22.00
2007	54.25	284116.00	104.62	19.21	134.47	80.9705	1.68
2008	61.83	284120.84	105.92	17.76	130.93	87.1809	1.76
2009	83.62	284116.00	125.33	18.53	133.68	94.7801	9.65
2010	102.57	284121.00	119.38	17.99	139.23	100.7074	13.97
2011	116.89	269012.43	117.68	19.63	143.28	105.5478	13.98
2012	130.86	270423.72	115.26	18.45	149.32	109.3249	14.12
2013	145.77	298826.09	106.88	19.54	140.45	114.2497	14.05
2014	154.28	305458.25	99.65	19.58	139.56	118.5454	15.27

附表 3-14　汕头市 1990—2014 年农业生产要素投入情况

年份	GDP	耕地面积	劳动力	物质费用	灌溉面积	机械总动力	牲畜
1990	61.03	182662.10	104.81	13.10	57.98	44.1626	13.02
1991	65.87	181744.20	104.39	13.39	54.33	46.2647	13.44

续表

年份	GDP	耕地面积	劳动力	物质费用	灌溉面积	机械总动力	牲畜
1992	27.44	53538.00	71.62	11.90	51.72	51.0300	1.38
1993	28.34	51678.00	70.74	13.51	51.55	53.1900	1.23
1994	30.79	50522.00	69.38	12.15	50.34	52.4356	1.08
1995	33.98	49337.00	67.81	18.19	50.24	56.3798	0.93
1996	36.43	48381.00	69.64	16.07	50.08	57.0000	0.92
1997	38.59	48228.00	71.33	17.01	47.99	49.5161	0.67
1998	40.86	48256.00	72.51	18.25	47.41	49.6593	0.81
1999	43.28	48028.00	73.05	19.55	47.45	48.2885	0.71
2000	45.26	56977.38	73.69	21.04	47.13	47.4676	0.66
2001	44.52	56981.74	74.50	21.17	46.90	47.2091	0.68
2002	46.42	55658.51	73.68	22.50	46.53	44.9895	0.62
2003	37.99	55693.41	74.01	18.40	46.10	44.0901	0.59
2004	38.42	39445.00	73.56	18.42	43.94	43.4454	0.49
2005	38.37	39249.00	73.27	18.18	42.94	44.4364	0.46
2006	36.75	39173.00	72.63	17.34	42.96	45.2407	0.40
2007	37.22	35313.00	71.17	17.29	42.62	43.9505	0.40
2008	40.75	35282.50	70.46	19.36	41.50	47.3215	0.42
2009	58.36	35313.00	112.32	20.58	44.56	44.0854	0.67
2010	56.58	35283.00	94.56	19.68	49.60	39.8880	0.92
2011	64.52	37845.88	75.32	21.34	48.25	43.2576	0.95
2012	70.69	38039.63	73.21	20.57	47.66	44.4228	1.04
2013	78.76	60807.92	72.89	19.88	47.67	45.3753	1.01
2014	82.15	62540.58	72.36	22.28	48.02	46.5872	1.52

附表 3-15　梅州市 1990—2014 年农业生产要素投入情况

年份	GDP	耕地面积	劳动力	物质费用	灌溉面积	机械总动力	牲畜
1990	26.91	142241.00	150.51	11.24	136.73	70.6878	19.58
1991	28.49	142555.90	149.90	13.58	128.12	74.0526	20.21
1992	32.49	139710.00	108.07	10.30	121.97	81.6800	19.31
1993	34.37	137179.00	101.78	11.18	120.64	88.9300	18.75
1994	37.71	136815.00	101.83	12.36	119.61	94.8804	18.26

续表

年份	GDP	耕地面积	劳动力	物质费用	灌溉面积	机械总动力	牲畜
1995	42.36	136179.00	97.38	13.13	118.60	108.8032	19.06
1996	46.99	135515.00	102.32	16.05	117.60	110.0000	18.78
1997	50.57	135081.00	104.38	17.61	117.48	78.1313	18.19
1998	54.08	134840.00	104.57	19.06	117.22	94.6983	18.97
1999	57.69	134666.00	104.59	20.14	117.22	96.8459	19.06
2000	59.33	166529.16	100.80	20.83	117.24	101.3494	18.30
2001	62.59	166629.00	101.84	21.79	117.24	100.9702	18.24
2002	64.13	166081.27	101.19	22.11	117.30	103.5160	18.18
2003	65.92	166857.13	103.26	22.95	117.14	106.0598	17.32
2004	68.05	167107.00	103.61	24.04	117.70	104.0805	17.17
2005	69.22	168266.00	105.65	24.73	117.70	108.0229	15.07
2006	71.02	167545.00	104.31	25.36	117.90	109.9781	14.84
2007	82.82	166901.00	105.46	32.77	117.90	94.0557	9.86
2008	95.19	164692.66	105.21	27.41	114.80	101.2698	10.36
2009	112.8	166901.00	139.65	29.54	123.45	112.5863	11.89
2010	121.65	164693.00	128.56	32.88	129.98	126.5050	14.65
2011	147.97	164066.42	95.45	29.87	135.26	130.4521	15.01
2012	157.05	164200.43	94.78	28.54	145.57	135.4115	15.30
2013	172.08	178084.41	98.57	27.61	145.57	136.1759	15.49
2014	179.28	179258.54	106.25	29.31	147.58	137.5842	16.08

附表 3-16　潮州市 1990—2014 年农业生产要素投入情况

年份	GDP	耕地面积	劳动力	物质费用	灌溉面积	机械总动力	牲畜
1990	10.28	26592.30	68.21	10.21	47.29	30.1254	1.83
1991	10.98	26109.90	67.94	10.58	44.31	31.5594	1.89
1992	21.79	45208.00	50.49	9.34	42.18	34.8100	4.49
1993	23.64	42570.00	48.04	10.19	41.53	35.6900	4.05
1994	25.96	42371.00	47.85	11.54	38.98	38.5686	3.70
1995	28.58	42540.00	44.13	18.10	38.46	21.7606	3.50
1996	30.97	42095.00	46.24	12.96	38.97	22.0000	3.45
1997	33.14	41580.00	46.41	14.78	39.03	37.4832	3.10

续表

年份	GDP	耕地面积	劳动力	物质费用	灌溉面积	机械总动力	牲畜
1998	36.01	41355.00	46.62	16.13	38.53	37.4732	3.11
1999	38.22	40967.00	46.36	17.00	38.05	35.9746	2.92
2000	39.85	47924.65	47.31	17.80	37.76	40.8027	2.83
2001	41.56	48034.01	47.08	18.86	37.58	38.1767	3.13
2002	41.27	45660.45	48.42	18.86	37.54	37.8445	2.98
2003	24.64	45842.52	44.92	11.50	37.37	31.5027	2.70
2004	24.92	45843.00	44.12	11.20	37.60	31.8904	2.23
2005	23.19	45843.00	43.04	10.50	35.50	30.7517	2.28
2006	21.39	35614.00	47.27	9.68	35.50	31.3083	2.13
2007	18.23	31839.00	48.66	7.89	35.11	27.9079	0.74
2008	20.64	31926.09	48.80	11.13	34.19	30.0484	0.78
2009	25.28	30589.27	47.37	17.82	42.89	33.2122	0.82
2010	29.33	37259.52	47.22	28.61	59.39	27.5255	0.91
2011	23.76	35372.22	48.59	10.59	58.31	29.6932	1.21
2012	35.13	36053.37	47.31	11.62	50.17	48.1907	1.07
2013	37.21	49709.28	46.31	12.91	53.15	49.1869	0.97
2014	34.18	47525.25	47.22	12.72	53.28	43.8627	0.92

附表 3-17 汕尾市 1990—2014 年农业生产要素投入情况

年份	GDP	耕地面积	劳动力	物质费用	灌溉面积	机械总动力	牲畜
1990	16.70	77887.50	85.30	10.82	74.87	34.8593	9.19
1991	17.32	77170.60	84.95	11.92	70.16	36.5186	9.49
1992	18.61	74599.00	52.84	6.18	66.79	40.2800	8.04
1993	16.55	71473.00	52.29	5.72	66.74	42.5100	8.38
1994	18.81	71023.00	51.23	7.47	66.72	47.5525	7.76
1995	28.30	71087.00	55.17	15.08	66.54	44.5104	8.11
1996	30.47	70944.00	54.49	13.03	67.58	45.0000	7.99
1997	33.49	70563.00	57.08	14.15	67.23	47.1000	7.28
1998	36.39	70619.00	58.76	15.62	67.52	49.0539	7.85
1999	39.26	70210.00	60.08	16.16	67.52	56.4655	7.70
2000	41.93	106306.83	57.60	17.15	67.52	62.8470	7.02

续表

年份	GDP	耕地面积	劳动力	物质费用	灌溉面积	机械总动力	牲畜
2001	44.57	106533.46	58.71	18.78	67.52	61.7453	6.71
2002	47.43	106598.44	60.94	20.20	67.52	60.7968	7.55
2003	47.89	106920.19	62.48	20.23	67.52	58.0720	7.01
2004	50.92	106920.00	63.36	21.52	67.52	58.4709	6.90
2005	43.24	93172.00	63.68	18.86	67.52	57.9404	6.30
2006	44.98	93302.00	59.10	19.39	67.52	58.9891	6.28
2007	39.87	93302.00	63.83	15.78	67.52	19.2990	6.15
2008	45.14	93612.05	64.58	20.76	65.74	20.7792	6.46
2009	47.23	97283.25	64.15	22.73	67.82	74.9311	7.08
2010	52.95	105931.21	62.81	17.23	73.00	83.8789	7.22
2011	41.28	97512.33	60.33	19.72	72.31	87.5599	6.93
2012	69.02	95472.27	59.57	22.47	69.21	90.7723	6.28
2013	67.28	110160.63	57.28	20.09	80.3	94.8632	6.09
2014	56.33	100246.36	59.66	20.16	78.21	92.2642	6.27

附表 3-18　揭阳市 1992—2014 年农业生产要素投入情况

年份	GDP	耕地面积	劳动力	物质费用	灌溉面积	机械总动力	牲畜
1992	35.34	103358.00	111.47	13.27	98.15	39.2300	6.48
1993	38.13	100216.00	108.99	13.40	94.78	44.5400	6.26
1994	41.33	98718.00	97.15	13.83	91.38	16.8592	6.25
1995	45.30	98190.00	101.23	20.92	88.93	52.4233	6.03
1996	49.19	98066.00	97.94	17.50	88.40	53.0000	5.94
1997	53.28	98770.00	102.34	19.05	88.19	48.0236	5.36
1998	57.51	98074.00	105.29	20.28	87.99	48.3393	5.26
1999	61.51	97676.00	108.21	21.78	87.86	51.0892	5.15
2000	65.21	121708.87	108.61	23.25	87.84	51.8975	4.81
2001	67.94	121736.04	110.08	24.33	87.82	50.9374	4.79
2002	71.32	121701.48	111.15	25.64	87.82	51.3802	4.75
2003	54.08	121815.89	110.68	19.00	87.64	51.4334	4.70
2004	56.16	121675.00	109.73	20.16	85.66	51.3700	3.91
2005	46.63	121665.00	111.46	16.85	85.64	51.8859	3.75

续表

年份	GDP	耕地面积	劳动力	物质费用	灌溉面积	机械总动力	牲畜
2006	46.08	121809.00	108.43	16.33	85.63	52.8250	3.73
2007	46.77	118117.00	112.36	16.77	85.63	48.6611	3.11
2008	54.64	118117.33	111.99	19.03	83.38	52.3934	3.27
2009	54.27	110883.57	110.85	22.96	91.03	48.2769	3.89
2010	101.79	99231.56	113.64	27.77	101.90	59.7553	3.86
2011	52.27	92534.28	111.39	32.28	97.25	63.2824	3.72
2012	130.95	87907.47	110.28	35.73	88.29	64.9900	3.21
2013	78.28	124110.40	109.71	31.58	93.52	66.0436	3.37
2014	85.37	102493.28	110.82	33.38	95.89	65.2676	3.55

备注：1992 年之前，揭阳还没单独立市。

附表 3-19　阳江市 1990—2014 年农业生产要素投入情况

年份	GDP	耕地面积	劳动力	物质费用	灌溉面积	机械总动力	牲畜
1990	24.37	118221.50	87.14	10.70	102.27	47.7714	24.68
1991	25.84	117812.80	86.79	12.03	95.83	50.0453	25.48
1992	29.99	115234.00	72.53	10.00	91.23	55.2000	24.74
1993	29.16	112423.00	73.00	10.46	91.02	61.5700	24.79
1994	36.79	111205.00	70.43	10.21	91.02	66.5998	24.58
1995	41.42	110446.00	70.78	12.38	89.94	71.2166	24.82
1996	45.93	110367.00	70.22	15.50	89.94	72.0000	24.45
1997	50.44	109906.00	72.38	16.70	89.94	68.7423	16.38
1998	53.49	109473.00	73.48	17.82	89.94	71.3857	22.19
1999	57.34	108960.00	72.85	19.17	89.86	71.4365	20.90
2000	61.20	203485.28	77.40	21.22	89.86	70.7571	17.07
2001	65.26	202726.12	79.47	23.18	89.86	69.0146	20.28
2002	69.74	198397.57	81.15	25.03	89.86	69.6116	20.17
2003	69.56	198291.31	77.99	25.44	89.85	68.5825	19.36
2004	73.45	198267.00	77.13	27.09	89.85	70.6876	15.43
2005	69.71	195410.00	75.63	25.85	89.85	72.3408	13.66
2006	72.55	195100.00	75.81	26.51	89.85	73.6502	10.37
2007	85.51	192034.00	78.22	33.40	89.85	75.5458	9.78

续表

年份	GDP	耕地面积	劳动力	物质费用	灌溉面积	机械总动力	牲畜
2008	94.31	185238.08	73.50	29.62	87.49	81.3402	10.27
2009	89.27	165992.28	77.36	31.11	89.25	78.6926	9.22
2010	76.66	145831.22	75.28	25.10	89.87	79.1055	8.25
2011	83.15	159531.37	70.23	28.16	90.21	87.6855	9.27
2012	91.39	145827.48	69.58	29.93	91.85	88.8482	9.91
2013	78.28	214069.37	69.37	30.97	94.44	92.1619	8.39
2014	77.83	193182.25	67.27	30.77	95.52	93.1543	9.58

附表 3-20　湛江市 1990—2014 年农业生产要素投入情况

年份	GDP	耕地面积	劳动力	物质费用	灌溉面积	机械总动力	牲畜
1990	68.84	340963.00	219.01	22.84	229.31	116.7371	43.01
1991	72.14	345076.80	218.12	26.92	214.86	122.2937	44.41
1992	78.87	342413.00	170.30	31.15	204.55	134.8900	55.21
1993	83.14	343001.00	168.79	33.18	205.66	151.6900	54.96
1994	80.21	344489.00	168.19	32.22	206.21	165.3227	56.73
1995	96.45	345931.00	179.71	36.37	209.39	192.8783	62.94
1996	99.76	348355.00	173.36	52.29	208.44	195.0000	62.01
1997	111.91	351199.00	176.38	46.12	209.41	189.6087	40.85
1998	116.73	350858.00	181.91	46.49	208.34	185.2775	43.00
1999	122.29	349605.00	187.22	47.21	211.18	185.3251	50.03
2000	128.09	498141.41	194.89	49.21	220.15	196.6635	49.43
2001	136.27	497941.43	196.97	52.89	223.91	195.9882	47.52
2002	144.29	493612.54	198.87	54.83	224.67	204.8478	48.26
2003	137.97	491655.03	200.36	52.69	225.26	213.4059	50.58
2004	144.12	491709.00	197.71	54.97	225.89	216.7270	51.84
2005	155.05	472977.00	202.41	59.43	225.89	239.4399	52.32
2006	169.79	472727.00	192.49	63.76	227.46	243.7738	51.16
2007	198.19	469187.00	210.86	74.00	227.73	270.9244	45.92
2008	224.37	467192.67	205.52	63.76	221.74	291.7043	48.24
2009	190.65	466173.49	202.96	61.22	234.33	382.4919	55.29
2010	233.24	464903.25	196.11	75.01	234.50	436.0508	53.98

续表

年份	GDP	耕地面积	劳动力	物质费用	灌溉面积	机械总动力	牲畜
2011	284.87	462853.04	201.22	91.62	238.46	457.1801	55.18
2012	324.61	460481.37	200.54	104.40	275.17	471.0263	55.53
2013	349.51	501906.15	197.40	112.40	275.17	479.2941	58.50
2014	375.53	509197.78	201.14	120.77	275.17	454.6630	60.35

附表 3-21　茂名市 1990—2014 年农业生产要素投入情况

年份	GDP	耕地面积	劳动力	物质费用	灌溉面积	机械总动力	牲畜
1990	50.60	176310.50	177.84	23.34	173.57	79.9998	50.71
1991	54.41	175854.90	177.12	25.31	162.64	83.8078	52.35
1992	65.96	173382.00	161.10	23.57	154.83	92.4400	48.10
1993	74.02	172015.00	139.63	29.46	154.42	116.3500	46.02
1994	77.01	171441.00	135.37	29.34	154.35	120.4731	46.96
1995	93.22	170456.00	144.19	35.62	154.05	120.6726	50.68
1996	100.66	170319.00	131.79	38.81	155.39	122.0000	49.93
1997	122.96	170153.00	135.33	45.63	154.60	104.7309	40.66
1998	139.40	169721.00	141.78	50.99	154.64	118.5240	46.85
1999	162.07	169322.00	146.64	54.84	154.57	123.6129	47.28
2000	175.22	267428.46	152.93	59.53	154.54	130.9746	47.35
2001	190.62	267749.67	157.31	65.92	154.48	134.7310	48.38
2002	205.80	262285.17	157.30	71.01	157.06	140.5132	49.06
2003	200.53	261447.89	161.65	67.08	157.41	145.9161	48.61
2004	202.42	261648.00	164.07	67.29	157.41	147.3394	48.65
2005	340.61	261821.00	166.53	114.81	157.66	148.7709	45.22
2006	353.26	262026.00	154.44	118.71	157.08	151.4637	44.93
2007	339.63	258245.00	171.19	128.05	157.62	152.8124	30.42
2008	384.48	256186.69	184.49	121.22	153.47	164.5331	31.96
2009	186.84	248935.57	172.57	50.45	188.16	157.2431	35.38
2010	211.64	238923.75	160.11	57.84	188.21	159.3779	34.07
2011	241.90	235382.19	148.57	66.11	190.12	162.5132	34.29
2012	272.62	226927.04	140.87	74.50	187.42	165.5008	34.71
2013	296.74	252232.23	140.70	81.10	187.41	167.5904	35.07

续表

年份	GDP	耕地面积	劳动力	物质费用	灌溉面积	机械总动力	牲畜
2014	303.61	253177.18	140.21	82.98	187.41	229.8358	35.54

附表 3-22　肇庆市 1990—2014 年农业生产要素投入情况

年份	GDP	耕地面积	劳动力	物质费用	灌溉面积	机械总动力	牲畜
1990	66.36	241407.70	116.02	16.45	239.22	94.3745	40.23
1991	70.14	238848.30	115.55	16.91	224.15	98.8667	41.53
1992	78.48	230472.00	148.14	26.05	213.39	109.0500	38.69
1993	85.91	224727.00	136.90	28.78	208.30	123.8600	40.07
1994	55.94	139665.00	86.07	18.26	131.76	82.7896	38.98
1995	62.14	139174.00	87.88	20.24	130.60	90.0099	26.68
1996	68.62	139028.00	82.71	21.90	129.15	91.0000	26.29
1997	73.53	138393.00	85.92	23.01	129.03	90.0027	25.74
1998	80.98	137585.00	88.26	24.90	129.29	90.0997	26.78
1999	85.86	137494.00	91.20	26.80	129.08	87.7123	26.66
2000	91.40	181674.44	92.86	28.40	128.85	89.6268	26.90
2001	97.88	181542.88	94.18	30.05	128.85	88.2597	28.28
2002	104.42	181628.41	93.37	31.41	128.85	90.5250	28.55
2003	95.78	181650.87	93.71	29.71	126.86	91.9836	28.89
2004	101.48	179448.00	94.25	30.89	126.74	92.7217	27.90
2005	105.05	179520.00	95.51	33.06	126.74	93.7273	28.66
2006	106.22	170158.00	94.14	32.51	126.74	95.4238	27.97
2007	105.12	170157.00	107.95	37.71	125.38	96.2708	19.83
2008	119.94	170940.73	115.76	33.44	122.08	103.6548	20.83
2009	123.15	169275.12	103.56	33.25	164.50	127.8617	22.29
2010	133.09	158922.46	99.02	36.73	164.50	139.1328	22.17
2011	158.41	152835.50	116.53	43.72	164.50	148.9938	22.27
2012	169.22	149401.98	115.14	46.71	132.64	156.9350	21.86
2013	184.63	189622.43	114.47	50.96	132.63	163.7920	22.36
2014	198.20	189216.16	114.75	54.70	132.63	169.7110	22.70

附表 3-23　云浮市 1994—2014 年农业生产要素投入情况

年份	GDP	耕地面积	劳动力	物质费用	灌溉面积	机械总动力	牲畜
1994	37.49	84251.00	52.66	12.84	80.96	44.0589	11.94
1995	41.12	83925.00	58.33	16.06	75.30	39.5648	10.38
1996	44.85	83510.00	53.53	17.07	75.08	40.0000	10.23
1997	48.01	83461.00	56.97	19.06	75.08	44.2443	9.42
1998	46.21	83198.00	59.57	18.30	75.08	46.3169	3.28
1999	49.14	83095.00	61.20	19.71	75.08	46.1388	7.65
2000	52.32	124548.47	61.07	21.14	75.08	49.2194	7.92
2001	55.21	124470.37	63.93	20.21	75.08	59.6379	7.43
2002	58.81	124544.32	63.16	21.75	75.07	60.8499	7.44
2003	55.42	125042.37	62.40	19.87	75.07	63.2679	7.17
2004	59.79	125051.00	62.20	21.50	75.07	65.6306	6.82
2005	61.40	124991.00	62.12	22.19	75.07	66.9452	7.02
2006	62.49	125541.00	62.48	22.50	75.07	68.1569	7.09
2007	57.65	122259.00	70.03	22.08	75.07	78.0299	4.87
2008	64.75	122259.67	83.47	21.47	73.10	84.0148	5.12
2009	57.37	122194.40	72.66	15.23	80.33	89.6119	8.29
2010	62.10	118359.80	69.33	16.37	80.33	95.1264	8.38
2011	75.78	109245.25	76.62	19.98	80.33	100.4988	8.89
2012	80.79	103568.92	76.58	21.30	89.75	106.9448	8.70
2013	85.11	125520.81	74.55	22.43	89.75	110.0101	9.18
2014	90.97	125060.95	74.84	23.98	89.75	112.1152	9.39

备注:1994 年之前,云浮还属于肇庆地区没有分立出来。

附表 3-24　珠三角地区 1990—2014 年农业生产要素投入情况

年份	GDP	耕地面积	劳动力	物质费用	灌溉面积	机械总动力	牲畜
1990	192.94	795035.40	344.05	81.35	813.36	607.55	66.37
1991	205.66	783002.20	342.65	80.40	762.12	636.46	68.52
1992	226.31	725895.00	360.11	93.27	725.54	702.02	55.42
1993	215.49	668468.00	333.07	91.34	689.22	742.63	49.73

续表

年份	GDP	耕地面积	劳动力	物质费用	灌溉面积	机械总动力	牲畜
1994	242.14	650432.00	325.36	101.09	653.65	714.69	48.49
1995	268.48	644207.00	307.77	125.70	632.40	700.30	43.97
1996	292.08	631613.00	331.98	126.29	622.42	708.00	43.32
1997	314.01	624861.00	334.84	134.06	614.71	735.07	39.12
1998	324.77	622129.00	339.01	137.52	609.92	736.16	39.31
1999	349.03	614394.00	339.71	148.89	608.15	752.81	38.69
2000	398.15	706029.88	381.34	193.04	603.17	775.67	35.62
2001	414.82	703271.35	353.12	182.25	594.77	768.85	33.84
2002	410.07	669054.01	327.42	176.33	562.26	728.41	31.83
2003	412.78	658439.98	311.55	180.58	548.46	716.94	28.09
2004	438.19	653930.00	294.17	195.92	541.09	715.16	26.37
2005	421.61	603436.00	292.73	192.10	522.23	656.79	24.53
2006	419.53	554236.00	329.67	192.72	516.70	668.68	22.90
2007	431.57	549145.00	298.10	192.15	517.86	694.07	15.57
2008	449.88	546113.71	287.64	190.48	504.24	747.31	16.36
2009	518.30	704328.53	384.85	173.96	748.35	816.68	40.30
2010	572.61	673602.00	389.66	191.34	680.44	824.98	38.63
2011	646.88	644162.91	376.99	209.54	668.45	829.97	39.18
2012	703.74	616628.22	366.17	223.63	610.86	834.10	36.32
2013	757.74	656796.49	375.52	239.61	582.22	840.01	37.20
2014	684.23	654557.66	375.56	249.22	583.14	843.51	35.55

附表 3-25　粤北地区 1990—2014 年农业生产要素投入情况

年份	GDP	耕地面积	劳动力	物质费用	灌溉面积	机械总动力	牲畜
1990	71.46	440156.50	250.26	21.85	394.40	118.23	80.27
1991	74.87	436545.20	249.24	22.19	369.55	123.86	82.87
1992	81.76	429880.00	243.81	27.23	351.81	136.62	77.18
1993	86.72	426638.00	231.51	27.89	350.64	157.88	75.52
1994	90.41	423793.00	227.93	29.34	350.50	153.84	77.66

续表

年份	GDP	耕地面积	劳动力	物质费用	灌溉面积	机械总动力	牲畜
1995	100.13	425632.00	223.86	31.64	349.68	207.72	86.13
1996	106.14	426152.00	225.63	35.16	350.82	210.00	84.86
1997	114.61	426451.00	231.82	38.95	351.36	167.73	61.36
1998	111.12	426027.00	236.04	37.25	351.92	171.22	69.45
1999	118.54	423671.00	239.83	40.53	351.63	179.17	70.76
2000	124.05	647078.06	236.78	42.72	345.79	184.70	68.78
2001	128.50	647368.34	241.73	43.90	345.96	179.96	69.73
2002	133.68	643404.04	239.46	45.70	339.37	186.84	69.17
2003	126.10	644696.82	240.39	45.44	339.08	197.55	65.77
2004	131.19	645823.00	241.07	47.26	335.11	201.21	63.98
2005	129.47	646397.00	241.43	47.82	329.54	211.03	63.50
2006	133.70	645298.00	239.79	49.07	324.66	214.85	59.82
2007	137.91	641159.00	250.36	51.84	325.86	245.70	24.69
2008	158.03	639169.30	247.86	49.61	317.29	264.55	25.94
2009	330.62	807587.26	428.95	87.89	450.48	392.16	45.26
2010	381.76	1985100.68	408.51	94.64	470.53	399.80	54.79
2011	454.28	783863.18	361.27	99.86	488.36	423.41	51.62
2012	494.19	795687.91	355.03	102.03	539.58	441.87	52.28
2013	542.34	826473.11	339.18	106.06	517.04	471.72	52.38
2014	572.49	849592.17	327.08	111.80	516.11	501.57	53.40

附表 3-26　粤东地区 1990—2014 年农业生产要素投入情况

年份	GDP	耕地面积	劳动力	物质费用	灌溉面积	机械总动力	牲畜
1990	114.92	429382.90	408.84	45.38	426.91	213.79	43.62
1991	122.66	427580.60	407.18	49.47	400.01	223.96	45.03
1992	135.67	416413.00	394.49	50.98	380.81	247.03	39.70
1993	141.03	403116.00	381.84	54.00	375.24	264.86	38.67
1994	154.60	399449.00	367.44	57.36	367.03	250.30	37.05
1995	178.52	397333.00	365.72	85.42	362.77	283.88	37.64

续表

年份	GDP	耕地面积	劳动力	物质费用	灌溉面积	机械总动力	牲畜
1996	194.05	395001.00	370.63	75.61	362.63	287.00	37.08
1997	209.07	394222.00	381.54	82.59	359.92	260.25	34.60
1998	224.85	393144.00	387.75	89.34	358.67	279.22	36.00
1999	239.96	391547.00	392.29	94.64	358.10	288.66	35.54
2000	251.58	499446.89	388.01	100.07	357.49	304.36	33.62
2001	261.18	499914.25	392.21	104.92	357.06	299.04	33.55
2002	270.57	495700.15	395.38	109.32	356.71	298.53	34.08
2003	230.52	497129.14	395.35	92.07	355.77	291.16	32.32
2004	238.47	480990.00	394.38	95.35	352.42	289.26	30.70
2005	220.65	468195.00	397.10	89.11	349.30	293.04	27.86
2006	220.23	457443.00	391.74	88.10	349.51	298.34	27.38
2007	224.91	445472.00	401.48	90.51	348.78	233.87	20.26
2008	256.36	443630.62	401.04	97.70	339.61	251.81	21.28
2009	185.14	274069.09	334.69	84.09	246.30	200.51	12.46
2010	240.65	277705.29	318.23	93.29	283.89	211.05	12.91
2011	181.83	263264.71	295.63	83.93	276.12	223.79	12.81
2012	305.79	257472.74	290.37	90.39	255.33	248.38	11.60
2013	261.53	344788.23	286.19	84.46	274.64	255.47	11.44
2014	258.03	312805.47	290.06	88.54	275.40	247.98	12.26

附表 3-27　粤西地区 1990—2014 年农业生产要素投入情况

年份	GDP	耕地面积	劳动力	物质费用	灌溉面积	机械总动力	牲畜
1990	210.17	876902.70	600.02	73.32	744.37	338.88	158.63
1991	222.53	877592.80	597.58	81.16	697.48	355.01	163.77
1992	253.30	861501.00	552.07	90.78	664.00	391.58	166.74
1993	272.23	852166.00	518.32	101.88	659.40	453.47	165.84
1994	287.44	851051.00	512.72	102.88	664.30	479.24	179.19
1995	334.35	849932.00	540.88	120.67	659.28	514.34	175.51
1996	359.82	851579.00	511.61	145.57	658.00	520.00	172.91

续表

年份	GDP	耕地面积	劳动力	物质费用	灌溉面积	机械总动力	牲畜
1997	406.85	853112.00	526.98	150.52	658.06	497.33	133.05
1998	436.81	850835.00	545.00	158.51	657.29	511.60	142.10
1999	476.70	848476.00	559.11	167.74	659.77	514.23	152.52
2000	508.23	1275278.06	579.15	179.50	668.48	537.24	148.67
2001	545.24	1274430.47	591.86	192.25	672.18	547.63	151.89
2002	583.06	1260468.01	593.85	204.04	675.51	566.35	153.48
2003	559.26	1258087.47	596.11	194.80	674.45	583.16	154.61
2004	581.26	1256123.00	595.36	201.74	674.96	593.11	150.64
2005	731.82	1234719.00	602.20	255.34	675.21	621.22	146.88
2006	764.30	1225552.00	579.37	263.99	676.20	632.47	141.52
2007	786.10	1211882.00	638.25	295.24	675.65	673.58	110.82
2008	887.86	1201817.84	662.74	269.51	657.88	725.25	116.42
2009	524.13	1003295.74	525.55	158.01	592.07	708.04	108.18
2010	396.64	968018.02	500.83	174.32	592.91	769.66	104.68
2011	685.70	823411.85	496.64	205.87	599.12	807.88	107.63
2012	769.41	936804.81	487.57	230.13	644.19	832.32	108.85
2013	809.64	1093728.56	482.02	246.90	646.77	849.06	111.14
2014	847.94	1080618.16	483.46	258.50	647.85	889.77	114.86

附表 3-28　广东省 1990—2014 年农业生产要素投入情况

年份	GDP	耕地面积	劳动力	物质费用	灌溉面积	机械总动力	牲畜
1990	589.49	2541478	1603.158	221.90	2379.04	1278.45	348.89
1991	625.72	2524721	1596.648	233.22	2229.16	1339.30	360.19
1992	697.04	2433689	1550.48	262.26	2122.16	1477.25	339.04
1993	715.47	2350388	1464.74	275.11	2074.5	1618.84	329.76
1994	774.59	2324725	1433.45	290.67	2035.48	1598.07	342.39
1995	881.48	2317104	1438.235	363.44	2004.13	1706.23	343.25
1996	952.09	2304345	1439.85	382.63	1993.87	1725.00	338.17
1997	1044.54	2298646	1475.18	406.11	1984.05	1660.38	268.13

续表

年份	GDP	耕地面积	劳动力	物质费用	灌溉面积	机械总动力	牲畜
1998	1097.55	2292135	1507.8	422.62	1977.8	1698.21	286.86
1999	1184.23	2278088	1530.94	451.80	1977.65	1734.87	297.51
2000	1282.01	3127833	1585.28	515.33	1974.93	1801.98	286.69
2001	1349.74	3124984	1578.92	523.32	1969.97	1795.48	289.01
2002	1397.38	3068626	1556.11	535.38	1933.85	1780.12	288.56
2003	1328.66	3058353	1543.4	512.89	1917.76	1788.80	280.79
2004	1389.11	3036866	1524.98	540.26	1903.58	1798.73	271.69
2005	1503.549	2952747	1533.46	584.37	1876.28	1782.09	262.77
2006	1537.761	2882529	1540.57	593.88	1867.07	1814.34	251.62
2007	1580.486	2847658	1588.19	629.74	1868.15	1847.23	171.34
2008	1752.132	2830731	1599.28	607.31	1819.01766	1988.91	179.99
2009	1558.19	2788380.62	1638.04	666.16	2037.2	2117.39	206.2
2010	1591.66	3904425.99	1617.23	553.59	2027.77	2223.49	211.01
2011	1968.69	2514702.65	1530.53	599.2	2032.05	2285.05	211.24
2012	2273.13	2633593.68	1499.14	646.18	2049.96	2356.67	209.05
2013	2371.25	2921786.39	1482.91	677.03	2020.67	2416.26	212.16
2014	2362.69	2897573.46	1476.16	708.06	2022.02	2482.83	216.07

附表 4-1　1990—2013 年广东科研投入经费来源

年份	现价经费收入（万元）					不变价经费收入（万元）				
	财政拨款	事业收入	银行贷款	其他	经费收入总额	财政拨款	事业收入	银行贷款	其他	经费收入总额
1990	21884	22621	2071	1987	48563	21884	22621	2071	1987	48563
1991	20080	25561	2692	2261	50594	19960	25409	2676	2248	50292
1992	23909	24091	2514	3296	53811	22464	22635	2362	3097	50557
1993	21714	27358	2736	2275	54083	16778	21138	2114	1758	41787
1994	20439	27762	2767	2146	53114	12976	17626	1757	1362	33721
1995	14309	10673	3193	2573	58463	7969	5944	1778	1433	32559
1996	11820	15466	190	3934	31410	6152	8050	99	2048	16348
1997	20272	35897	2687	5882	64738	10354	18335	1372	3004	33067

续表

年份	现价经费收入(万元)					不变价经费收入(万元)				
	财政拨款	事业收入	银行贷款	其他	经费收入总额	财政拨款	事业收入	银行贷款	其他	经费收入总额
1998	22068	14187	7833	29545	73633	11478	7379	4074	15367	38299
1999	23015	6730	6673	36607	73025	12190	3565	3534	19390	38679
2000	27640	3693	5638	37091	80061	14655	1958	2989	19666	42448
2001	29633	5163	3463	26384	64647	15918	2773	1860	14173	34727
2002	35776	13151	3022	29687	81636	19491	7165	1646	16174	44476
2003	35205	9165	3133	15459	62962	19066	4963	1697	8372	34098
2004	33606	4797	6120	14668	59191	17670	2522	3218	7712	31122
2005	36105	5734	155	14029	56023	18557	2947	80	7210	28794
2006	43277	4948	_	13211	61436	21850	2498	—	6670	31018
2007	62488	4975	_	17201	84364	30423	2422	—	8375	41074
2008	66707	6683	—	14112	87502	30755	3081	—	6506	40343
2009	88916	—	—	21337	110253	38116	—	—	9147	47262
2010	87151	—	—	26111	113262	35580	—	—	10660	46240
2011	83770	—	—	27905	111675	32571	—	—	10849	43421
2012	91091	—	—	30951	122042	34055	—	—	11571	45627
2013	119740	—	—	40339	160079	43462	—	—	15352	58104

附表 4-2　1990—2013 年广东省农业科研课题经费总投入与人均投入

单位:万元

年份	现价		不变价	
	课题投入经费	人均投入	课题投入经费	人均投入
1990	1964	0.98	1964	0.98
1991	2589	1.29	2574	1.28
1992	3407	1.69	3201	1.59
1993	3258	1.62	2517	1.25
1994	2763	1.23	1754	0.78
1995	3287	1.52	1831	0.85
1996	2378	1.62	1238	0.84
1997	4542	1.99	2320	1.02

续表

年份	现价		不变价	
	课题投入经费	人均投入	课题投入经费	人均投入
1998	6534	2.96	3399	1.54
1999	9065	4.14	4801	2.19
2000	13033	6.51	6910	3.45
2001	13543	7.29	7275	3.92
2002	16017	7.81	8726	4.25
2003	14816	8.09	8024	4.38
2004	11554	5.95	6075	3.13
2005	12890	5.95	6625	3.06
2006	13182	6.34	6655	3.20
2007	18832	7.75	9169	3.77
2008	23862	8.41	11002	3.88
2009	24105	10.06	10050	4.19
2010	27494	10.88	11097	4.39
2011	31371	12.94	12012	4.95
2012	35841	14.11	13377	5.27
2013	38924	13.27	14160	4.83

附表 4-3　1990—2013 年广东农业科研单位收入来源结构

年份	合计	财政拨款		银行贷款		技术性创收		非技术性创收	
		收入（万元）	比例（%）	收入（万元）	比例（%）	收入（万元）	比例（%）	收入（万元）	比例（%）
1990	35982	6212	17.3	3416	9.49	24628	68.4	1726	4.8
1991	36969	8943	24.2	3217	8.70	22936	62.0	1873	5.1
1992	41319	12582	30.5	3178	7.69	23541	57.0	2018	4.9
1993	40400	13564	33.6	2674	6.62	22184	54.9	1978	4.9
1994	53114	20439	38.5	2767	5.20	27762	52.3	2146	4.0
1995	51283	12552	24.5	2800	5.46	9362	18.3	2257	4.4
1996	25958	9768	37.6	157	0.60	12782	49.2	3251	12.5
1997	52675	16494	31.3	2186	4.15	29208	55.4	4786	9.1
1998	60305	18073	29.9	6415	10.64	11619	19.3	24197	40.1

续表

年份	合计	财政拨款		银行贷款		技术性创收		非技术性创收	
		收入（万元）	比例（%）	收入（万元）	比例（%）	收入（万元）	比例（%）	收入（万元）	比例（%）
1999	60202	18973	31.5	5501	9.14	5548	9.2	30178	50.1
2000	65249	22526	34.5	4595	7.04	3009	4.6	30229	46.3
2001	52989	24289	45.8	2838	5.36	4232	8.0	21626	40.8
2002	67691	29665	43.8	2506	3.70	10904	16.1	24616	36.4
2003	51949	29047	55.9	2585	4.98	7562	14.6	12755	24.6
2004	47315	26863	56.8	4892	10.34	3834	8.1	11725	24.8
2005	44854	21587	48.1	124	0.28	4590	10.2	11232	25.0
2006	48272	34004	70.4	_	—	3887	8.1	10380	21.5
2007	64449	47737	74.1	_	—	3800	5.9	13140	20.4
2008	55034	36751	66.8	—	—	3756	6.8	14527	26.4
2009	45968	37072	80.65	—	—	8896	19.35	—	—
2010	45713	35174	76.95	—	—	10538	23.05	—	—
2011	42760	32075	75.01	—	—	10685	24.99	—	—
2012	45550	33998	74.64	—	—	11552	25.36	—	—
2013	58233	43559	74.80	—	—	14674	25.20	—	—

备注:2008 年以后,由于统计口径发生变化,银行贷款未再纳入,技术创收与非技术创收统一纳入到了其他项。

附表 4-4　1990—2014 年广东不同农业部门科技经费使用变化

年份	合计	农业		林业		牧业		渔业		水利		科技服务	
		经费（万元）	比例（%）	经费（万元）	比例（%）	经费（万元）	比例（%）	经费（万元）	比例（%）	经费（万元）	比例（%）	经费（万元）	比例（%）
1990	5623	839	14.9	1189	21.1	150	2.7	308	5.5	1358	24.2	1780	31.7
1991	7569	1163	15.4	1482	19.6	180	2.4	325	4.3	2204	29.1	2215	29.3
1992	11450	6122	53.5	644	5.6	634	5.5	96	0.8	1306	11.4	2648	23.1
1993	14492	8486	58.6	803	5.5	769	5.3	101	0.7	1447	10.0	2886	19.9
1994	15796	8941	56.6	995	6.3	1027	6.5	126	0.8	1485	9.4	3222	20.4
1995	17107	9147	53.5	1182	6.9	1389	8.1	154	0.9	1504	8.8	3731	21.8

续表

年份	合计	农业		林业		牧业		渔业		水利		科技服务	
		经费（万元）	比例（%）	经费（万元）	比例（%）	经费（万元）	比例（%）	经费（万元）	比例（%）	经费（万元）	比例（%）	经费（万元）	比例（%）
1996	18595	9367	50.4	1285	6.9	1782	9.6	190	1.0	1542	8.3	4429	23.8
1997	21297	9685	45.5	1392	6.5	2349	11.0	244	1.1	1710	8.0	5917	27.8
1998	25940	10796	41.6	1595	6.1	3035	11.7	342	1.3	1983	7.6	8189	31.6
1999	31258	12772	40.9	1774	5.7	3812	12.2	416	1.3	2294	7.3	10190	32.6
2000	34446	14279	41.5	1857	5.4	4540	13.2	478	1.4	2505	7.3	10787	31.3
2001	37822	16207	42.9	1944	5.1	5316	14.1	549	1.5	2743	7.3	11063	29.3
2002	42058	18589	44.2	2105	5.0	6156	14.6	612	1.5	3042	7.2	11554	27.5
2003	41834	18234	43.6	2157	5.2	5916	14.1	524	1.3	2435	5.8	12568	30.0
2004	44295	20867	47.1	1981	4.5	6424	14.5	596	1.3	2975	6.7	11452	25.9
2005	46156	20168	43.7	2240	4.9	6827	14.8	567	1.2	2787	6.0	13567	29.4
2006	51864	22439	43.3	2436	4.7	7420	14.3	629	1.2	3108	6.0	15832	30.5
2007	54131	23724	43.8	2426	4.5	7632	14.1	673	1.2	3287	6.1	16389	30.3
2008	55718	24943	44.8	2623	4.7	8125	14.6	704	1.3	3386	6.1	15937	28.6
2009	57326	25625	44.7	2694	4.7	8255	14.4	745	1.3	3669	6.4	15650	27.3
2010	58481	28012	47.9	4912	8.4	8480	14.5	819	1.4	4094	7.0	17661	30.2
2011	60238	21866	36.3	5843	9.7	9156	15.2	843	1.4	3795	6.3	16445	27.3
2012	60214	25493	42.4	4998	8.3	9213	15.3	783	1.3	3793	6.3	15836	26.3
2013	61375	22832	37.2	5769	9.4	9022	14.7	798	1.3	3621	5.9	17431	28.4
2014	63849	22411	35.1	6002	9.4	9897	15.5	958	1.5	3703	5.8	18963	29.7

附录二　相关调查问卷

《广东农业技术进步、技术效率及其制约》调查问卷

您好！

我们是暨南大学的，正在进行一项社会调查，这项调查在我省的珠江三角洲、粤东、粤西和粤北几个地区针对农户、农业技术推广机构与农业科技人员同时进行。您是我们选取的调查对象当中的一个。我们的调查是为了了解农户对农业科技与农业教育培训方面的需求、农业技术推广机构的现状以及农业科技人员的推广意愿。对于我们将要问到的问题，您的回答无所谓对错，只要符合您的真实情况就可以了，您的如实回答和耐心合作，将直接有助于我们广东省乃至国家制定相关政策。

您的回答受到国家《统计法》的保护。我们收集到的所有信息，都只用于计算机的数据统计分析，衷心地感谢您的合作！

联系地址：广东省珠海市前山路206号暨南大学A015信箱。

农户农业科技需求、农业教育培训需求部分(A)

县(区)	
乡镇	
村	
户(被调查人姓名)	
被调查人联系电话	

调查员	
起止时间	从　　点　　分到　　点　　分
日期	年　　月　　日

A－1　农户家庭基本情况(由户主填写)

序	问题	(1)	(2)	(3)	(4)	(5)	(6)	(7)
1	您的性别：(1)男；(2)女							
2	您的年龄：　　(　　)岁							
3	与同龄人相比，您的身体状况：(1)强壮；(2)一般；(3)差							
4	您是否是村干部？(1)是；(2)不是							
5	您是否仍然在务农：(1)是；(2)不是							
6	您是否是户主：(1)是；(2)不是							
7	您的文化程度：(1)小学以下；(2)小学；(3)初中；(4)高中或中专；(5)大专及以上							
8	您是(可多选)：(1)粮食种植户；(2)水产养殖户；(3)果树栽培户；(4)家禽、家畜养殖户；(5)蔬菜种植户；(6)其他							
9	您的家庭年均纯收入：(1)1万元以下；(2)1万元～2万元；(3)2万元～3万元；(4)3万元以上							
10	您家非农收入占家庭纯收入的比例：(1)30％以下；(2)30％～50％；(3)50％～70％；(4)70％以上							
11	您家里的人口数：(1)2口及以下；(2)3口；(3)4口；(4)5口；(5)6口及以上							
12	您家里的非农就业人口：(　　)人							
13	您家的耕种面积：　(　　)亩							
14	您家的水田面积：　(　　)亩							
15	您家的有效灌溉面积为：(1)3亩以下；(2)3～6亩；(3)6～9亩；(4)9亩以上							

A－2 农户对农业生产科技的需求

序	问　　题	(1)	(2)	(3)	(4)	(5)	(6)	(7)	(8)
1	如果要扩大生产，您认为哪些因素是对您的主要限制(按顺序)？(1)技术；(2)资金；(3)劳动力；(4)土地；(5)销售；(6)自然灾害；(7)市场风险；(8)基础设施								
2	您认为当前您最需要哪些技术？(1)播种技术；(2)栽培(养殖)管理技术；(3)施肥技术；(4)病虫害防治技术；(5)省工技术；(6)节约资金的技术；(7)灌溉技术；(8)高产技术(节约土地技术)								
3	您主要从哪些渠道获取农业技术？(1)县乡农技人员田间指导；(2)跟周围农户看样学习；(3)电视、报纸、书刊介绍；(4)乡、村广播与宣传小报、黑板报、发送的短信；(5)其他								
4	您认为农技人员能解决您的疑难问题吗？(1)能；(2)基本可以；(3)不能								
5	农技人员所提出的措施您听得懂吗？(1)听得懂；(2)大部分听得懂；(3)少部分听得懂；(4)听不懂								
6	您认为农业科技对农业的增产作用如何？(1)很显著；(2)显著；(3)一般；(4)作用不大								
7	农技人员的技术指导方式中您觉得哪种方式最受您的欢迎？(1)结合农时进行指导；(2)现场示范；(3)举办讲座；(4)发放科技小报或电话咨询								
8	您希望农技人员什么时候下乡指导最好？(1)经常来；(2)农闲；(3)农忙；(4)无所谓								
9	技术人员提供的新品种和新技术能满足您的需要吗？(1)基本满足；(2)大部分满足；(3)不能满足								
10	您一年中得到农技人员上门服务几次？(1)3次以下；(2)3～4次；(3)5～6次；(4)7次以上								
11	您觉得农技人员上门服务的次数多少次最为合理？(1)10次以上；(2)8～9次；(3)5～7次；(4)2～4次								

续表

序	问　　题	(1)	(2)	(3)	(4)	(5)	(6)	(7)	(8)
12	县、乡政府对农业科技推广的重视程度如何？(1)非常重视；(2)比较重视；(3)不太重视								
13	农技人员经营化肥、农药等生产资料，您认为：(1)好；(2)不好；(3)无所谓								
14	您认为从农技人员处购买生产资料：(1)省钱；(2)差不多；(3)更贵								

A—3　农户对农业教育的需求

序	问　　题	(1)	(2)	(3)	(4)	(5)	(6)	(7)	(8)
1	您知道怎样选用优良品种吗？(1)不知道；(2)基本知道；(3)知道一些								
2	您知道怎样合理使用化肥、农药吗？(1)不知道；(2)基本知道；(3)知道一些								
3	如果畜禽发生瘟疫您会怎么处理？(按优先序)(1)捕杀；(2)隔离；(3)消毒；(4)报告；(5)请专家诊治；(6)封锁消息；(7)赶紧售出；(8)自己食用								
4	您的农业生产技术主要来源于(按优先序)：(1)农业管理部门培训(2)专业协会培训；(3)农业企业培训；(4)电视、广播专题教育；(5)书报；(6)网络；(7)邻居亲戚传授；(8)农技人员培训								
5	2009年您接受过什么培训(选一个主要类型)？(1)实用技术；(2)职业技能；(3)管理培训；(4)综合培训；(5)学历教育；(6)其他；(7)未接受任何培训								
6	您接受过的这些培训对您的帮助作用如何？(1)没帮助；(2)有些帮助；(3)帮助很大；(4)说不清								
7	您期望接受的教育培训层次？(可多选)(1)一事一训；(2)短期培训；(3)证书培训；(4)中专学历；(5)大专以上学历；(6)其他								

续表

序	问　　题	(1)	(2)	(3)	(4)	(5)	(6)	(7)	(8)
8	您认为哪种教育培训方式适合您？(可多选)(1)面对面授课；(2)现场指导；(3)电视、广播教学；(4)影像资料学习；(5)书刊和科技小报；(6)讲座培训；(7)技术示范、观摩								
9	请您选择可以接受的培训时间：(1)1天；(2)2～3天；(3)4～7天；(4)8～14天；(5)16～30天；(6)31～90天；(7)90天以上								
10	您可以接受的教育培训费用是多少？(1)10元以内；(2)10～20元；(3)20～60元；(4)60～100元；(5)100～200元；(6)200元以上								
11	您愿意到什么地点接受培训？(1)中心城市；(2)县城；(3)本镇；(4)本村								
12	您参加教育培训的目的是？(可多选)(1)增加收入；(2)提高技能；(3)获得政策支持；(4)得到尊重；(5)获得补贴；(6)获得学历或证书，方便就业；(7)其他								
13	影响您接受教育培训的主要因素是？(按优先序)(1)没钱；(2)没有培训机构；(3)没有时间；(4)没有合适的内容；(5)听不懂；(6)学不到知识与技能；(7)其他								
14	您主要需要哪些教育培训？(按优先序)(1)机械、建筑、运输、美容美发等非农就业技能培训；(2)创业技能培训；(3)种植、养殖、栽培等技术培训；(4)权益保护法律知识培训；(5)城市生活常识培训；(6)农产品加工、贮藏培训								

地市级及以下农业技术推广机构当前的现状部分

1. 您单位属于________(1)地市级机构；(2)县级机构；(3)乡镇机构。

2. 您单位位于________(1)珠三角；(2)粤东；(3)粤西；(4)粤北。

3. 您单位有农技人员________人，其中专职________人，兼职________人。

4. 您单位农技人员中，大学本科及以上有________人、大专________人、高中(中专)________人，初中及以下________人。

5. 您单位开展工作具备的条件和设备有(多选)________：

(1)有固定的办公场所；(2)有专门的培训教室与培训设备；(3)有能开展工作的仪器设备；(4)电话；(5)计算机；(6)打印机；(7)扫描仪；(8)速印机；(9)传真机；(10)专用汽车；(11)计算机上网

6. 您认为您的工作条件和设备能否满足工作需要？________(1)能；(2)不能

以下第7～13题仅限县(区)级以下农业技术推广机构填写

7.(县级推广机构)您单位农业技术推广的经费来源于(多选)________：

(1)财政固定经费；(2)上级推广机构的项目经费；(3)自我创收；(4)非政府组织资助。

8.(县级推广机构)您单位自我创收收入中，(1)经营性收入占________%；(2)服务性收费占________%。

9. 您单位在职人员的工资能及时足额发放吗？________(1)能；(2)不能

10. 您单位所有人员的费用能及时足额报销吗？________(1)能；(2)不能

11. 下列工作项目中，您花费的时间的比重大概在(以一年计)：行政管理工作________%；纯公益性工作________%；中介性工作________%；经营性服务工作________%；非业务性工作________%。

12. 以下农业技术推广方式，您单位采用的主要是哪几种(多选)？________

(1)进行试验和示范；(2)田间指导；(3)电视广播宣传；(4)文字资料宣传

(5)举办培训班；(6)农信通；(7)农业推广网站；(8)农业专家智能语音服务

13. 您单位推广的农业技术主要来源于(多选)________。

(1)科研院所；(2)科技光盘；(3)网络；(4)政府部门文件；(5)广播电视；(6)书籍报刊；(7)其他推广供给主体

基层农业科技人员的农业技术推广意愿部分

序	问　　题	(1)	(2)	(3)	(4)	(5)
1	您的性别：(1)男；(2)女					
2	您的年龄：(1)30岁以下；(2)31－40岁；(3)41－50岁；(4)51－60岁；(5)60岁以上					
3	您的职称：(1)正高；(2)副高；(3)中级；(4)初级；(5)无					
4	您的工作类别：(1)基础研究；(2)应用研究；(3)试验发展；(4)成果推广					
5	您来源于哪个地区：(1)珠三角；(2)粤东；(3)粤西；(4)粤北					
6	您单位的类别是：(1)大专院校；(2)科研院所；(3)乡镇农技推广站					
7	您的文化程度：(1)大学本科及以上；(2)大专；(3)高中或中专；(4)初中；(5)初中以下					
8	您从事当前工作的工作年限：(1)15年以上；(2)10～15年；(3)5～10年；(4)1～5年；(5)1年以下					
9	您如何认为您所在单位对农业技术推广的管理？(1)非常好；(2)好；(3)一般；(4)差；(5)很差					

续表

序	问　　题	(1)	(2)	(3)	(4)	(5)
10	您如何认识您所在单位对推广成果在绩效考评中的体现？(1)很充分；(2)充分；(3)一般；(4)不充分；(5)很不充分					
11	您对所推广的技术关注程度如何？(1)十分关注；(2)关注；(3)一般；(4)不太关注；(5)很不关注					

参考文献

[1]A. W. 范班登、H. S. 霍金斯:《农技推广》,北京农业大学出版社 1990 年版。

[2]《中国农业技术推广体制改革研究》课题组:《中国农技推广:现状、问题及解决对策》,载《管理世界》2004 年第 5 期。

[3]安传香:《国务院关于加大统筹城乡发展力度进一步夯实农业农村发展基础的若干意见》(2009-12-31),http://news.xinhuanet.com/politics/2010-01/31/content_12907829.htm。

[4]蔡彦虹、周宁、李仕宝:《我国农业科研投资的规模、结构的区域分析与比较》,载《农业科技管理》2008 年第 6 期。

[5]陈辉、赵晓峰、张正新:《农业技术推广的"嵌入性"发展模式》,载《西北农林科技大学学报(社会科学版)》,第 16 卷第 1 期,2016 年 1 月。

[6]陈志:《我国农业可持续发展与农业机械化》,载《农业机械学报》,2001 年第 32 期。

[7]陈凯:《农业技术进步的测度——兼评〈我国农业科技进步贡献率测算方法〉》,载《农业现代化研究》2000 年第 2 期。

[8]常家芸、汪洋:《我国农业科研投入效率的实证分析》,载《山西财经大学学报》2010 年 4 月第 1 期,第 32 卷。

[9]常向阳、姚华锋:《农业技术选择影响因素的实证分析》,载《中国农村经济》2005 第 10 期。

[10]陈玉萍、吴海涛等:《基于倾向得分匹配法分析农业技术采用对农户收入的影响——以滇西南农户改良陆稻技术采用为例》,载《中国农业科学》2010 第 17 期,第 43 卷。

[11]陈玉萍、吴海涛:《农业技术扩散与农户经济行为》,湖北人民出版社 2010 年版。

[12]陈玉萍、吴海涛等:《技术采用对农户间收入分配的影响:来自滇西南山区的证据》,载《中国软科学》2009 年第 7 期。

[13]陈玉萍等:《资源贫瘠地区农户技术采用影响因素分析》,载《中国人口、资源与环境》2010 第 4 期,第 20 卷。

[14]陈风波、柳鹏程、丁士军:《农户对水稻品种的采用和认知——来自三省农户的调查》,载《中国稻米》2004 年第 3 期。

[15]陈风波、丁士军:《水稻投入产出与稻农技术需求——对江苏和湖北的调查》,载《农业技术经济》2007 年第 6 期。

[16]陈刚、王燕飞:《农村教育、制度与农业生产率》,载《农业技术经济》2010 第 6 期。

[17]陈华宁、薛晋华:《欧洲各国(或地区)的农业科技成果转化体系》,载《世界经济》2004 年第 12 期。

[18]陈卫平:《中国农业生产率增长、技术进步与效率变化:1990——2003 年》,载《中国农村观察》2006 年第 1 期。

[19]陈秀兰、何勇、曾维忠:《农业科研人员技术推广的意愿研究——基于四川省调查数据的实证分析》,载《科学学研究》2010 年第 2 期,第 28 卷。

[20]戴思锐:《农业技术进步过程中的主体行为分析》,载《农业技术经济》1998 年第 1 期。

[21]董文、高旺盛:《基于专家对我国粮食增产技术发展重点的调查分析》,载《作物杂志》2010年第3期。

[22]杜青林:《中国农业和农村经济结构战略性调整》,中国农业出版社2003年版。

[23 多马:《经济增长理论》,商务印书馆1983年版。

[24][法]弗朗索瓦·魁奈:《魁奈〈经济表〉及著作选》,晏智杰译,华夏出版社2006年版。

[25]樊胜根、张林秀、张晓波:《经济增长、地区差距与贫困:中国农村公共投资研究》,中国农业出版社2002年版。

[26]樊胜根、钱克明:《农业科研与贫困》,中国农业出版社2005年版。

[27]樊胜根等:《农业科研与城镇贫困》,载《农业技术经济》2006年第5期。

[28]樊胜根、张林秀:《WTO和中国农村公共投资》,中国农业出版社2003年版。

[29]樊红梅、田愉、张晓娟:《甘肃省农业科技投入的现状及思考》,载《开发研究》2012年第5期。

[30]黄敬前、郑庆昌:《我国农业科技投入结构合理性研究》,载《福建论坛(人文社会科学版)》2013年第4期。

[31]范安平、张释元:《发达国家的农村职业教育:经验与借鉴》,载《教育学术月刊》2009年第11期。

[32]范水生:《对改革福建省基层农业推广站的几点思考》,载《科技和产业》2007年第5期。

[33]方鸿:《中国农业生产技术效率研究:基于省级层面的测度、发现与解释》,载《农业技术经济》2010年第1期。

[34]冯涛:《农业政策国际比较研究》,经济科学出版社2007年版。

[35]赴美农业技术推广培训考察团:《美国农业技术推广考察报告》,中国种植业信息网,http://zzys.agri.gov.cn,2000年8月6日。

[36]高启杰:《农业科技成果的供需特征及加快转化对策研究》,载《农业科技管理》2000第1期。

[37]高启杰:《农业推广学》,中国农业大学出版社2008年版。

[38]高启杰、姚云浩、马力:《多元农业技术推广组织合作的动力机制》,载《华南农业大学学报(社会科学版)》2015年第1期。

[39]宫庆娥、张树峰:《滨州市县乡两级农业推广体系改革与创新研究》,载《安徽农业科学》2007年第1期,第35卷。

[40]苟露峰、高强:《农户采用农业技术的行为选择与决定因素实证研究》,载《中国农业资源与区划》第36卷第1期,2016年1月。

[41]顾焕章、王培志:《农业技术进步对农业经济增长贡献的定量研究》,载《农业技术经济》1994年第5期。

[42]关俊霞、陈玉萍、吴海涛等:《南方农户农业生产的技术需求研究——来自四省的农户调查》,载《经济问题》2007年第4期。

[43]《广东统计年鉴》(1991—2009年)。

[44]《广东农村统计年鉴》(1991—2009年)。

[45]《广东科技统计年鉴》(1991—2009年)。

[46]哈罗德:《动态经济学》,商务印书馆1983年版。

[47]海韦尔·G. 琼斯:《现代经济增长理论导引》,郭家麟等译,商务印书馆1999年版。

[48]韩晓燕、翟印礼:《中国农业技术进步、技术效率与趋同研究》,中国农业出版社2009年版。

[49]韩艳旗、王红玲:《新形势下农资价格大幅上涨对“三农”的影响分析》,载《华中农业大学学

报(社会科学版)》2008年第6期。

[50]海金玲:《中国农业可持续发展研究》,上海三联书店2004年版。

[51]黄华华:《广东发展优势在海洋》,载《中国海洋报》2009年7月21日。

[52]黄季焜、胡瑞法、张林秀等:《中国农业科技投资经济》,中国农业出版社2000年版。

[53]黄季焜、胡瑞法、智华勇:《基层农业技术推广体系30年发展与改革:政策评估和建议》,载《农业技术经济》2009年第1期。

[54]黄敬前、郑庆昌:《我国农业科技投入与农业科技进步长期均衡关系研究》,载《福州大学学报(哲学社会科学版)》2013年第3期。

[55]黄睿、张朝华:《农户农业科技信息需求的优先序及其影响因素》,载《广东商学院学报》2011年第6期。

[56]黄祖辉、钱峰燕:《技术进步对我国农民收入的影响及对策分析》,载《中国农村经济》2003年第12期。

[57]解宗方:《农业科技创新特征与创新战略》,载《科技进步与对策》1999年第4期。

[58]孔祥智等:《西部地区农户资源禀赋对农业技术采纳的影响分析》,载《经济研究》2004年第12期。

[59]孔祥智、楼栋:《农业技术推广的国际比较时态举证与中国对策,专业眼光看经济》,载《经济眼光看中国》2012年第1期。

[60]孔令成、郑少锋:《家庭农场的经营效率及适度规模——基于松江模式的DEA模型分析》,载《西北农林科技大学学报(社会科学版)》2016年9月,第16卷第5期。

[61]李存超、赵帮宏,张丽丽:《河北省农户参加农民教育培训影响因素分析》,载《农友之家》2009年第4期。

[62]李大胜、李琴:《农业技术进步对农民收入差距的影响机理及实证研究》,载《农业技术经济》2007年第3期。

[63]李小云、董强:《农户脆弱性分析方法及其本土化应用》,载《中国农村经济》2007年第4期。

[64]李金祥、毛世平、谢玲红等:《国家级农业科研机构政府投入缺口分析》,载《农业经济问题》2014年第7期。

[65]李学婷、徐娟等:《影响农业技术推广机构运行的主要因素及改善方向的研究》,载《科学管理研究》2013年8月,第31卷第4期。

[66]李谷成、冯中朝、占绍文:《家庭禀赋对农户家庭经营技术效率的影响冲击——基于湖北省农户的随机前沿生产函数实证》,载《统计研究》2008年第1期。

[67]李谷成:《技术效率、技术进步与中国农业生产率增长》,载《经济评论》2009年第1期。

[68]李锐:《中国农业科研投资效率研究》,清华大学经济研究中心学术论文,2004年。

[69]李周、于法稳:《西部地区农业生产效率的DEA分析》,载《中国农村观察》2005年第6期。

[70]廖西元、陈庆根、王磊等:《农户对水稻科技需求优先序》,载《中国农村经济》2004年第11期。

[71]廖西元、王志刚、朱述斌等:《基于农户视角的农业技术推广行为和推广绩效的实证分析》,载《中国农村经济》2008年第7期。

[72]廖西元、陈庆根、王磊:《农户对水稻科技需求优先序》,载《中国农村经济》2004年第11期。

[73]林万龙:《中国农村社区公共产品供给制度变迁研究》,中国财政经济出版社2002年版。

[74]林伟君、牛孝国、杨贤智等:《市场经济条件下农业技术推广方式研究》,载《广东农业科学》2006年第10期。

[75]林毅夫、沈明高、周皓:《中国农业科研优先序》,中国农业出版社1996年版。

[76]林毅夫:《制度、技术与中国农业发展》,上海人民出版社 2005 年版。

[77]林毅夫:《再论制度、技术与中国农业发展》,北京大学出版社 1999 年版。

[78]林毅夫(中译本):《关于制度变迁的经济学理论:诱致性制度变迁与强制性制度变迁》,载 R. 科斯等:《财产权利与制度变迁——产权学派与新制度学派译文集》,上海三联书店 1994 年版。

[79]林毅夫:《教育与农业中的创新采用:来自中国杂交水稻的证据,制度、技术与中国农业发展》,上海三联书店、上海人民出版社 1994 年版。

[80]刘怀:《高等院校农业技术推广人员激励机制的探索》,西北农林科技大学 2005 年博士论文。

[81]刘路:《农户农业科技采用的影响因素研究——以湖北襄樊、枝江两市的调查为例》,华中农业大学 2008 年硕士学位论文。

[82]刘满强:《技术进步系统论》,社会科学文献出版社 1994 年版。

[83]刘易斯:《经济增长理论》,周师明译,商务印书馆、北极星书库 1999 年版。

[84]卢良恕:《中国农业发展理论与实践》,凤凰出版传媒集团、江苏科学技术出版社 2006 年版。

[85]卢现祥:《新制度经济学》,武汉大学出版社 2004 年版。

[86]罗伟雄、赵鲲:《发达国家农业管理制度》,时事出版社 2001 年版。

[87]马克·布洛赫:《法国农村史》,商务印书馆 1991 年版。

[88]马克思:《资本论》,人民出版社 1975 年版。

[89]马庆国:《管理统计——获取数据、统计原理 SPSS 工具与应用研究》,科学出版社 2005 年版。

[90][美]理查德·R. 纳尔森:《经济增长的源泉》,中国经济出版社 2001 年版。

[91]毛世平:《技术效率理论及其测度方法》,载《农业技术经济》1998 年第 3 期。

[92]孟德拉斯:《农民的终结》,李培林译,中国社会科学出版社 1991 年版。

[93]宁泽逵等:《农民职业教育需求决策影响因素的分析》,载《杨凌职业技术学院学报》2004 年第 1 期,第 3 卷。

[94]农业部农村经济研究中心课题组:《我国农业技术推广体系调查与改革思路》,载《中国农村经济》2005 年第 2 期。

[95]诺斯(中译本):《经济史中的结构与变迁》,上海三联书店 1994 年版。

[96]乔娜:《新时期农田水利建设发展困境与对策》,载《安徽农业科学》2011 年第 39 期。

[97]石敏、曾国珍:《广东基层农业技术推广体系的现状及对策研究——基于博罗县的调查实证》,载《广东农业科学》2009 年第 7 期。

[98]斯科特:《农民道义经济学:东南亚的反叛与生存》,程立显等译,译林出版社 2001 年版。

[99]申红芳、廖西元、王志刚等:《中国农业技术推广参与机制及其影响因素分析》,载《华南农业大学学报(社会科学版)》2012 年第 3 期,第 11 卷。

[100]申红芳、王志刚、王磊:《基层农业技术推广人员的考核激励机制与其推广行为和推广绩效——基于全国 14 个省 42 个县的数据》,载《中国农村观察》2012 年第 1 期。

[101]邵建成:《中国农业技术创新体系建设研究》,西北农林科技大学 2002 年博士学位论文。

[102]邵腾伟、吕秀梅:《基于转变农业发展方式的基层农业技术推广路径选择》,载《系统工程理论与实践》第 33 卷第 4 期。

[103]石晶、肖海峰:《我国农业技术推广投资对农业经济增长的影响分析》,载《科技与经济》2014 年 2 月,第 1 期第 27 卷。

[104]宋富胜、赵邦宏:《河北省农业信息化发展研究》,中国农业科学技术出版社 2009 年版。

[105]宋燕平、栾敬东:《我国农业科技投入与效果的关系分析》,载《中国科技论坛》2005 年 7 月

第 4 期。

[106]宋军、胡瑞法，黄季焜：《农民的农业技术选择行为分析》，载《农业技术经济》1998 年第 6 期。

[107]宋秀琚：《国外农业科学技术推广模式及借鉴》，载《社会主义研究》2006 年第 6 期。

[108]苏宝财：《茶农生产性投资行为研究——以福建安溪为例》，福建农林大学 2009 年博士学位论文。

[109]苏基才、蒋和平：《广东农业技术进步率的测定》，载《南方农村》1996 年第 4 期。

[110]速水佑次郎，拉坦：《农业发展的国际分析（修订补充版）》，郭熙保等译，中国社会科学出版社 2000 年版。

[111]速水佑次郎：《发展经济学》，李周译，社会科学文献出版社，2003 年版。

[112]孙巍：《基于产出的生产规模效益及其测度方法研究》，载《数量经济技术经济研究》1999 年第 7 期。

[113]索洛：《经济增长论文集》，北京经济学院出版社 1989 年版。

[114]索洛等：《经济增长理论：一种解释》，胡女银译，三联书店、上海人民出版社 1994 年版。

[115]索洛等：《经济增长因素分析》，史清琪等选译，商务印书馆 1991 年版。

[116]T. W. 舒尔茨（中译本）：《制度与人的经济价值的不断提高》，载 R. 科斯：《财产权利与制度变迁——产权学派与新制度学派译文集》，上海三联书店 1994 年版。

[117]汤国辉等：《农业院校专家负责制农技推广服务模式的探索》，载《科技管理研究》2008 年第 7 期。

[118]汪三贵、刘晓展：《信息不完备条件下贫困农民接受新技术行为分析》，载《农业经济问题》1996 年第 12 期。

[119]王怀豫：《云南南部山区农户陆稻技术采用与粮食保障的经济分析》，华中农业大学 2006 年博士学位论文。

[120]王文玺：《国外农业科研经费的来源》，中国农业在线，http://www.agrionline.net.cn/，2003 年 8 月 19 日。

[121]王文玺：《国外农业科研经费的来源与管理》，载《中国农业科技导报》1999 年第 1 期。

[122]王秀华：《浙江欠发达地区新型农民培训模式研究—以丽水市为例》，载《丽水学院学报》2010 第 1 期，第 32 卷。

[123]王玉苗、孙志河：《农村居民职业教育需求的调查与分析》，载《中国职业技术教育》2006 年第 24 期。

[124]王建明、李光泗、张蕾：《基层农业技术推广制度对农技员技术推广行为影响的实证分析》，载《中国农村经济》2011 年第 3 期。

[125]韦志扬：《我国农户技术采用行为研究综述》，载《安徽农业科学》2007 年第 30 期。

[126]吴海涛：《云南南部山区农户改良陆稻技术采用及其影响研究》，中南财经政法大学 2009 年博士学位论文。

[127]吴方卫、孟令杰、熊诗评：《中国农业的增长与效率》，上海财经大学出版社 2000 年版。

[128]吴江、卿锦威：《农户选择技术的供求分析与对策探讨》，载《重庆社会科学》2004 年第 3－4 期。

[129]吴敬琏：《当前中国经济形势分析与展望》，载《政策》2004 年第 4 期。

[130]邬德林、张平：《农业科技投入是形成农民收入“马太效应”的原因吗》，载《农业技术经济》2015 年第 4 期。

[131]V. W. 拉坦（中译本）：《诱致性制度变迁理论》，载 R. 科斯等《财产权利与制度变迁——

产权学派与新制度学派译文集》,上海三联书店 1994 年版。

[132]西奥多·W. 舒尔茨:《经济增长与农业》,北京经济学院出版社 1991 年版。

[133]西奥多·W. 舒尔茨:《改造传统农业》,梁小民译,商务印书馆 1987 年版。

[134]西蒙·库兹涅茨:《现代经济增长》,北京经济学院出版社 1989 年版。

[135]肖建华:《我国财政对农村投入的政策变迁及其绩效(1978—2005)——以两种截然不同的发展观为线索》,载《开发研究》2008 年第 5 期。

[136]许经勇:《对我国农业科技进步的理论思考》,载《宏观经济研究》2000 年第 10 期。

[137]刑大伟,徐金海等:《农业职业教育培训中的农户态度》,载《职业技术教育报》2009 第 33 期。

[138]徐红:《机耕道路建设存在的问题及建议》,载《农业机械化与电气化》2007(4):9。

[139]徐海清、张朝华等:《农业可持续发展面临的八大焦点问题——来自广东山区的证据》,载《农村经济》2012 年第 8 期。

[140]徐金海:《农民农业科技服务需求意愿与影响因素研究——以江苏省为例》,载《经济纵横》2009 年第 10 期。

[141]亚当·斯密:《国民财富的性质和原因的研究》,郭大力等译,商务印书馆、素心学苑 1996 年版。

[142]鄢万春、李飞、钟涨宝:《农户视野下农业科技服务供需现状分析》,载《乡镇经济》2008 年第 12 期。

[143]杨俊杰、胡仕银:《重视探讨农业科技进步的负效应》,载《云南科技管理》1995 年第 5 期。

[144]杨璐、何光喜、李强:《我国农业技术推广队伍建设调查分析》,载《软科学》2014 年 6 月第 28 卷第 6 期。

[145]杨小凯、张永生:《新兴古典经济学和超边际分析》,中国人民大学出版社 2000 年版。

[146]姚晓霞:《高等院校农业科技推广人员的激励模式初探》,载《中国农学通报》2006 年第 7 期。

[147]姚延芹、张智敏:《新农村背景下农村职业教育需求与定位》,载《职业技术教育(教科版)》2006 第 25 期,第 27 卷。

[148]姚延婷、陈万明、李晓宁:《环境友好农业技术创新与农业经济增长关系研究》,载《中国人口、资源与环境》2014 年第 8 期。

[149]叶得明、邱兰:《甘肃省农业技术推广模式分析与优化》,载《甘肃农业》2007 年第 8 期。

[150]于洁、刘润生、曹燕等:《基于 DEA-Malmquist 方法的我国科技进步贡献率研究》,载《软科学》2009 年第 2 期。

[151]于水:《乡村治理与农村公共产品供给——以江苏为例》,社会科学文献出版社 2008 年版。

[152]张社梅:《国产转基因棉花科研与应用的经济学分析》,中国农业科学院 2007 年博士学位论文。

[153]张朝华:《发达国家农业科技服务的主要经验及其对我国的借鉴》,载《科技进步与对策》2010 年第 8 期。

[154]张朝华:《农业基础投入:内涵、政策变迁及其取向》,载《中州学刊》2009 年第 3 期。

[155]张朝华:《广东农业科技推广:问题、原因与政策建议》,载《科技管理研究》2010 年第 21 期。

[156]张朝华:《资源约束环境下农业经济增长及其影响因素——来自广东的证据》,载《中央财经大学学报》2011 年第 6 期。

[157]张朝华:《农民工返乡的理性分析与现实思考》,载《兰州学刊》2009 年第 9 期。

[158]曾凡慧:《论科技对农民增收的二重作用》,载《理论界》2005 年第 4 期。

[159]张舰、韩纪江:《有关农业新技术采用的理论及实证研究》,载《中国农村经济》2002 年第 11 期。

[160]张培刚:《发展经济学教程》,经济科学出版社 2001 年版。

[161]张维迎:《博弈论与信息经济学》,上海三联书店、上海人民出版社 2004 年版。

[162]张伟广:《当前台湾农业科技发展的特点分析》,载《福建论坛(经济社会版)》2001 年第 11 期。

[163]张永坤:《扩大农业科技的需求》,载《农村经济与科技》2008 年第 12 期,第 19 卷。

[164]张忠根:《韩国农业政策的演变及其对中国的启示》,载《农业经济》2002 年第 4 期。

[165]张颢译、陈晓明:《农业生产资料价格对农民收入增长的影响——基于动态 VAR 模型的解释》,载《财贸研究》2006 年第 6 期。

[166]赵芝俊、张社梅:《近 20 年中国农业技术进步贡献率的变动趋势》,载《中国农村经济》2006 年第 3 期。

[167]赵芝俊、张社梅:《略论农业科研投资的合理界定问题》,载《中国科技论坛》2005 年第 4 期。

[168]赵芝俊、袁开智:《中国农业技术进步贡献率测算及分解:1985—2005》,载《农业经济问题》2009 年第 3 期。

[169]郑凤田:《制度变迁与中国农民经济行为》,中国农业科技出版社 2000 年版。

[170]郑晶、温思美、孙良媛:《广东农业经济增长效率分析:1993—2004》,载《农业技术经济》2008 年第 3 期。

[171]郑红维、吕月河、张亮等:《基层农业技术推广体系构建及运行机制研究——基于河北省 640 个农户的调查分析》,载《中国科技论坛》2011 年第 2 期。

[172]左喆瑜:《华北地下水超采区农户对现代节水灌溉技术的支付意愿——基于对山东省德州市宁津县的条件价值调查》,载《农业技术经济》2016 年第 6 期。

[173]智华勇、黄季焜、张德亮:《不同管理体制下政府投入对基层农技推广人员从事公益性技术推广工作的影响》,载《管理世界》2007 年第 7 期。

[174]智华勇、黄季焜、张德亮:《不同管理体制下政府投入对基层农技推广人员从事公益性技术推广工作的影响》,载《管理世界》2007 年第 7 期。

[175]周端明:《技术进步、技术效率与中国农业生产率增长——基于 DEA 的实证分析》,载《数量经济技术经济研究》2009 年第 12 期。

[176]周其仁:《中国农村改革:国家和所有权关系的变化——一个经济制度变迁史的回顾》,载《中国社会科学季刊(香港)》1994 年夏季卷。

[177]周衍平、陈会英:《农业新科技革命与农村经济体制改革》. 载《山东农业大学学报》1998 年第 3 期。

[178]朱明芳、陈文华,李南田:《农户采用农业新技术的行为差异及对策研究》,载《农业科技管理》2001 年第 4 期。

[179]朱希刚:《市场化与我国农业科研体制改革,农业经济与科技发展研究》,中国农业科技出版社 1995 年版。

[180]朱希刚:《我国农业科技进步贡献率测算方法》,中国农业出版社 1997 年版。

[181]朱希刚、赵绪福:《贫困山区农业技术采用的决定因素分析》,载《农业技术经济》1995 年第 5 期。

[182] Akino, M. and Y. Hayami, Efficiency and Equity in Public Research: Rice Breeding in

Japan's Economic Development,*American Journal of Agricultural Economics*, 1975,57(1).

[183] Alan de Brauw, Are Women Taking Over the Farmer in China? Working paper, Department of Economics, Williams College. August 26,2003。

[184]Alston, J. , C. Chan－Kang, M. Marra, P. Pardey and T. Wyatt, A Meta－Analysis of Rates of Returnto Agricultural R&D, Expede Herculeml Research Report 113. IFPRI, Washington, DC, USA, 2000.

[185]Ali,M and D. Byerlee,Economic efficiency of small farmers in a changing world:a survey of recent evidence,*Journal of International Development*,1991(3).

[186]Baidu－Forson J. ,Factors Influencing Adoption of Land－enhancing Technology in the Sahel:Lessons from a Case Study in Niger,*Agricultural Economics*,1999(20).

[187] Barro, R. j, Economic growth in a cross section of countyies, *Quarterly Journal of Economics*,Vol. 106,1991(2).

[188]Battese,G. E. and Coelli,T. J. ,A Model for technical inefficiency effects in a stochastic froniter production function for panel data. ,*Empirical economics*,1995(20).

[189]Barkley, Andrew P. ,Porter, Lori L. ,The Determinants of Wheat Variety Selection in Kansas, 1974 to 1993, *American Journal of Agricultural Economics*,1996(2).

[190]Caswell,M. and D. Zilberman,The Effects of Well Depth and Land Quality on the Choice of Irrigation Technology,*American Journal of Agricultural Economics*,1986(4).

[191] Coelli, A Guide to DEAP Version 2.1 : A Data Envelopment Analysis (Computer) Program ,Centre for Efficiency and Productivity Analysis (CEPA) Working Paper ,University of New England ,Amidale Australia,1996.

[192]Coelli,T. J. ,A Guide to FRONTIER Version 4.1 :a Computer Program for Stochastic Frontier Production and Cost Function Estimation , CEPA Working Paper 96/07, Center for Efficiency and Productivity Analysis ,University of New England ,1996.

[193]Coelli,T. J. ,Estimators and Hypothesis Tests for a Stochastic:a Monte Carlo Analysis, *Journal of Productivity Analysis*,1995(6).

[194]D. J . Aigner,Lovell,C. A. K,Schmidt,Formulation and Estimation of Stochastic Frontier Production Function Models,*Journal of Econometrics*,1997(6).

[195] DFID. : Sustainable Livelihoods Guidance Sheets . Department for International Development, 2000.

[196]D. J. Aigner and S. F. Chu,On Estimating the Industry Prooluction Function, *American Econornics Review*,1996(5).

[197]David k. lambert and Elliott parker,Productivity in Chinese provincial agriculture, *Journal of Agricultural Economics*,Vol. 50,No. 3,September 1999.

[198]Debreu,G. ,The cofficient of resource utilization, Econometrica 1951(19).

[199]Dong Diansheng and Saha Atanu, He Came,He Saw, Chapman&Hall,Vol. 30 1998(7).

[200]Duraisamy, Palanigounder, Human Capital and Adoption of Innovations in Agricultural Production :Indian Evidence,*Center Discussion Paper*, No. 577,Economic Growth Center,Yale University,1989.

[201]Ervin,C. A. ,Ervin,D. E. ,Factors Affecting the Use of Soil Conservation Practices,*Land Economics*, 1982(58).

[202] Evenson, R. W, Economic Impact Studies of Agricultural Research and Exetension,

Working Paper, Yale University, 1997.

[203]Fan, s. , Effects of Technological Change and Institutional Reform on Production Growth in Chinese, *Agricultural Economics*, 1991(2).

[204]Fare, R. , Lovell, C. A. K. , Measuring the Technical Efficiency of Production, *Journal of Economic Theory*, 1978(19).

[205]Fare, R. Grosskopf, s. , Norris, m. and zhang, z. Productivity growth, technical progress, and efficiency change in industrialized countries, *American Economic Review*, 1994(84).

[206]Farell, M. J. , The measurement of productive efficiency, *Journal of The Royal Statistical Society*, series A, general, 120, part3, 1957.

[207] Feder G. , Just, R. E. , Zilberman D. , *Adoption of Agricultural Innovations in Developing Countries*, A Survey Economic Development and Cultural Change, 1985(33).

[208]Feder, Gershon and Slade, Roger, The Role of Public Policy in the Diffusion of Improved Agricultural Technology, *American Journal of Agricultural Economics*, 1985(5).

[209]Feder, G. . and R. Slade, The Acquisition of Information and the Adoption of New Technology. *American Journal of Agricultural Economics*, 1984(1).

[210]Feder, G. . and. . G. . T. O'Mara, On Information and Innovation and the Adoption of New Technology, *American Journal of Agricultural Economies*, 1982(64).

[211] Feder, G. . and D. Umail, The Adoption of Agricultural Innovations: A Review, *Technological Forecasting and Social Change*, 1993(43).

[212]Feder, G. . , R Just and Zilberman, Adoption of Agricultural Innovations in Development Countries: A Survey, *Economic Development and Cultural Change*, 1985(2).

[213]Forsund, Finn R. and Lennart Hjalmarsson, Generalised Farrell Measure of Efficiency: An Application to milk Processing in Swedish Dairy Plants, *Economic Journal*, 1979(354).

[214]Forsund. F. R. Lovell. G. Schmidt P. , A survey of frontiers productions functions and of their relationship to efficiency measurement, *Journal of Econometrics*, 1980(13).

[215]Foster, A. D. and M. R. Rosezweig, Learning by Doing and Learning from Others : Human Capital and Techonlogical Change in Agriculture. *Journal of Political Economy*, 1995(103).

[216] Griliches, Z. , Productivity puzzle and R&D: another nonexplanation, *Journal of Economic Perspectives*, 1988(2).

[217]Hoiberg, E. and Huffman W. E. , Profile of Iowa Farm and Farm Families: 1978, Iowa Agricultural and Home Economics Experiment Station and Cooperative Extensin Service Bulletin, 1978.

[218]Huang, J. and S. Rozelle, Technological Chang: Rediscovering. The Engine of Productivity Growth in China's Rural Economy, *Journal of Develpoment Economics*, 1996(2).

[219] http://www.nongjx.com/news/detail/21368.html.

[220] Huffman, W. E. , Decision making: the role of education, *American Journal of Agriculture Economics*, 1974(56).

[221]Isik Murat and Khanna Madhu, Uncertainty and Spatial Variability Incentives for Variable Rate Technology Adoption in Agriculture, *Risk Decision and Policy*, Vol. 7. 2002.

[222] Jamnick S. F. , Klindt, T. H. , An Analysis of "No — tillage" Practice Decisions, Department of Agricultural Economics and Rural Sociology, University of Tennessee, USA. 1985.

[223]Kaliba A. R. M. , Featherstone A. M. and Norman D. W. , A Stall—feeding Management for Improved Cattle in Semiarid Central Tanzania: Factors Influencing Adoption, *Agricultural*

Economics, Vol. 17, 1997(2—3).

[224]Kebede, Y. , Risk behavior and new agricultural technologies: the case of producers in the central highlands of Ethiopia, *Quarterly Journal of International Agriculture*, 1992(31).

[225]Koopmans, T. C. , An Analysis of Production as an Efficient Combination of Activities. In: T. C. Koopmans(Ed.), Activity Analysis of Production and Allocation, Cowles Commission for Research in Economics, Monograph No. 13, Wiley, New York, 1951.

[226]Lin Yifu. , Educational and Inovation Adoption in Agriculture: Evidence from Hybird Rice in China, *Amerivan Journal of Agricurtural Economics*, 1991(73).

[227]Malmquist Sten Index Number and Inderfficience Surface, Trabajos de Estadistica, 1953 (4).

[228]Mao, Weining and won w. koo, Productivity growth, technological progress, and efficiency change in Chinese agriculture after rural economic reforms: A DEA approach, *China economic review*, 1997(2).

[229] Marsh, Sally P. , Pannell, David J. , Lindner, Robert K. , Does Agricultural Extension Pay? A Case Study for a New Crop, Lupins, in western Australia, *Agricultural Economics*, 2004 (30).

[230] Michelle Adato, Ruth Meinzen-Dick, Agriculture Research, Livelihoods, and Poverty. The Johns Hopkins Universiy Press, 2007.

[231] Meeusen, W. , J. van den Broeck, Efficiency estimation from Cobb-Douglas production function with composed error, *International Economic Review*, 1977(18).

[232]Moschini, G. , H. Lapan, and A. Sobolevs, Roundup Ready CR soybeans and welfare effects in the soybean complex. Staff Paper No. 324. Ames, Iowa: Department of Economics, Iowa State Universify, 1999.

[233]Nelson, R. R, and E. S. Phelps, Investment in humans, technological diffusion and economic growth, *American Economic Review*, Vol. 56, 1966(2).

[234] O' Mara, G. , The Microeconomics of Technique Adoption by Small-holding Mexican Farmers, Report, Development Research Center, World Bank (1980), Washington, DC. Uncertainty, *American Journal of Agricultural Economics*, 1994(4).

[235] Pandey, S. , Technology for the Southeast Asian Uplands, In Pender, J. and P. Hazell (eds.), Promoting Sustainable Development Less-Favored Areas, *International Food Policy Research Institute*, 2000

[236]Pandey, S. , 2000, Technology for the Southeast Asian Uplands, In Pender, J. and P. Hazell (eds.), Promoting Sustainable Development Less-Favored Areas, IFPRI, 2000.

[237]Pender, J. and P. Hazell, Promoting Sustainable Development in Less—favored Areas, International Food Policy Research Institute, Washington, DC, USA, Brief, 2000.

[238] Rosembaum, P. R. and D. B. Rubin, The Center Role of the Propensity Score in Observational Studies for Causal Effects, Biometrica, 1983(701).

[239] Rosembaum, P. R. and D. B. Rubin, Constructing a Control Group Using Multivariate Matched Sampling Methods that Incorporate the Propensity Score, The American Statistican, 1985 (39).

[240]Scobie, G and R. Posada, The Impact of Technological Change on Income Distribution: The Case of Rice in Colombia, *American Journal of Agricultural Economics*, 1978(1).

[241]Shantanu Mathur and Douglas Pachico, with the collaboration of Anniesearch and poery reduction: Some issues and eidence, Cali, CO: Centrotural Tropical (CIAT), 2003.

[242] Shephard, R. W. , The Theory of cost and Production Functions, Princeton University Press, Princeton, N. J. , 1970.

[243]Sharp Kay, Measuring Destitution, Integrating Qualitative and Quantitative Approaches in the Analysis of Survey Data, IDS working paper. 2003:217－234 .

[244]Shiferaw B. and Holden S. T. , Resource Degradation and Adoption of Land Conservation Technologies in the Ethiopian Highland: A Case Study in Andit Tid, North Shewa, *Agricultural E-conomics* 1998(18).

[245] Shultz, T. W. , The value of ability to deal with disequilibria, *Journal of Economic Literature*, 1973(13).

[246]Warner, K. E. , The need for some innovative concepts of innovation: an examination of research on the discussion of innovations, *Policy Sciences*, 1974(5).

[247]Weir, S, The effect of education on farmer productivity in rural Ethiopia, Centre for the study of African Economies, University of Oxford Working Paper, 1999.

[248]Wozniak, Gregory D. , Joint Information Acquisition and New Technology Adoption: Later Versus Early Adoption, *The Review of Economics and Statistics*. Vol. 75, 1993(3).

[249] Wu, H. , S. Ding, S. Pandey, Tao, Assessing the Impact of Agricultural Technology Adoption on Farmers' Well－being Using Propensity－score Matching Analysis in Rural China, Asian Economic Journal, 2010(2).

[250] Zhang Lin-xiu, Scott Rozelle, et al. Feminization of Agriculture in China: Debunking the Myth and Measuring the Consequence of Women Participation in Agriculture, This document is prepared for the World Development Report 2008"Agriculture for Development". November, 2006.

[251]Zhang Lin- xiu, Alan de brauw, et al. China's rural labor market development and its gender implications, *China Economic Review*, 2006(15):230-247.

后　记

本书是我在博士论文《农业技术进步、技术效率及其制约——来自广东的证据》的基础上修改而成。以博士论文为基础，在这之后的2011年、2015年与2016年，我申请的“农户资源禀赋、技术采用对农户收入及其分配的影响——来自西南山区的证据”(项目编号：11YJC790265)、“家庭生命周期、保障策略与农户的消费行为”(项目编号：15YJA790081)以及“家庭农场效率、影响因素及其作用机制”(项目编号：16BJY108)相继获得教育部人文社科青年基金、教育部人文社科规划基金以及国家社科基金一般项目的资助，在CSSCI等来源期刊发表学术论文近40篇。本次修改，主要增加了2008年以后的数据分析以及农户技术采用对农户收入及其分配行为的影响的分析。修改的过程中，暨南大学人文学院2014级行政管理专业的王雅茵、2015级行政管理专业的李艺涵、李聪、谭美清、吴思敏、黄茵、杨琦幸、陈宇萌、麦韵研以及钱欣等学生做了大量的数据收集与统计汇总工作，在此深表感谢！

“春种一粒粟，秋收万颗籽。”2008年，中央一号文件确定我国农业发展的主题为加强农业基础建设。围绕此主题，在导师丁士军教授、中南财经政法大学工商管理学院院长陈池波教授以及一直给予我无微不至的关心与照顾的张开华教授的指导与支持下，我有幸申请到了2008年度的广东省哲学社会科学“十一五”规划项目“广东农业基础投入政策研究”。从2009年3月开始，我着手开始此选题的构思以及数据与资料的收集、整理工作。历经两年时间的不断否定、推进与发展，终于完成了初步的研究。在完稿收笔写下这篇后记之际，回顾这两年的研究历程，用酸、甜、苦、辣来形容，可以说一点都不过分！

研究工作无疑是辛苦的，尤其对于我这样一位在大学本科毕业六年后重新进入校园开始硕士研究生的学习，毕业三年后，又再次回到母校攻读经济学博士的管理学硕士而言。对于这难得的机会，我倍加珍惜。并不聪明的我，唯一能做的就是比别人付出更多的时间。在这近乎没有节假日、周末的三年时间里，我从满头黑发到依稀可见的缕缕白发，从硬朗的身板到恐怕伴随我余生的颈椎与腰椎疾病，这其中的辛酸，恐怕只有一边做研究、一边将所承担课程的教学任务一门都不落下的我才能体会得到。

但研究的过程也是充满甜蜜的。当疾步在珠海暨南园内、当夜间冲凉之时、当睡前与醒后赖在床上的那一刻，甚至在睡梦中……我都在思考着自己的论文，每每这时，我会为形成一个新的想法与构思而找到那种“漫卷诗书喜欲狂”的感觉。正是在这种不断的扬弃与否定的非同寻常的过程中，整个论文结构才不断趋向完善。开题报告会前后，在得到导师丁士军教授的悉心指导与陈池波院长、严立冬教授、张开华教授等博导的有针对性的指正后，我最终确定了博士论文的主题：农业技术进步、技术效率及其制约——来自广东的证据。在攻读博士学位期间，我累计发表学术论文近20篇，其中先后在《甘肃社会科学》《中州学刊》《云南师范大学学报(哲学社会科学版)》《科技进步与对策》《农业技术经济》《经济纵横》《经济问题》《中央财经大学学报》等CSSCI来源期刊发表论文10余篇。当编辑们打来一个个电话、发送来一封封电子邮件告诉我，我的文章被采用的时候，我的心情无疑是甜蜜的。此时，一切的辛酸与不快都随之消逝！

毋庸置疑，这些成绩的取得，离不开导师丁士军教授三年来对我充分的指导与悉心栽培。能有机会在丁老师门下攻读博士，无疑是幸运与幸福的！丁老师在科学研究方面的严谨、务实、求真的态度，孜孜不倦、一丝不苟、勇于钻研的精神，时刻感染我奋发向上。在生活中，老师豁达的胸怀，热情、诚恳的处事作风，将激励我走好以后的人生道路，教育我该怎样去面对与培养我的学生。在此，特向导师致以崇高的敬意，对师母陈玉萍教授对我教育部课题的申报与支持，以及生活上的关心表示诚挚的感谢！向陈池波院长、严立冬教授、张开华教授从大学以来对我的学习、生活与工作的一如既往的支持与鼓舞表示由衷的谢意！

在博士论文的写作过程中，中南财经政法大学工商管理学院的吴海涛副教授、华中农业大学经济管理学院的李谷成副教授、华南农业大学广东农村政策研究中心主任、兼研究员江惠生教授、华南农业大学经济管理学院郑晶老师提供了许多建议、资料与支持。暨南大学人文学院2006级行政管理的王丽萍、孙宝文、李伟峰、王德生、邓少娇、吴漫、翟翟等同学，2007级行政管理的罗龙真、李荣芳、陈雪霞、陈玉兰等同学，2009级行政管理的王冠达同学，表弟林伟等分不同批次参加了本研究在广东地区不同区域展开的调查与访谈。中南财经政法大学统计学博士张学新同学、暨南大学人文学院2007级行政管理的李云同学、2008级的程育洲同学与我一起进行了整整一个暑假的对统计数据的收集、整理与分析工作，付出了非常辛苦的劳动。妻子郭丽在承担大量家务劳动、教育与抚养小孩、干好本职工作的同时，在数据的录入、相关文献的翻译过程中为我提供了许多帮助。对于以上学者、学生与家人的支持，我由衷地表示谢意！没有他们无私的支持与帮助，我不可能按照预定计划完成我的研究！

此外，在攻读博士期间，对为我在学习与生活上提供不少便利的暨南大学人文学院党总支书记、副教授刘秉国老师，中南财经政法大学2008级产业经济学博士陈杰同学表示感谢！在论文成稿后，暨南大学人文学院2007级的李荣芳、罗龙真，2008级的程育洲、袁威、周慧、韩月对论文进行了校对，在此深表谢意！